城市洪涝致灾机理
与模拟方法

夏军强　李启杰　董柏良　著

科学出版社

北京

内 容 简 介

本书以城市为主要研究对象，针对城市洪涝致灾机理与模拟方法这一关键科学问题，采用概化水槽试验、数学模型计算和力学理论分析相结合的综合方法，定量揭示城市排水系统和典型承灾体洪涝致灾的动力学机理，创建城市洪涝全过程模拟与风险评估耦合模型，开展不同暴雨情景下国内外典型城市街区洪涝过程的精细化模拟与洪水风险评估。研究成果不仅有助于深化对城市洪涝致灾动力学机理的认识，还可以为城市洪涝风险的精细化管理和科学防控提供基础科学依据。本书部分彩图附彩图二维码，见封底。

本书可供水利工程、土木工程等相关专业的教师、学生、科研院所的研究人员，以及水务、市政部门和流域管理机构的管理人员与技术人员等阅读和参考。

图书在版编目（CIP）数据

城市洪涝致灾机理与模拟方法/夏军强，李启杰，董柏良著. —北京：科学出版社，2024.6
ISBN 978-7-03-078207-6

Ⅰ.① 城… Ⅱ.① 夏… ②李… ③董… Ⅲ.① 城市-水灾-风险评价-评估方法 Ⅳ.① P426.616

中国国家版本馆 CIP 数据核字（2024）第 051194 号

责任编辑：何　念/责任校对：高　嵘
责任印制：彭　超/封面设计：无极书装

科学出版社 出版
北京东黄城根北街 16 号
邮政编码：100717
http://www.sciencep.com
湖北恒泰印务有限公司印刷
科学出版社发行　各地新华书店经销
*
开本：787×1092　1/16
2024 年 6 月第 一 版　印张：14 1/4
2024 年 6 月第一次印刷　字数：338 000
定价：**158.00** 元
（如有印装质量问题，我社负责调换）

序 一

我国正处在城市化发展的关键时期，随着城市空间开发的广度和深度不断提升，面临的洪涝灾害风险与日俱增。近年来，以郑州2021年的"7·20"特大暴雨、海河"23·7"流域性特大洪水及北京特大城市暴雨等为代表的暴雨洪涝灾害造成了巨大的生命财产损失和社会影响，城市洪涝防治已成为我国城镇化快速发展面临的严峻挑战和重大需求。

城市洪涝灾害的管理和防控工作需要有深入的科学理论和技术手段作为支撑。但由于城市洪涝成因复杂、致灾机理多样，长期以来对洪涝致灾动力学机理的认识不够深入，且缺乏高精度、高效率的数值模拟方法。夏军强教授长期从事城市洪涝致灾机理和数值模拟技术研究，该书涵盖了其近20年来在国内外工作期间的主要研究成果。夏军强教授采用概化水槽试验与力学理论分析相结合的方法，首次建立了基于动力学机制的人体与车辆失稳计算公式，确定了地表径流与地下管流之间的流量交换规律，并提出考虑堵塞影响的雨水口泄流与溢流能力计算公式；创建了城市洪涝全过程模拟与风险评估耦合模型，并应用于国内外典型城区洪涝全过程的动力学模拟与风险评估工作中。

该书提出的基于动力学机制的人体与车辆失稳计算公式填补了我国在洪涝致灾动力学机制领域的研究空白；考虑堵塞影响的雨水口泄流与溢流公式，对城市洪涝精细化管理具有重要的指导意义；城市洪涝全过程模拟与风险评估耦合模型，可应用于其他受洪涝灾害威胁的城区，为保障人民生命财产安全提供坚实的科技支撑。该书具有很好的系统性和前沿性，具有重要的理论意义和应用价值。相信该书的出版将推进城市洪涝科学防治方面的科技进步，也将促进我国城市洪涝防治和减灾能力的提升。

是为序。

张建云

中国工程院院士

2024年5月

序 二

在全球气候变化和城镇化快速发展的双重影响下，由极端暴雨引发的城市洪涝灾害已经成为发生最频繁、影响最严重的自然灾害。我国大部分城市受季风气候控制，短时强降雨诱发的洪涝灾害更是频繁发生，近年来造成的人员伤亡和经济财产损失均呈现持续上升趋势。因此城市洪涝灾害已经成为制约我国社会经济可持续发展的一个突出瓶颈，更是当前防灾减灾研究的热点问题。

夏军强教授在国家杰出青年科学基金项目等国家级项目的资助下，开展了城市洪涝致灾机理和模拟方法的研究。该书系统总结了作者在致灾机理分析、数值模拟方法、风险评估技术等领域最新的研究成果：首先，基于地表径流与地下管流交互的概化水槽试验，揭示了影响雨水口过流的主控因子，提出了不同堵塞程度下统一的雨水口泄流与溢流能力计算公式；其次，采用河流动力学中泥沙起动的推导方法，首次建立了基于动力学机制的洪水中人体与车辆失稳的计算公式；最后，创建了地表径流与地下管流耦合的城市洪涝全过程水动力学模拟方法，研发了城市洪涝全过程模拟与风险评估的耦合模型，定量评估了国内外典型城市街区的洪水风险。

该书章节结构合理且相辅相成，研究成果不仅有利于认识城市洪涝灾害的成因与致灾机理，还能够丰富城市洪水动力学的基础理论，具有很高的学术价值和实践指导意义，可为城市洪涝的科学防治与应急管理提供科学依据与技术支撑。

中国科学院院士

武汉大学教授

2024 年 5 月

在全球气候变化显著、极端强降雨事件频发的背景下，由暴雨等导致的城市洪涝风险呈急剧上升的态势，城市防洪减灾成为全球灾害防治的重点研究领域。当前我国频发的城市洪涝问题是由气候变化引起的外部环境变化、快速城镇化引起的内部环境变化，以及城市洪涝管理能力相对薄弱等因素共同作用的结果。目前，对变化环境下城市洪涝致灾机理与模拟方法的研究有待进一步深入，精细化的城市洪涝风险评估方法有待进一步完善。因此，迫切需要开展城市洪涝致灾机理、洪涝过程模拟技术、洪水风险评估等方面的研究，这对于我国城市洪涝灾害的科学防控具有重要的意义。

为此，作者在国家自然科学基金项目等的资助下，采用概化水槽试验、数学模型计算和力学理论分析相结合的方法，开展城市洪涝致灾机理与模拟方法的研究。本书为相关研究成果的总结，主要包括以下四部分内容。

（1）进行地表径流与地下管流交互的概化水槽试验，揭示影响雨水口过流的主控因子，提出不同堵塞程度下统一的雨水口泄流与溢流能力计算公式。为揭示城市洪涝中地表径流与地下管流的交互机理，首先建立国内首个具有地表街区和地下排水系统双层结构的城市洪水过程试验平台，基于完整雨水口的模型试验与量纲分析法，确定不同来流条件下统一的雨水口泄流能力计算公式；然后分别考虑雨水口算子及连接管不同堵塞情况，开展较大水深范围下的雨水口泄流能力试验，建立不同堵塞情况下雨水口泄流能力的计算公式；最后基于试验资料，确定雨水口溢流条件下的流量计算公式。

（2）采用河流动力学中泥沙起动的推导方法，首次建立基于动力学机制的洪水中人体与车辆失稳的计算公式。首先分析洪水中人体和车辆失稳的动力学平衡条件，推导出洪水中平地及斜坡上人体失稳时和汽车在部分淹没状态下失稳时的起动流速公式；然后采用人体和汽车模型在水槽中进行一系列的起动试验，率定公式中的相关参数；最后给出儿童、成人和典型车辆在不同来流条件下的失稳区间。

（3）建立地表径流与地下管流耦合的城市洪涝全过程水动力学模型，验证模型精度并评估模型中的参数敏感性及不确定性。首先建立二维地表径流与一维地下管流耦合的城市洪涝全过程水动力学模型。该模型通过交互流量计算公式耦合二维地表径流模块和一维地下管流模块，并使用信息传递接口与共享内存并行编程混合的并行方法提高模型的计算效率。然后基于水槽试验对城市洪涝全过程水动力学模型的计算精度进行验证。最后采用全局敏感性分析与普适似然不确定性分析方法，评估模型的参数敏感性与不确定性，并讨论排水管道为完全明渠流与发生明渠流到有压流流态转变两种工况下参数敏感性和不确定性的差异。

（4）研究城市洪涝全过程模拟与风险评估耦合模型，定量评估国内外典型城市街区的洪水风险，能为当前洪涝风险的精细管理提供科学依据。首先合理预设洪涝情景，采用城市洪涝全过程水动力学模型计算不同情景下的洪涝淹没特征；然后以水深和流速等关键水力要素为依据，采用危险性、脆弱性、暴露度等量化指标建立城市洪涝风险评估方法；最后定量评估国内外典型城市街区洪涝过程中群众生命财产的安全程度，为城市洪涝风险的精细化管理和科学防控提供基础理论依据。

本书研究成果得到了国家自然科学基金（51725902、41890823、52209098）、牛顿高级学者基金（NSFC52061130219、NAF\R1\201156）等的资助，在此一并表示感谢。参加本项研究的主要成员为夏军强、李启杰、董柏良，另外王小杰、刘妍、肖宣炜、徐政等也参与了相关的研究工作。

由于作者经验不足，水平有限，难免出现疏漏，恳请读者批评指正。

作　者

2023 年 10 月于武汉大学

目　录

第 1 章

绪 论

近年来，经济社会的快速发展加速了全球城市化的进程，城市区域下垫面类型发生改变，不透水地表比例增加，暴雨径流产汇流过程改变。与此同时，在全球变暖和极端气候事件增加的环境下，局部强降雨和城市暴雨洪涝显著增多，造成了重大人员伤亡和财产损失。因此，开展城市洪涝致灾机理与模拟方法研究，合理处理城市与水之间的关系，对我国城市洪涝灾害的科学防控和城市、社会的可持续发展具有重要意义。

1.1 研究背景

受全球气候变化及城市化进程加快的影响，在我国由暴雨引发的城市洪涝灾害频繁发生，汛期"城市看海"几成常态，对人民群众的生命财产安全造成了严重威胁（张建云 等，2016；程晓陶和李超超，2015；张建云 等，2014；宋晓猛 等，2014）。联合国政府间气候变化专门委员会（Intergovernmental Panel on Climate Change，IPCC）的报告指出：全球气候变化在很大程度上增加了城市极端暴雨和洪涝事件发生的可能性，使得城市防洪减灾工作面临新的挑战（Pörtner et al.，2022）。

当前我国城市洪涝灾害呈现出显著的频发性、复杂性、严重性等特点。2010 年，住房和城乡建设部对全国 351 个城市的洪涝情况进行调研，结果显示：2008～2010 年，62%的城市发生过洪涝，洪涝发生 3 次以上的城市有 137 个（王炜和余荣华，2011）。据报道，2012 年北京"7·21"特大暴雨灾害，造成 79 人遇难，5 条地铁线路停运，直接经济损失达 162.15 亿元（程晓陶和李超超，2015；Wang et al.，2013）。2016 年，受超强厄尔尼诺现象的影响，我国多地发生严重洪涝，全国有 192 个城市被淹。7 月 1～6 日，武汉遭遇 1998 年大洪水以来最为严峻的洪涝灾害，最大 24 h 雨量为 241.5 mm，暴雨导致多处路段积水，全市渍水地段达 20 处，部分区域交通中断数小时，地铁站、下行通道等重要地下基础设施被淹没。这次暴雨灾害造成全市约 75.7 万人受灾，直接经济损失高达 22.65 亿元（丁心红，2016）。

近年来，极端降水事件明显增加，由暴雨引发的城市洪涝灾害呈急剧上升趋势。2020 年广州 "5·22" 特大暴雨导致地铁 13 号线发生洪水倒灌，地铁停运约 20 天之久，给市民出行带来了极大的不便（王婷 等，2020）。2021 年 7 月河南郑州发生了区域性特大暴雨，仅 20 日 16~17 时，1 h 降雨量高达 201.9 mm，超过中国大陆 1 h 降雨量极值（苏爱芳 等，2021）。此次特大暴雨洪涝灾害共造成郑州 380 人死亡或失踪，直接经济损失达 409 亿元，成为引起社会关注的热点事件（国务院灾害调查组，2022）。2023 年 7 月 29 日北京发生创纪录极端特大暴雨，造成 33 人死亡，18 人失联，房屋倒塌 5.9 万间，6 300 余辆车被淹，受灾人口近 129 万人（中国经济周刊，2023）。同年 9 月 7 日，香港发生创纪录极端特大暴雨，2 人因灾死亡，117 人受伤，多处地铁站严重受淹，交通系统瘫痪，直接经济损失近 8 亿港币（新华网，2023）。表 1.1 中列举了近期我国发生的典型城市洪涝灾害。城市人口与社会经济财富密集，一旦发生洪涝灾害将造成重大的人员伤亡及财产损失。城市洪涝灾害已成为影响城市公共安全和制约经济社会发展的重要因素。

表 1.1　近期国内典型城市洪涝灾害

时间	地点	洪涝过程	受灾程度
2007 年 7 月 18 日	济南	2007 年 7 月 18 日 17 时，济南市区发生特大暴雨，1 h 最大降水量为 151 mm，低洼区域严重积水，道路上有行人和车辆被水冲走，银座地下商场发生倒灌被淹没	共造成 37 人死亡，受淹居民 8 713 户，33.3 万人受灾，直接经济损失高达 12.3 亿元（杨威，2007）
2012 年 7 月 21 日	北京	2012 年 7 月 21 日 10 时~22 日 6 时，北京全市平均降雨量为 190.3 mm，为北京及周边地区中华人民共和国成立以来最强的暴雨及洪涝灾害	共造成 79 人死亡，房屋倒塌 10 660 间，190 万人受灾，经济损失达 162.15 亿元（程晓陶和李超超，2015）
2016 年 7 月	武汉	2016 年 7 月 1~6 日，武汉累计降水量高达 560.5 mm，突破有气象记录以来单周累计降水量最大值。武汉城区渍水严重，下行通道、地铁站等多个地下空间被淹	因灾死亡 14 人，75.7 万人受灾，直接经济损失达 22.65 亿元，中心城区 162 处道路出现渍水（丁心红，2016）
2021 年 7 月 20 日	郑州	2021 年 7 月 20 日 16~17 时，1 h 降雨量高达 201.9 mm，超过中国大陆 1 h 降雨量极值。城区渍水严重，地铁 5 号线与京广快速路北隧道等地下空间被淹	共造成 380 人死亡或失踪，全市有 39 人在地下室、地下通道等地下空间溺亡（国务院灾害调查组，2022）
2023 年 7 月 29 日	北京	2023 年 7 月 29 日 20 时~8 月 2 日 7 时，北京发生创纪录极端特大暴雨，最大降雨量达 744.8 mm	造成 33 人死亡，18 人失联，房屋倒塌 5.9 万间，6 300 余辆车被淹，受灾人口近 129 万人（中国经济周刊，2023）
2023 年 9 月 7 日	香港	2023 年 9 月 7 日 16~17 时，香港发生创纪录极端特大暴雨，1 h 降雨量高达 158.1 mm。多处地铁站严重受淹，交通系统瘫痪	2 人因灾死亡，117 人受伤，直接经济损失近 8 亿港币（新华网，2023）

综上所述,在全球气候变化显著、城市化进程加快和极端强降雨事件频发的背景下,城市防洪减灾成为全社会灾害防治的重点研究领域(徐宗学和李鹏,2022;张建云 等,2016;程晓陶和李超超,2015)。因此,迫切需要开展城市洪涝致灾机理、洪涝过程模拟及洪涝风险评估等方面的研究,这对于我国城市洪涝灾害的科学防控具有重要的意义。

1.2 研究现状

城市是人类文明与社会经济财富的汇聚之地,城市空间结构与基础设施的复杂性使城市的产汇流机制显著复杂于天然流域。为了研究城市洪涝致灾的水文水动力学机理,建立洪涝过程高精度、高效率的数值模拟方法,并准确评估城市洪涝风险,众多学者开展了一系列的模型试验、数值模拟和风险评估研究。

1.2.1 城市洪涝的概化模型试验

由于城市洪涝过程复杂、发生速度快,所以对城市洪涝灾害的现场观测较为困难。开展概化模型试验是研究城市洪涝致灾机理的有效手段。近年来,国内外城市洪涝概化模型试验的研究内容主要包括地表产流试验、地表洪水演进试验、地表径流与地下管流交互试验三个方面。

1. 地表产流试验

产流是降水经过植被截留、填洼、蒸发、土壤下渗等作用,在地表形成径流的现象。城市下垫面条件极为复杂,不仅表现在土地利用类型复杂多样上,还表现在不同土地利用类型之间的交错分布特征上,因此城市产流过程及其机理也较为复杂(徐宗学和李鹏,2022)。研究城市产流规律,定量揭示城市不同下垫面的下渗能力,能够为城市洪涝数学模型的验证提供数据支撑。

Cea 等(2010)开展了城区降雨产流的概化模型试验,基于试验数据分析了扩散波和运动波两种数学模型的计算精度。杨巧等(2022)研究了天津某高校五种典型下垫面的降雨损失特性,发现绿地、沥青混凝土路面、铺砖路面的降雨损失均为入渗损失,其余水量损失可以忽略不计。Liu 等(2020)通过概化模型试验,对比了典型城市地表与下凹草地和透水铺装两种典型海绵下垫面的产流特点,分析了不同降雨强度下降雨和径流之间响应关系的差别。试验结果还表明,绿色基础设施能够显著增加产流时间,其径流系数与峰值流量均显著小于常见的不透水地表。因此,绿色基础设施的建设有助于更好地管理城市洪涝,能在一定程度上减轻城市洪涝灾害。Zhang 等(2020)基于城市降雨产汇流的概化模型,开展了降雨产流及伴随产流的地表非点源产污过程的模型试验,试验数据可以为数学模型的精度验证提供依据。Ferreira 等(2019)基于模型试验结果,分析了不透水下垫面的分布特征对降雨径流过程的影响,离散的不透水下垫面分布有助于增加下渗，进而降低城市洪涝风险。

2. 地表洪水演进试验

城市复杂的空间结构与街区布置会给洪水演进过程带来显著影响，因此研究洪水在实际城市街区的演进过程，对准确认识城市洪涝的致灾特性具有重要意义。Aureli 等（2015）研究了水流撞击单一建筑物后的水深分布随时间的变化情况，并测量了洪水对建筑物的作用力。两条城市道路在同一平面内相交形成大家常见的交叉路口。其通常分为 T 形、十字形、X 形、Y 形、错位和环形六种交叉形式。众多学者开展了恒定流条件下交叉路口的模型试验研究，揭示交叉路口处流场、水深的分布规律，以及交叉路口处的分流特性（Mignot et al.，2013；Rivière et al.，2011；Nanía et al.，2004 ）。研究结果表明，交叉路口的分流特性与水流弗劳德数、街道上的水深、支流和干流的流量比等密切相关，以这些参数为依据建立了交叉路口处分流比的计算关系（Nanía et al.，2011）。实际城市街区由众多街道构成，单一街道交叉路口的分汇流规律难以体现洪水在整个城市区域的演进特征，因此一些学者基于具有更加复杂的空间结构的城市街区概化模型，开展了相关的洪水演进试验研究。该类研究以 Soares-Frazão 等（2008）开展的一系列洪水在概化城市街区演进的模型试验为代表。这类试验通过给定上游流量随时间的变化过程或通过水库蓄水模拟溃坝水流过程，测量不同街区布置条件下若干观测点水位随时间的变化情况，研究成果被广泛用于验证城市洪涝水动力学模型的精度（Soares-Frazão et al.，2008；Soares-Frazão and Zech，2008；Testa et al.，2007）。LaRocque 等（2013）开展了堤防溃决洪水在城市街道演进的模型试验研究，测量了洪水演进过程中的流场及水深分布特征，研究结果表明街区的局部地形对洪水流场有较大影响。需要指出的是，这些研究采用的房屋构造与街区布置均较为简单，仅包含由简单结构几何体构成的模型建筑，因此无法完全真实反映洪水在城市街区的演进特征。针对此不足，董柏良等（2020）开展了典型城市街区的概化水槽试验研究，定量分析了建筑物密度、道路绿化带设置对城市洪水演进过程的影响。现有研究普遍采用超声多普勒流速仪（acoustic Doppler velocimeter，ADV）和水位计测量的单点流速与水深变化来反映城市洪水演进的特征。为了更好地反映城市洪水演进的特征，表面粒子图像测速仪（surface-particle image velocimetry，S-PIV）等新型设备和技术被用于城市洪涝模型试验中，以提供更加精确的水深分布与流场资料（Martínez-Aranda et al.，2018；Aureli et al.，2008）。

3. 地表径流与地下管流交互试验

城市排水系统包含雨水口、检查井、地下排水管网、泵站、闸门等结构，是减轻城市洪涝灾害最主要的工程设施（陈文龙和何颖清，2021）。雨水口是城市排水系统的关键节点，用于收集地表径流并导入地下排水管网，其泄流作用直接影响城市洪涝的程度与空间分布特征。城市排水系统泄流能力不足是城市洪涝灾害发生的重要原因之一，城市排水系统的泄流能力不足不仅表现在地下排水管网过流能力不足，还体现在雨水口数量不足、布置位置不当、堵塞淤积严重等导致的地表积水排除效率偏低（夏军强 等，2020）。

为了揭示城市排水系统的泄流能力,近年来众多学者开展了一系列地表街区与地下排水管网之间的水流交互试验研究(郝晓丽 等,2021;Mignot et al.,2019)。现有模型试验结果表明:雨水口泄流能力与雨水口算子的尺寸和形状、道路纵横坡度、雨水口的堵塞程度等密切相关(Lee et al.,2012;Guo et al.,2009;Mustaffa et al.,2006)。但现有研究普遍未采用完整的雨水口结构,本质上仅研究了雨水口算子过流能力随来流条件的变化特征,而大水深条件下雨水口的泄流能力受到连接管的限制,仅考虑雨水口算子的影响可能会高估雨水口的过流能力(陈倩 等,2020;Gómez et al.,2013)。地下排水管网的正常工作状态为明渠流,当城区发生强降雨时,局部区域的地下排水管网会出现超载情况,管道内水流发生明渠流到有压流的流态转变,当管道内的压力水头超过地表高程时,甚至会出现溢流现象(Sanders and Bradford,2011;Fuamba,2002)。目前对地下排水管网超载情况下地表径流与地下管流之间交互机理的研究还不够深入。Rubinato 等(2017)开展了恒定流和非恒定流条件下地表径流与地下管流通过雨水井进行水流交互的模型试验研究,结果表明堰流与孔口出流公式能够有效计算不同水流条件下城市排水系统的下泄与溢流流量,并给出了相应的流量系数变化范围。但受试验条件限制,Rubinato 等(2017)采用的模型结构与实际城市排水系统相差较大,因而该研究结论的普适性不足。

1.2.2 城市洪涝的数值模拟技术

城市洪涝的数值模拟是研究城市防洪减灾的关键内容之一,可有效服务于城市洪水风险管理,其模拟精度直接关系到防洪减灾的有效性。洪涝过程数值模拟方法主要分为水文学方法和水动力学方法两大类。基于水文学方法的分布式概念模型,如比较有代表性的雨水管理模型(storm water management model,SWMM),具有模型结构简单、计算效率高等优点,在精度和空间信息要求不高时应用广泛,但一般不能给出局部区域的水深及流速等详细水力要素;基于水动力学方法的一、二维模型具有较高的计算精度,能够提供详细的非恒定城市雨洪过程,然而因其计算量较大,通常不能满足实时预报的要求。因此,为满足城市洪涝过程模拟快速化和局部地区精细化的要求,可以针对不同尺度分别采取相应的模型进行计算,充分发挥水文学及水动力学模型的优势。

1. 基于水文学方法的降雨径流和管网流动耦合模拟

降雨径流和雨水管网耦合模型将水文学中的产汇流理论与水力学方法相结合,分别用于模拟城市地表产汇流过程及雨水在排水管网中的运动,是城市洪涝模拟研究的核心内容之一。自 20 世纪 70 年代起,随着计算机技术的发展,欧美发达国家开发了一系列城市雨洪模型。应用较广泛的水文学及水力学耦合模型包括:1971 年美国环境保护署的 SWMM(Rossman,2017);1984 年丹麦水力学研究所研发,后续被集成到 MIKE URBAN 的 Mouse 模块(宋晓猛 等,2014);1997 年英国 Wallingford 公司开发的 InfoWorks 系列模型(喻海军,2015);等等。

我国城市雨洪模型的研制工作晚于西方国家，但也取得了一些较好的成果（潘安君 等，2012；解以扬 等，2005；仇劲卫 等，2000；徐向阳，1998；岑国平 等，1993）。SWMM 是目前使用较为广泛的城市雨洪模型之一，至今仍在城市暴雨洪水、排水系统的规划及设计等方面发挥着重要作用（喻海军，2015）。该模型是一个分布式的水文学模型，其将计算区域划分成若干个子汇水区，分别计算各子汇水区的径流过程，假定每个子汇水区的水全部流向某个特定的节点，进而汇入排水管网中。由于该模型的基本计算单元是水文学概念上的集水区域，所以这类模型仅能提供关键位置或断面的洪涝过程，不能给出非节点处的动态洪涝过程，如地表某处淹没水深及流速的变化等（刘勇 等，2015；王静 等，2010）。因此，SWMM 在精度和空间信息要求不高时应用广泛，可用于计算城区大范围的降雨径流过程。由于城区内密布着道路和沿路修建的排水管网系统（Akan and Houghtalen，2003），路面与排水管网系统又相互连通，仅模拟路面积水和仅模拟管网泄流都不能准确描述洪涝的形成与发展过程。尽管 SWMM 可以同时模拟路面和管网的过水过程，但在降雨径流计算和地下排水管网排水计算的相互耦合方面存在许多问题，如管网中的水无法返回路面（Rossman，2015）。对于北京等大型平原城市来说，暴雨情况下地下排水管网的溢流量对洪涝灾情影响较大，但现有模型对这一问题缺少可行的处理方法（Leandro et al.，2009；Nasello and Tucciarelli，2005）。水文学方法对城市产流过程进行了一定的简化，采用经验关系或概念模型模拟降雨与地表径流的响应关系，因此难以模拟洪涝在城市地表的实际淹没特征。

2. 基于水动力学方法的地表洪水演进与地下排水管网流动耦合模拟

由于人们对生命和财产保护意识的增强，对城市地表洪水计算精度的要求越来越高，除洪水淹没范围和最大水深以外，洪水传播速度、淹没水深和流速的时空分布也逐渐成为城市洪涝模拟与灾害预报的主要内容。

用来计算地表洪水演进过程的水动力学模型有两类：一类是将浅水方程简化为扩散波形式来求解的模型（Dottori and Todini，2013；Bates and de Roo，2000），其因为稳定性条件的约束，在网格尺度减小时，时间步长很小，计算速度较慢（Hunter et al.，2008）。另一类是基于完整浅水动力学理论的二维模型（Lee et al.，2016；Xia et al.，2011a，2011b；Sanders et al.，2010），该类模型能较好地模拟地表洪水演进的物理过程，并给出相关水力因子的时空变化。基于物理机制的水动力学模型往往具有较高的准确性及可信度，因此二维水动力学模型在城市洪水演进过程模拟中具有较大的应用前景（刘勇 等，2015；胡伟贤 等，2010）。

由于大量建筑物的存在，城市洪涝中水深和流速的分布极不均匀。为了反映城区复杂地形和局部水力效应的影响，较好地模拟地面的漫流过程，城市地表洪水演进模拟多采用二维模型（Lee et al.，2016；Mignot et al.，2006）。然而，严格求解浅水方程的方法需要花费大量的时间，与城市暴雨洪水过程快、预见期短之间存在一定的矛盾。但随着计算机性能的提高及并行计算技术的使用，可以有效提高计算效率。例如，Vacondio 等（2014）采用图形处理器（graphics processing unit，GPU）加速的有限体积法进行城市洪涝过程模拟，比单核中央处理器（central processing unit，CPU）的计算速度提高了两个数量级。另外，随着高分辨率地形数据的应用，越来越多的研究认识到城市的建筑物（Schubert and Sanders，2012）、下凹式立交桥或下行通道（刘畅 等，2014；丛翔宇 等，2006）、雨水口（Bazin et al.，2014；Aronica and Lanza，2005）等微地形对地表洪水演进过程有重要影响。因此，需要精细考虑微地形的影响，提高城市洪涝过程模拟的准确性。此外，城市下垫面情况复杂，道路和地下排水管网等是地表径流运动的主要通道。城市洪涝模拟需要精细考虑下垫面的空间变异性，以及地表径流和地下管流之间的复杂水力联系（潘安君 等，2012），同时将地表洪水演进和地下管网流动计算相互耦合，形成一个完整的城市洪涝全过程水动力学模型。

1）地表径流模拟

基于水动力学方法的地表径流模拟，通常将浅水方程或其简化形式作为控制方程（Fernández-Pato et al.，2016；周浩澜 等，2010；Kazezyılmaz-Alhan and Medina，2007）。浅水方程是由纳维-斯托克斯（Navier-Stokes）方程组在静压假定下沿垂向进行积分得到的，其在计算效率与计算精度之间取得了较好的平衡，因此被广泛用于模拟如河道水流、地表径流、海啸等具有自由表面的重力流动（谭维炎，1998）。当前求解浅水方程的数值算法主要可以分为有限差分法、有限体积法、有限元法三类（Mazumder，2015）。城市地表的地形起伏大、径流水深浅、流态复杂，因此对数值算法的精度和稳定性提出了较高的要求（de Almeida et al.，2012）。有限体积法对流态间断的捕捉能力较强，同时还能适用于多种网格类型，更加适合复杂下垫面条件下的洪涝过程模拟（夏军强 等，2010；史宏达和刘臻，2006）。对计算区域空间合理离散是进行数值模拟的前提，计算网格可以分为结构网格和非结构网格。结构网格不同计算单元之间的拓扑关系可以根据网格的编号自动得到，因此具有网格划分便捷、算法离散相对简单、计算效率较高、便于并行计算等突出优点（侯精明 等，2021；Dazzi et al.，2019）。相较于结构网格，非结构网格之间的拓扑关系需要额外进行计算，在模型求解时还需要分配相应的内存存储网格间的拓扑关系，因此非结构网格存在占用内存较大、计算效率偏低、数值算法的离散较为困难、不易构造高阶格式等劣势。但是非结构网格能够根据模拟需要调整网格的尺寸和位置，不仅能够减少不必要的计算网格，而且能够更好地适应复杂的城市下垫面。

由于城市地表起伏大、水深浅、流速高等特性，源项的处理对模型计算至关重要，若处理不当不仅会极大地降低计算效率，甚至可能造成程序失真和崩溃（许仁义 等，2021）。早期的浅水方程模型中多直接采用地形高程的差分反映底坡的影响，但是这样的离散方式在应用于干湿交界面时不具备守恒性，因此会带来虚假的流动，甚至计算失稳。为了解决该问题，表面梯度法、底坡迎风差分法、通量修正法等一系列方法被应用于浅水方程底坡源项的离散和求解（魏红艳 等，2019；Zhou et al.，2001）。

浅水方程模型的计算效率低是制约其用于解决实际问题的重要因素，并行计算技术是提高浅水方程模型计算效率的有效方法。并行计算按照所使用的计算机架构，主要可以分为共享内存并行与分布式内存并行。共享内存并行主要用于单个计算机的多核CPU

并行或 GPU 并行；分布式内存并行多基于大型计算机集群，各处理器的内存空间不进行共享（Pacheco and Malensek，2021）。当前由于雷达技术和倾斜摄影技术的蓬勃发展，城市地形测量的空间分辨率可达亚米等级，能够精确反映城市道路、建筑物等地表特征（Shen et al.，2015；Abdullah et al.，2012）。精细的地形数据给城市洪涝模拟带来了机遇和挑战，高精度的地形可以有效提高城市洪涝模拟的精度，但精细的空间分辨率会带来巨大的数据量，降低计算效率。Noh 等（2018）开发了信息传递接口（message passing interface，MPI）与共享内存并行编程（open multiprocessing，OpenMP）混合并行的城市洪涝模型，基于 LiDAR 测量的地形数据模拟实际城市洪涝过程。Xia 等（2019）提出了一个多 GPU 加速的高性能耦合水动力学模拟系统，成功开展了 5 m 空间分辨率下约 2 500 km^2 流域的洪涝过程模拟。

2）地下管流模拟

城市地下排水系统内水流流态复杂，可能出现明渠流和有压流、急流和缓流之间的复杂过渡流态，使得管流的模拟更加复杂（喻海军 等，2020）。为了便于计算，一般需要引入 Preissmann 窄缝法（Preissmann slit method，PSM）、双组分压力法（two-component pressure approach，TPA）实现管道在明渠流与有压流状态下控制方程的统一（An et al.，2018；Maranzoni et al.，2015；Artina et al.，2007）。PSM 假定管道顶部存在一条窄缝，当管道内的水头大于管道直径时管道处于有压状态，基于该假定管流的控制方程可以得到极大的简化进而便于计算（Wang et al.，2019）。但是 PSM 在应用中存在一定的问题，首先当压力波波速较大时窄缝较窄，计算混合流时较易发生数值振荡问题；同时 PSM 难以模拟管道负压（Malekpour and Karney，2016）。解决数值振荡问题的一个方案为增加窄缝的宽度以间接降低水击波波速，但是该处理方法不符合物理本质，增加的窄缝宽度使得窄缝内能够存更多的水，继而降低管道中满管与非满管交界面的运动速度（Capart et al.，1997）。为了解决该问题，León 等（2009）提出用倒漏斗形状的窄缝代替原有矩形窄缝，这在一定程度上提高了数值解的平滑性。为了模拟管道满管情况时的负压流态，Kerger 等（2011）提出了负压窄缝的概念，当实际压力为负时认为窄缝中的水头可以小于管道直径。除 PSM 外，另一个常用的管道明满流近似处理方法为 TPA，TPA 假定管道具有弹性，在处于有压状态时管道边壁可以伸缩，使得过水断面面积大于或小于管道实际横截面积，因此该方法能够较好地适应管道正压及负压工况（Sanders and Bradford，2011）。

3）地表径流与地下管流耦合模拟

双排水系统模型能够同时模拟地表径流与地下管流，可以较为完整地反映城市暴雨洪涝过程中水流的实际运动情况，因而这类模型在城市洪涝模拟领域具有显著优势（Djordjević et al.，2005，1999）。除 MIKE FLOOD、XPSWMM、TUFLOW、InfoWorks ICM 等商业软件外，众多学者分别提出了城市地表径流与地下管流耦合的数学模型（Fraga et al.，2017；Noh et al.，2016；Bazin et al.，2014）。耿艳芬（2006）针对城市雨洪的特点，构建了基于 PSM 的城市地下排水管网模型及非结构网格二维地表径流模型，采用雨水口过流能力公式将两个模型进行结合，构建了城市洪涝全过程模型。Nanía 等（2015）以街道为基本单元构建了一维城市路网和一维地下排水管网耦合的城市洪涝双排水模型。城市雨水口、检查井是城市洪涝中地表和地下排水系统进行交互的关键节点，Jang 等（2018）对比了三种下泄模式下雨水口、检查井的概化方式对城市洪涝模拟的影响，具体包括地表径流通过检查井下泄、雨水口连接井下泄、雨水口直接下泄到管道。结果表明，在城市洪涝模拟中需要考虑雨水口的泄流作用，将检查井作为泄流单元会显著低估城市排水系统的泄流作用。梅超（2019）以 SWMM 和 Telemac-2D 水动力学模型为基础，构建了城市水文水动力学耦合模型。黄国如等（2021）概化了城市雨洪模型中垂向及水平向的两种耦合方式，采用动态链接库将 SWMM 中的产汇流模块和管网模块与地表二维水动力学模型进行耦合，构建了城市洪涝的水文水动力学耦合模型。

1.2.3 城市洪涝风险评估方法

近年来，我国城市暴雨洪涝灾害日趋严重，城市防洪减灾体系建设面临着新的压力与挑战。为了科学应对与缓解当前日益加剧的城市洪涝灾害问题，必须加大对城市洪涝灾害评估及减灾对策的研究。城市洪涝风险评估工作能够为风险管理和防灾减灾措施的制定提供技术支撑，近年来随着城市洪涝风险评估研究的深入，国内外学者对洪涝风险的内涵具有更加系统的认识。洪涝风险的组成要素包含危险性、暴露度、脆弱性及防灾减灾能力（黄国如 等，2020）。关于城市洪涝风险评估的研究，目前国内外较为常用的评估方法主要有历史灾情评估法、指标体系评估法、遥感影像评估法和情景模拟评估法（徐宗学 等，2020；唐川和朱静，2005）。一般，根据评价的空间尺度、基础数据的完备程度、分析结果的时效性和评估结果的精确性选择相应的评估方法，也可结合多种方法进行综合评估。

洪涝风险评估的准确性，依赖于翔实的淹没水深、历时及径流流速等致灾水情数据，相较于其他传统方法，基于地表二维和管网一维水动力模拟的洪涝风险评估方法因能够提供准确、可靠的洪涝水力要素已经成为当前业界的发展趋势（黄国如 等，2019；张会 等，2019；Hammond et al.，2015）。黄国如等（2019）基于 InfoWorks ICM 一、二维耦合模型对广州东濠涌流域的洪涝过程进行了模拟，在情景模拟的基础上综合考虑孕灾环境、承灾体、防灾减灾能力开展洪涝风险评估。苏鑫等（2022）耦合 SWMM 的管网模块和Telemac-2D 水动力学模型，开展了广东前山河流域的一、二维水动力学模拟，以此为基础评估了洪涝灾害的直接与间接经济损失。Yin 等（2016）采用高分辨率二维水动力学模型，模拟了上海中心城区的洪涝过程，根据相应的水深和淹没历时指标划分各道路的洪涝风险等级，结果表明降雨强度与洪涝风险之间存在明显的非线性关系。城市洪涝过程具有高度的随机性和不确定性，基于预设特定洪涝情景的风险评估方法难以完全体现洪涝过程的不确定性，继而给洪涝风险评估工作带来了一定的困难。为了应对随机性和不确定性的挑战，基于概率预测的洪涝风险评估方法被开发并应用。Zhang 和 Najafi（2020）使用 Lisflood 模型，考虑不同降雨、河道洪水、风暴潮组合情景，基于概率预测方法分析了某滨海机场的洪涝风险。此外，洪水风险图也是实施洪水风险管理的重要依据（李帅杰 等，2011），国内现有洪水风险图绘制中通常仅按水深大小来进行洪泛区的风险划分（向立云，2017；刘树坤 等，1999），没有考虑洪水中承灾体的失稳机制与来流条件对其稳定性的影响。

城市洪涝灾害不仅会造成巨大的经济损失，还可能造成严重的人员伤亡。行人在水中被冲倒失稳是造成人员伤亡的重要原因之一，人员洪涝风险的准确评估需要建立在对行人失稳机理深刻认识的基础上。现有研究表明，洪水作用下行人的安全程度受水流条件（水深、流速、水流流态、紊动特性、漂浮物等）、人体特征参数（身高、体重、年龄与健康程度）、路面情况（坡度、粗糙程度），以及其他要素（能见度、风速）等多方面因素的影响。以行人在洪水中的稳定程度为例，已有研究成果表明，在相同水深（0.5 m）下，小孩的失稳流速约为 0.8 m/s，而成人超过 1.3 m/s（Xia et al.，2014）。因此，不能简单将水深大小作为洪水风险划分的标准，而应在以往洪水风险图的基础上，进一步考虑洪水中典型承灾体失稳的动力学机制。目前这方面研究主要集中在行人与车辆方面，常用来流流速与其起动流速的比值确定承灾体的危险等级。

不同学者在进行行人失稳机理的研究时，通常将来流水深及流速、人体身高及体重作为基本参数，开展不同尺度水槽试验、力学分析及两者相结合的研究，提出了洪水作用下人体失稳的机理及其判别条件，并用于城市洪涝风险评估工作中（夏军强 等，2022）。Xia 等（2011a）将二维水动力学模型的计算结果与基于力学过程的洪水中行人及车辆安全程度的计算模块结合，提出了极端洪水中行人及车辆的风险评估方法。Kvocka 等（2016）对比了基于经验关系和基于力学过程的洪水中人体洪涝风险的判别方法，结果表明基于力学过程的判别方法在评估极端洪水的风险时具有明显优势。Wang 等（2021）耦合二维并行水动力学模型和基于力学过程的洪水中人体稳定性计算公式，提出了城市中行人和车辆的洪涝风险判别方法。Dong 等（2022）耦合城市洪涝地表径流模块、地下管流模块和基于力学过程的洪水中人体稳定性计算模块，建立了城市洪涝全过程模拟与风险评估方法，定量揭示了排水系统泄流对城市洪涝过程与洪涝风险的影响。

1.3　本书的主要内容

在全球气候变化与城市化进程不断深入的背景下，极端天气明显增多，我国城市洪涝灾害日趋严峻，城市洪涝风险呈急剧上升的态势，严重威胁着人民群众的生命和财产安全。为了保证社会经济和谐发展，实现人与自然和谐共生，就必须妥善治理城市洪涝问题。准确地模拟城市洪涝过程并评估相应的洪涝风险是科学地开展四预（预报、预警、预演、预案）工作和针对性地制定城市防洪减灾措施的前提。目前对城市洪涝的致灾机理与复杂下垫面下洪涝数值模拟方法的研究有待进一步加强，现有研究对地表径流与地下管流之间交互机理的认识不够深入，数学模型涉及较多的概化与假设，风险评估没有从不同承灾体的受灾物理机制出发，因此不确定性较强。

为了弥补现有研究存在的不足,本书的研究内容旨在:采用概化水槽试验与量纲分析法,揭示地表径流与地下管流之间的水流交互机理,提出不同堵塞程度下统一的雨水口泄流与溢流能力计算公式;采用河流动力学中泥沙起动的推导方法,建立基于动力学机制的洪水中人体与车辆失稳的计算公式;建立城市洪涝全过程模拟与风险评估耦合模型,通过预设不同暴雨情景开展国内外典型城市街区洪涝过程的数值模拟,精确计算城市洪水水力要素的时空分布特征;采用危险性、脆弱性、暴露度等量化指标,定量评估城市街区的洪涝风险,为城市洪涝风险的精细化管理和科学防控提供基础理论依据,具体的技术路线见图1.1。全书共10章,各章具体内容如下。

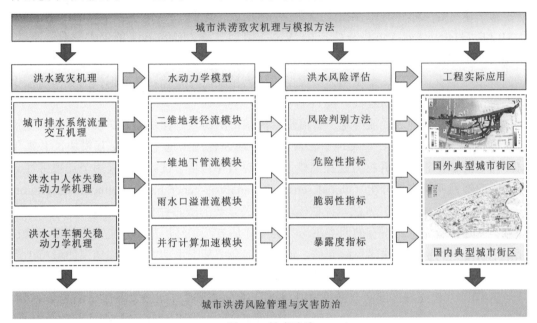

图 1.1 技术路线

第1章:提出本书的背景与意义。分别从城市洪涝的概化模型试验、数值模拟技术及风险评估方法等方面,较为全面地总结已有的研究成果,重点介绍城市洪涝致灾机理与模拟方法研究方面存在的不足及全书的主要内容。

第2章:对城市洪涝灾害的成因进行浅析,讨论城市洪涝灾害频发的主要外部和内部驱动因素,包括致灾因子、孕灾环境、承灾体及防灾能力等因素对城市洪涝灾害的影响,分析当前城市洪涝灾害防治存在的薄弱环节,并提出相应的减灾对策与建议,为洪涝防治工作提供科学依据。

第3章:专门构建上下两层结构的雨水口泄流能力试验平台,考虑雨水口箅子、雨水井及连接管等完整的雨水口结构,开展多组不同水深及流速下的雨水口泄流与溢流能力试验,提出不同堵塞程度下统一的雨水口泄流与溢流能力计算公式。

第4章:首先全面总结国内外已有洪水中人体失稳的试验研究及理论分析成果,评估现有人体失稳判别标准的适用范围及优缺点;然后采用河流动力学中的泥沙起动推导方法,建立洪水中人体失稳的起动流速公式;最后根据概化模型试验结果率定公式中的相关参数，给出儿童及成人在不同来流条件下的失稳区间。

第 5 章：基于泥沙起动理论推导出洪水中部分淹没状态下汽车的起动流速公式，通过概化模型试验率定公式中的相关参数，并估算原型车辆在不同水深下的起动流速；分析洪水中汽车滑移状态下的受力情况，推导出洪水中汽车的滑移速度及其最大撞击力的计算公式，并利用试验结果率定出公式中的关键参数。

第 6 章：建立基于有限体积法的城市排水管网流动的水动力学模拟方法，采用 TPA 实现管道明渠流与有压流下控制方程的统一，并采用戈杜诺夫（Godunov）格式有限体积法进行求解，通过经典算例对管网流动模型的计算精度进行验证。

第 7 章：建立基于有限体积法的城市洪涝地表径流的二维水动力学模型，该模型采用 HLLC（Harten-Lax-Van Leer Contaet Wave）近似黎曼（Riemann）算子求解数值通量，采用表面重建法（surface reconstruction method，SRM）处理底坡源项。通过经典算例的试验数据对地表径流的二维水动力学模型的计算精度进行验证，并模拟极端暴雨情景下典型城市街区的地表洪涝过程。

第 8 章：建立地表径流与地下管流耦合的城市洪涝全过程水动力学模型，该模型耦合了二维地表径流模块、一维地下管流模块、地表径流与地下管流交互模块，并采用 MPI 与 OpenMP 混合的并行方法提高模型的计算效率；基于试验数据采用全局敏感性分析与普适似然不确定性分析（global sensitivity analysis-generalized likelihood uncertainty estimation，GSA-GLUE）方法，评估模型中相关参数的敏感性与不确定性。

第 9 章：首先总结现有的四类洪涝灾害的评估方法，然后基于历史灾情数据，以长江中下游地区为例进行洪涝风险评估，最后详细介绍基于水动力学模拟结果的城市洪涝风险评估方法，并评估英国博斯卡斯尔（Boscastle）不同洪水频率下的洪涝风险。

第 10 章：建立城市洪涝全过程模拟与风险评估耦合模型，该模型通过预设不同暴雨情景开展典型街区洪涝过程的数值模拟，精确计算城市洪水水力要素的时空分布特征；基于危险性、脆弱性、暴露度等量化指标，以特定洪涝情景下的损失率和洪涝暴露度权重为依据划分相应洪涝风险等级。采用该耦合模型，定量评估国内外 2 个典型街区的洪涝风险。

第 2 章

城市洪涝灾害成因与减灾对策

受全球气候变化和快速城市化的影响，近年来全球极端降水事件频发，城市洪涝灾害日益严重，造成重大经济损失，甚至导致人员伤亡。当前我国城市洪涝灾害频发是由气候变化、下垫面条件改变、雨洪管理不当等多种原因共同作用造成的。因此，迫切需要开展城市洪涝成因分析及减灾对策方面的研究，这对于我国城市洪涝灾害的科学防控具有重要意义。本章主要从城市外部和内部环境变化对洪涝灾害的成因进行浅析；讨论致灾因子、孕灾环境、承灾体及防灾能力等因素对城市洪涝灾害的影响；在此基础上分析当前城市洪涝灾害防治存在的薄弱环节，提出相应的减灾对策与建议。

2.1 城市洪涝的外部环境变化特点

20 世纪 80 年代以来，中国极端天气气候事件发生的频次增加、范围增大，暴雨日数、局部强降雨增多，台风强度增大；灾害影响范围逐渐扩大，影响程度日趋严重，各类承灾体的暴露度不断增大，直接与间接经济损失不断增加（张建云 等，2016；刘志雨和夏军，2016；宋晓猛 等，2013）。本节主要分析城市洪涝外部环境变化的三个方面：暴雨时空变化、台风与风暴潮、海平面上升。

2.1.1 暴雨时空变化

强降雨、极端降雨是引发城市洪涝事件最直接的驱动要素，而气候变化引起降雨量及其强度在时间和空间上的重分配，使得暴雨等极端天气事件频发（徐宗学 等，2020）。近年来，强降雨、极端降雨事件趋多增强，局地性暴雨屡破历史观测纪录，导致城市洪涝灾害频发，如 2012 年北京"7·21"特大暴雨洪涝灾害、2016 年武汉"7·6"特大暴雨洪涝灾害、2021 年郑州"7·20"特大暴雨洪涝灾害、2023 年北京"7·31"特大暴雨洪涝灾害及 2023 年深圳和香港"9·7"特大暴雨洪涝灾害等。IPCC 第六次评估报告指出，全球变暖仍在持续，气候变化导致极端降水事件的发生频率和强度持续增加（周妍和魏晓雯，2022）。过去几十年中国年均降水量和极端降水量的时空演变特征表明，中国西南、西北和东部地区的年均降水量呈显著增加的趋势，华北平原地区的极端降雨事件随机性较大，历史上出现的最大降雨量远高于华北平原的常见大雨（徐宗学 等，2020）。

气候变化使洪水等极端水文事件出现的频率和强度发生改变，中国《第三次气候变化国家评估报告》预计：气候变化可能会进一步加剧洪涝灾害的发生（刘志雨和夏军，2016）。区域气候模式的预估表明，未来气候变化条件下，中国强降水、洪涝等极端事件可能将继续增加，对防洪体系规划等国家重大工程的预期效果产生不利影响，对经济社会发展造成极大冲击，防洪安全保障将面临巨大风险（李孝永和匡文慧，2020；夏军 等，2016）。此外，张建云等（2016）采用多模式集合方法，根据中等排放（RCP4.5）和高排放（RCP8.5）情景，预估 21 世纪中国强降水事件将继续呈增多趋势；预估到 21 世纪末中国发生洪涝灾害的风险将加大，城市化和财富积聚对气候灾害风险有叠加与放大效应。张楚汉等（2022）发现，即便在《巴黎协定》温升 1.5℃理想目标实现的前提下，东亚季风仍有增强趋势，西太平洋热带气旋多发、西太平洋副热带高压偏北等天气条件将有所增加，京津冀豫遭遇特大暴雨的概率仍将增大。

2.1.2 台风与风暴潮

我国大陆海岸线长达 1.84 万 km，暴雨、高潮位和台风是沿海城市洪涝事件的主要驱动因素。台风暴雨致灾是台风极端天气引发洪涝灾害的最主要因素，国内外不少极端暴雨记录都与台风活动有关。风暴潮是台风诱发次生灾害的又一重要致灾因子，它除受台风强度的影响外，还与天文因素和海岸特征相关（赵越和张白石，2017）。当极端降雨遭遇外江风暴潮时，高潮位顶托使得城市河道的洪水不能及时排出，河道高水位使得排水管网的过流能力大幅下降，出现严重洪涝；而台风的发生也可能形成风、暴、潮"三碰头"现象，将引发严重的城市洪（潮）涝灾害（陈浩 等，2021；徐宗学 等，2020）。例如，1970 年 11 月 13 日，孟加拉湾的台风"博拉"导致了强烈的风暴潮，叠加天文大潮后增水高度超过 6 m，造成恒河三角洲一带约 30 万人遇难，溺死牲畜 50 多万头，约 100 万人流离失所（刘家宏 等，2023a）。

中国是受到风暴气旋影响最为严重的国家之一，较容易引起风、暴、潮两者或三者叠加的复合洪涝事件（方佳毅 等，2021）。复合洪涝灾害的形成涉及雨、洪、涝、潮等多源致灾因子与行人、车辆、建筑物等不同承灾体在相关孕灾环境下的相互关联作用，极易导致灾害伴生现象和灾害链叠加放大效应，大大增加了洪涝危险性（刘家宏 等，2023a）。当前城市洪涝灾害的孕灾模式与成灾机理发生了显著的变化，流域洪水与城市内涝的叠加风险明显增加。

　　我国沿海紧邻西太平洋，热带气旋活动频繁，每年夏季极易形成台风、超强台风等极端天气，从而引发洪涝灾害，对沿海城市的人民生命财产安全造成严重威胁（赵越和张白石，2017）。据 1985～2002 年的不完全统计，18 年间中国（缺台湾省资料）因台风袭击产生的经济损失高达 4 310 亿元以上（周俊华 等，2004）。根据《中国极端天气气候事件和灾害风险管理与适应国家评估报告》，台风危险性指数较高的区域主要集中在福建、台湾、珠江三角洲、长江三角洲区域及沿海各河口三角洲地带（秦大河，2015）。随着全球气候变化，极端天气气候事件加剧，我国沿海地区城市洪涝灾害的防控压力不断增大（赵越和张白石，2017）。例如，登陆或严重影响浙江的强台风的频率呈上升趋势，登陆浙江的台风的要素屡破历史纪录（李月明和郑雄伟，2012）。深圳年均降雨量及局地暴雨天数呈上升趋势，短历时强降雨量不断刷新纪录，暴雨、超强台风及其引发的洪水、风暴增水的实测值屡超历史极值（王燕，2022）。

2.1.3　海平面上升

　　沿海城市泄洪和排涝受到高海平面顶托的影响。海平面上升会导致河口水位抬高，潮流顶托作用加强，河道排水不畅，泄洪和排涝难度加大，加剧了沿海城市洪涝事件的发生频率和灾害程度（张之琳 等，2022）。例如，2020 年 8 月 18～19 日，台风"海高斯"影响期间，江门沿海海平面高于常年同期，持续普降暴雨又恰逢天文大潮，加剧了城市洪涝灾害的影响程度，台风给江门沿海带来的直接经济损失超过 1.5 亿元（张之琳 等，2022）。除风暴潮增水、季节性高海平面和天文大潮带来的影响外，海平面本身也在变化。例如，1980 年以来，我国沿海海平面呈现明显的上升趋势，上升速率达到 3.3 mm/a，高于同期全球平均速率（许炜宏和蔡榕硕，2021）。

　　全球变暖导致海平面上升已是不争的事实。Slater 等（2021）指出，如今气候已经加速变暖，在 1994～2017 年，冰川融化速度已经比 30 年前快 57%，全球海平面平均上升 3.5 cm（徐锡伟 等，2021）。受海水增温、陆地冰川和极地冰盖融化等因素影响，我国海平面也呈上升趋势，海平面的持续上升降低了已建防潮工程标准，对沿海防洪除涝不利。例如，上海黄浦江堤防设计防潮标准为 1000 年一遇，但受海平面上升及地面沉降等因素影响，现状仅达到 200 年一遇标准，珠江三角洲的堤防也面临类似问题。海平面上升还会加剧海岸蚀退和岸滩下蚀，危及海堤安全，如深圳土洋收费站岸段年最大侵蚀宽度达 0.3 m。因此，包括珠江口在内的海平面的长期累积变化，将加大沿海地区的风暴潮和洪涝威胁（王银堂 等，2022）。

　　徐锡伟等（2021）发现，我国东部沿海城市群，特别是长江三角洲城市群等大部分地区（上海、江苏）届时会遭受到海平面上升引发的灾害连锁效应，将面临低洼地区淹没、海水倒灌、洪水和潮水灾害区域扩大、河口海岸自然生态环境失衡等风险。张之琳等（2022）发现，未来 30 年，珠江口沿海海平面预计将上升 60～175 mm，将会给粤港澳大湾区城市洪涝带来新的风险。刘志雨和夏军（2016）利用 47 个气候模式，在三种排放情景下预估未来广州城区的极端强降雨，发现与基准期（1971～2000 年）相比，未来

20～50 年广州城区极端强降雨可能会增加，海平面可能继续上升，由强降雨或高潮位引发的洪涝风险可能会进一步加大。夏军等（2016）发现，未来极端气象和气候事件预计将会变得更频繁，沿海和三角洲地区将会面临更加严峻的洪涝及由海平面上升引起的暴雨和台风威胁。

2.2 城市洪涝的内部环境变化特点

城市化是中国乃至全世界范围内的普遍现象，伴随着快速的城市化进程，城市人口数量迅速增长。据联合国人居署（UN-HABITAT）统计，世界 54%的人口居住在城市区域，并预测城市人口数量会持续增长，预计 2070 年近 58%的世界人口将会居住在城市区域（UN-HABITAT，2022）。

城市化对孕灾环境的影响主要表现在：①地面硬化导致地面透水性差，改变了自然条件下的产汇流机制；②城市河道渠化及排水系统管网化，减少汇流时间，洪峰出现时间提前；③城市发展侵占天然河道滩地，减少行洪通路，降低泄洪能力和河道调蓄能力（徐宗学和李鹏，2022）。由此可见，城市地面结构的变化改变了水文情势，影响流域产汇流过程，增加了暴雨洪水致灾风险。城市化对致灾因子的影响则主要表现在城市热岛效应、阻碍效应和凝结核效应对城市降雨特征的影响，从而使得城市暴雨发生概率增加，洪涝灾害风险也随之增加（张建云 等，2014）。

本节从以下三个方面，分析城市洪涝内部环境的变化特点，具体包括：城市下垫面改变、城市热岛与雨岛效应、城市河网水系改变。

2.2.1 城市下垫面改变

城镇化的快速发展，改变了城市区域的下垫面特征，直接影响到了城市区域的产汇流规律和对洪涝的调节作用。目前，普遍认为城镇化的推进、城市道路和广场面积的增加，将导致不透水面积的大幅增加，雨水下渗减少，地表径流系数大幅增大；地表粗糙系数降低，汇流速度大幅度加快，增大了城市流域的径流量和洪峰流量，降低了城市流域的基流和城市周边区域地下水与地表水的交互过程。

（1）城市扩张导致耕地、林地大量减少，不透水面积增加，天然湿地及水域衰减或破碎化，集水区内天然调蓄能力降低，城区洪涝严重。大片耕地和天然植被被街道、工厂和住宅等建筑物所代替。这些不透水表面阻止了雨水或融雪渗入地下，也会导致蒸散发过程的减弱，因此城市区域地表产流量增加。原本粗糙系数较大的地表由较光滑的人工不透水地表所代替，会导致汇流时间加快，形成径流峰值高、峰现时间提前的洪水过程线。在同样的场次暴雨条件下，洪水过程线由"矮胖型"转变为"瘦高型"，城市地表径流量大为增加（徐宗学 等，2020）。以 2013 年浙江余姚洪涝为例，1985 年县改市之前，余姚周围都是水稻田，山上下来的洪水由水稻田天然拦蓄调节，现在水稻田变成了广场和柏油道路，山上洪水直接冲击市区，这是该市 2013 年 70%的城区淹没 7 天以上的重要原因（张建云 等，2016）。

（2）城市微地形在不断增加。大量的地下停车场、商场、立交桥等微地形有利于雨水积聚和渍水点的形成，它们也是城市洪涝最为严重的地点（张建云 等，2016）。以西安为例，2000～2018 年其立交桥数从 20 多座增加到 120 多座，城区立交桥下或两侧的易渍水点数占该地区总渍水点数的 33.3%，是城市洪涝较为严重的地点。此外，城镇地区人口密度不断增大，用水需求变大，部分地区超采地下水导致地面沉降，城镇低洼易涝区域增加（李超超 等，2019）。

2.2.2　城市热岛与雨岛效应

中国的城镇化率从改革开放初期的 19.39%提高到 2000 年的 36.22%，随后增加至 2023 年的 66.16%。城市建筑物对自然风具有阻挡和减弱作用，加上建筑物大多由石材和混凝土等灰色材料组成，其传导率高、热容量低，因此会产生城市气温明显高于外围郊区及乡村的现象，称为城市热岛效应。城市热岛产生的热岛环流使市区内的上升气流加强，有利于对流性降水的发生。由于城市大气环流较弱，同时城市大气污染物上升，产生水汽凝结核增强效应，增加城区的降雨概率和强度，就会形成城市雨岛效应。

据估算，城市白天吸收储存的太阳能比乡村多 80%，晚上城市降温缓慢，城市中的气温高于外围郊区（可高 2 ℃以上），在温度的空间分布上，城市犹如一个温暖的岛屿（张建云 等，2016）。城市热岛对大气边界层产生扰动，破坏大气层的结构稳定性，形成热岛环流。热岛环流在水汽充足、凝结核丰富或其他有利的天气形势下，容易触发并增强雷暴、强降水和强风暴等对流性天气，同时还可以通过与海陆风、地形等的相互作用影响降水，产生雨岛效应。例如，长江三角洲海陆风、湖陆风、城市热岛的相互增强过程与局地降水量增加有直接关系；北京城市热岛与盛行气流、地形的共同作用使得冬夏两季城区下风区降水趋于增加（胡庆芳 等，2018）。有关研究表明，城市的热岛效应、凝结核效应、高层建筑障碍效应等的增强，使城市年降水量增加 5%以上，汛期雷暴雨的次数和暴雨量增加 10%以上。例如，上海 1981～2014 年 1 h 降水极值总体趋向增大，强降水事件频数呈增加趋势，强降水事件更集中于城区与近郊，呈现出明显的城市化效应特征（张建云 等，2016）。

2.2.3　城市河网水系改变

城市河网担负着蓄积雨洪、分流下渗、调节行洪、增补地下水资源、提高水的蒸发量、缓解热岛效应等方面的功能（陆海萍，2022）。城市河网一般都处在地势相对平坦、低洼的地方，这些地区没有多余的地方修建大型的调蓄水利工程，导致此处水利工程的调蓄能力在极端暴雨和洪水灾害来临时起到的作用有限。此外，沿海地区的城市河网被台风或强海洋气候条件影响，很容易受短期暴雨和涨潮叠加影响，加剧暴雨洪涝灾害风险（陆海萍，2022）。城市化建设改变了原有的城市排水方式及排水格局，增加了排水系统脆弱性。城市化发展过程中，部分河道被人为填埋或暗沟化，河网结构及排水功能退化。道路及地下管道基础设施的建设，会改变排水路径，破坏原有的排水系统，管道与河道排水之间往往不能合理衔接和配套（张建云 等，2016）。城市化对建筑用地的需求变大，建筑物紧邻河道，约束了河道的行洪宽度，甚至挤占了原来的河滩，造成湖泊河网衰退消亡。不合理的人类活动使得很多天然河道和泄洪区被无序开发并占用，干扰了河网水系的泄洪过程，导致该地区原有的防洪排涝标准和调蓄能力降低。

中国北方城市河湖水系被侵占的现象比较普遍，在暴雨情景下容易诱发洪涝灾害。南方城市如武汉、南京等依傍大江大河，城市防洪排涝基础设施与江河连通，容易遭受外洪内涝的双重威胁。滨海型城市如厦门、深圳等受海洋季风影响，台风、暴雨频发，若再叠加风暴潮增水，极易诱发特大洪涝灾害（刘家宏 等，2023a）。

2.3 城市洪涝致灾的成因

城市洪涝灾害受到天、地、人等多种因素影响。从灾害系统理论来分析，城市洪涝灾害的发生是致灾因子、孕灾环境、承灾体和防灾能力相互作用的结果。

2.3.1 洪涝致灾因子变化

从较大的尺度来说，全球变暖是洪涝灾害的主要致灾因子。全球变暖引起极端事件增加，包括台风、暴雨的频率和强度增大，使得城市面临着更多的洪涝灾害。2021 年 8 月 IPCC 发布的第六次全球变化评估报告指出：全球变暖仍在持续，2020 年全球平均温度较工业化前（1850～1900 年的平均值）高出 1.2℃。全球气候变化已使我国地表温度、降水、河川径流发生改变。《中国气候变化蓝皮书 2021》显示，中国作为气候变化的敏感区和影响显著区，地表升温速率明显高于同期全球平均水平。1951～2020 年，中国地表年平均气温呈显著上升趋势，过去百年全国平均升温 0.9～1.5℃。中国西北、华北、东北和青藏高原地区为变暖最为显著的区域。在降水方面，1961～2018 年，中国年平均降水量总体呈现非显著性增加趋势。在空间分布上，东南、西部和东北降水量增加，而西南到东北存在降水量减少的条带。在河川径流方面，我国北方河流的径流量总体上呈现显著性减少趋势，海河、黄河、辽河流域尤甚，进一步加剧了我国北方水资源短缺的态势（周妍和魏晓雯，2022）。

在全球气候变化影响下，温度上升，一方面导致水文循环过程加快，海洋蒸发增加；另一方面导致大气的持水能力增强，饱和水汽压增加。由于空气中水分较多，一旦发生降水，降雨强度就会比以往大（张建云 等，2016）。人类活动引起的气候变化，正在广泛影响自然系统和人类社会,包括水资源、粮食生产、人类健康、沿海居住区等方面的安全（IPCC,2021）。

2.3.2　城市孕灾环境变化

随着城市的不断扩张,孕灾环境发生了显著改变（李超超 等,2019）,具体包括以下几个方面。

（1）城市区域住宅、交通、商业及工业的发展,导致城市区域透水面积及水域面积大范围萎缩、不透水面积增加,造成了城市区域蓄水能力的严重降低、城市排水能力的下降,使得径流形成规律发生变化,即同量级暴雨的产流系数增大,从而加剧了城市的内涝风险;城市区域下凹式立交桥等微地形在强降雨情景下极易形成积水,也会加剧城市洪涝风险。

（2）城市中的排水系统将雨水快速排入河道,导致河道水位涨速加快,涨幅抬高,洪峰流量增加,峰现时间提前。这不仅加大了河道防洪压力,而且导致了城市排水受阻,甚至倒灌,造成了更为严重的城市内涝。

（3）城市向周边农村扩展,以往城外的行洪河道演变为城市的内河,且难以采用扩宽河道的措施来增强行洪能力。

（4）不合理的城市规划和建设,使得城市区域大量的水塘、鱼塘甚至湖泊被填平,一些河道、沟渠被填平或改造,城市流域蓄水能力和过流能力大大降低,从而加剧了城市洪涝灾害的严重程度。

2.3.3　承灾体与防灾能力变化

承灾体主要指暴雨洪涝灾害作用的对象（如行人、车辆及建筑物等）,除了自然方面的因素,洪涝灾害造成的影响还取决于承灾体的社会属性（黄国如和李碧琦,2021a,2021b）。城市化使得承灾体的脆弱性、致灾因子的强度及频率都有所增加（尚志海和丘世钧,2009）。在城市扩大过程中,城市经济类型多元化,人口、资产密度增高,承灾体面对洪涝灾害的脆弱性日趋显著,主要表现在以下两个方面。

（1）随着城市化的推进,城市对供水、供电、供气、通信、交通等生命线系统及计算机网络系统的依赖程度日益增大,灾害连锁性越来越明显,而其安全保障的难度也越来越大,致使洪灾影响范围超出受淹范围,间接损失可能会超出直接损失（李超超 等,2019）。

（2）城市空间立体化开发,不仅地下商店、车库、仓库及地铁等系统易遭暴雨洪水袭击,而且特大城市的洪涝灾害常造成严重的基础设施破坏和次生灾害（如医疗卫生机构设备损坏,急诊手术无法进行等）,高层建筑由于电力系统等生命线系统的瘫痪,损失也在所难免（郝义彬 等,2021）。

近期大量排水治涝工程实施,河道洪水泛滥成灾的概率减小,因此城市防洪排涝标准的提高,增强了城镇的防灾能力。但也正是由于这样的"保护",城镇建设不断扩张,原本高风险的区域被占用,一旦发生超标准洪水或暴雨,堤防、防汛墙、海塘等防洪工程可能会发生漫溢或溃决,造成的损失和影响将急剧扩大(李超超 等,2019)。在防洪排涝工程标准内,受工程保护的区域受淹概率减小,减灾效益明显,量级较小的暴雨洪涝风险会降低,但城镇周边地区与河流下游地区的洪涝风险会有所增加(李超超 等,2019)。对于保障城市防洪安全,不仅建设了较高标准的防洪排涝工程体系,还加强了非工程防洪减灾体系的建设。工程措施是城市防御外洪、排除内涝与重点设施保护的基本依托,随着城市的发展,防洪排涝工程体系不断健全,标准逐步提高。同时,城市防洪也更加重视非工程防洪措施的实施,包括依法行政、预报预警、风险评估、防汛演练、应急响应、转移安置与生命线系统快速恢复等各个方面,增强了化解风险与承受风险的能力(程晓陶,2010)。

2.4 城市洪涝的减灾对策

2.4.1 开展洪涝过程的基础理论研究

准确高效的洪涝风险评估是针对性地实施城市洪涝防灾减灾措施的前提。因此,需要开展洪涝过程模拟及风险评估方面的基础理论研究,提高城市洪涝的预警能力。目前对城市复杂下垫面下产汇流过程的研究尚不够深入,对洪涝致灾特别是城市地下空间洪涝致灾的水动力学机理的认识还存在一定的欠缺。基础理论的不足直接影响城市洪涝过程模拟与风险评估的可靠性和精度,而且会给洪涝防治的预报、预警、预演、预案工作带来困难。

开展洪涝致灾的基础理论研究,主要包括揭示城市洪涝过程中的水文水动力学机理,构建高精度、高效率的数值模拟方法,开展城市特别是地下空间的洪涝致灾机理与风险评估研究,构建基于力学过程的城市洪涝风险评估模型等多个方面。采用城市洪涝风险评估模型预测不同降雨情景下城区渍水点的分布情况与典型承灾体的洪涝风险等级,模拟城市洪涝过程中重要地下基础设施(地铁站及下行通道等)的受淹过程,以此为基础编制精细的城市洪涝风险图。以这些洪涝风险图为依据,排查高洪涝风险隐患区,有针对性地编制城市洪涝预警、应急处置、避险逃生与善后处理预案,为洪涝防治工程与非工程措施的制定及实施提供科学依据。

2.4.2 加强城市排水系统的基础设施建设

目前我国城市排水系统建设标准普遍偏低,一旦遭遇暴雨侵袭可能引发城市洪涝灾害。此外,由于维护管理不善,排水管网普遍存在淤积、堵塞现象,进一步减弱了城市排水管网的排水能力。为了降低城市洪涝灾害的影响,应该全面提升排水系统的建设标准，特别是在高洪涝风险区，应针对性地对排水系统进行改造并提高标准，补齐洪涝防治的短板。此外，还需要统筹不同尺度的洪涝防治设施建设，有机结合源头径流控制措施与城市排水管网建设，发挥城市排水系统的最大效能。对于郑州"7·20"这类特大暴雨洪涝灾害，仅靠市政排水设施无法完全抵御，因此需要提高关键基础设施的避险能力。

（1）完善城市排水管网、雨水调蓄、行洪通道等排水防涝基础设施建设。对于地铁站、地下商场、下行通道等城市地下空间，过去的开发利用主要考虑经济效益，在一定程度上忽视了对洪涝风险的防范。为了提高城市地下空间抵御洪涝灾害的能力，需要增设挡水墙、防淹门，完善避难指示与逃生基础设施建设。在地铁隧道、下行通道等一些关键位置设置逃生通道、应急爬梯等设施便于群众逃生，避免群众因水流湍急或水深过大受困于地下空间（夏军强 等，2022）。根据洪涝风险图及实际调研结果，在洪涝风险较高的区域加装水位传感器与报警装置，给运营管理部门及时反馈积水情况，根据预案达到一定水深或降雨量阈值后及时停止地下空间运营并开展人员疏散，避免发生重大人员伤亡事件。在地铁站和地下隧道等地下空间，配备应急排水设施，并提高地面进口处挡水设施的防洪标准。

（2）协调城市内涝和外洪的防治标准，构建城市内涝-外洪协同防控工程体系。从流域尺度规划和完善防洪、行洪、挡潮、除涝工程体系，加强堤防、水库、蓄滞洪区、排水系统等防洪基础工程建设，实现城外洪水的蓄、滞、截和城内涝水的有效疏、排。流域洪涝共治可遵循"上游洪水拦截、城区涝水蓄滞、下游洪涝排泄"的雨洪疏解思路，具体包括（刘家宏 等，2023b）：上游洪水拦截应尽量提高上游水库的防洪能力，同时优化水库的调度方式，通过错峰缓洪，避免上游洪水与城区内涝的叠加风险；城区涝水蓄滞举措应充分发挥城区现有的调蓄空间，如公园、绿地等，延长城区内部的雨洪蓄滞存留路径，降低雨洪转移至城市内河及下游地区的速度，从而有效削弱防洪压力；下游洪涝排泄应尽量疏导城区行洪河道的卡口，提高河道汇合口的过流能力，从而增加主城区下游河段在主城区区间的行洪能力，保障行洪顺畅。

（3）坚持韧性城市建设理念，兼顾环境治理，建设生态基础设施和海绵型城市，增强防灾减灾的能力（周妍和魏晓雯，2022）。城市绿地、公园是城市防灾相关基础设施的重要组成部分，其不仅在城市发生洪涝灾害时起到了蓄水减洪的作用，减弱了城市管网的排水压力，还具有塑造城市景观和提供休闲游憩场所等功能。面对可能增加的洪水风险，保障城市蓄水空间并科学规划河滩地的土地利用，将部分土地恢复成河流、湖泊以增加河水流通的空间，加强防洪规划保留区确定的超标准洪水分洪道和临时蓄滞洪区的管理，避免在防洪区内建设重大项目。

2.4.3　完善洪涝预报预警及防灾管理体系

城市洪涝灾害防治涉及气象、水利、市政、交通等多个部门，为抵御城市洪涝灾害的威胁，迫切需要各部门抽调精干力量组成团队，开展以气象预报为基础的城市洪涝全过程监测预报与洪涝风险预警研究，提高对城市洪涝灾害的综合防御能力。

（1）建立洪涝预报预警和防灾调度系统，提高对城市洪涝灾害的防御能力（张建云 等，2016）。研发新的陆气耦合数值预报模式，不断提高预报精度和时效，通过预警系统对未来的台风、暴雨和河流洪水进行预报，及时、有效地为公众防灾和政府决策提供服务。在应急指挥决策的行动中，以城市洪涝模型为核心，结合洪涝信息的立体监测及实时监测技术，将城市洪涝智慧调度系统和信息技术结合，建设城市洪涝联防联控应急指挥决策系统，融合先进技术提升预警精度和预见期，明确规定预警信号级别及对应的应急行动措施（刘家宏 等，2023b）。

（2）完善城市防洪排涝工程的管理体制，建立高效、有序、协调、统一的防汛应急管理机制，提升城市抗灾减灾能力。实现城市洪涝工程的统一规划、建设、管理，推进防洪排涝工作的专业化建设，完善防洪减灾系统总体布局。加强已有防洪工程设施统一管理和调度的能力，最大限度地发挥防洪工程体系的整体作用。积极建立管理现代化、资料信息化、装备科技化、建设现代化的城市应急管理体系（赵越和张白石，2017）。整合应急主体响应程序，让所有应急主体协调参与应急响应，明确各应急主体的防汛责任，做到联防联控，及时阻断洪涝灾害链，分散化解洪涝风险（刘家宏 等，2023b）。在城市规划建设的过程中，针对洪涝潜在风险区域进行生命线等基础设施的主动防护，开展重大建设项目的洪涝安全评估工作。在极端洪涝灾害中，需要保障生命线系统的安全，快速修复受损系统（程晓陶 等，2022）。

（3）开展对民众的防灾知识科普宣传及安全教育，加强人们对各种灾情的警觉程度，提高处理灾情和自救的能力（夏军强 等，2022）。加强城市管理部门与市民的沟通，做好防台、防洪、防涝的减灾宣传工作，推广群众避灾的科普教育，提高群众的防灾抗灾意识及避险逃生的能力。积极使用社交平台及电视等传播媒体对市民进行灾害预警，为群众提供实时的出行指导，避免人员与车辆遭受洪涝灾害威胁。有效制定防灾规划，落实防汛应急演练，提前进行物资储备、明确转移路线。此外，还需要培训洪涝灾害的专业救援与抢险队伍，让应急处置真正成为防洪保安的最后一道"防火墙"。

2.5 本章小结

在全球变暖、海平面上升和快速城市化等复杂背景下，近年来我国城市洪涝灾害频发，造成了巨大的经济损失与社会影响。城市洪涝突发性强、成因复杂、致灾机理多样、损失惨重，因此预防城市洪涝灾害极具挑战。本章讨论了城市洪涝外部环境和内部环境的变化特点，开展了城市洪涝致灾的成因分析及减灾对策研究。

（1）气候变化是城市洪涝灾害频发的主要外部环境驱动因素。在气候变化条件下，未来全球极端气象和气候事件预计将会变得更频繁，极端暴雨引发的洪涝灾害在世界各地发生的可能性与不确定性增强。城市化所引起的城市下垫面改变、城市热岛与雨岛效应、城市河网水系改变是引发城市洪涝灾害的主要内部环境驱动因素。

（2）城市洪涝致灾成因，主要涉及致灾因子、孕灾环境、承灾体及防灾能力的变化等几个方面。全球气候变暖是洪涝灾害的主要致灾因子。随着城市化进程的不断加快，孕灾环境发生显著改变，不同类型承灾体的脆弱性也日趋显现。城市防洪排涝标准的提高，增强了城镇的防灾能力。

（3）面对全球气候变化和快速城镇化背景下日益增多的城市洪涝灾害，需要开展城市洪涝灾害的基础理论研究，揭示城市复杂下垫面下的产汇流规律及洪涝致灾的水动力学机理，构建高精度、高效率的数值模拟方法，为洪涝防治工作提供科学依据。此外，还需要加强城市基础设施建设，科学规划地表与地下空间，补齐洪涝防治的短板；完善洪涝预报预警系统，提高对城市洪涝灾害的综合防御能力，为城市洪涝防治提供科学决策。

第 3 章
地表径流与地下管流的流量交互机理

近年来，中国城市洪涝灾害频发，对人民群众的生命财产构成了严重威胁。城市排水系统中雨水口泄流能力的大小，对于计算受淹区的积水程度或路面雨水的排水效率至关重要。暴雨在城市地表形成径流，很大一部分需要通过雨水口排入地下雨水管网，然后进入江河湖泊。雨水口作为连接地表径流与地下管流的关键节点，其泄流能力直接影响研究区域雨水的排泄效率，一旦堵塞将使城市排水系统的泄流能力无法充分发挥。本章专门构建上下两层结构的用于雨水口泄流能力测试的试验平台，考虑雨水口算子、雨水井及连接管等完整的雨水口结构，开展多组不同水深及流速下的雨水口泄流能力试验，基于试验数据率定出雨水口堰流及管嘴流时的流量系数，并进一步采用量纲分析法，建立雨水口的泄流能力与雨水口算子尺寸、算前水流弗劳德数等因素之间的函数关系；分别考虑雨水口算子及连接管不同堵塞程度的情况，开展较大来流水深下的概化水槽试验，定量分析雨水口堵塞对其泄流能力的影响，提出一个可以分别考虑雨水口算子与连接管堵塞影响的雨水口泄流能力公式；建立雨水口溢流能力的试验平台，分析溢流条件下雨水口的过流特征。本书成果能为精细化的城市洪涝模拟及风险管理提供科学依据。

3.1 雨水口泄流能力的概化水槽试验

3.1.1 试验装置介绍

雨水口泄流能力试验平台（图 3.1），主要包括地下水库、平水塔、前池、上层水槽、雨水口、下层三角堰测流装置、尾门、出水池等[图 3.1（a）、（b）]，来流流速为 u，水深为 h。上层水槽长 20 m、宽 3 m、深 0.6 m，纵、横坡度均为 0，由 15 mm 厚的钢化玻璃制成。上层水槽进口处设置前池，并安装消能板，以使进入水槽的水流平顺；出口处采用栅板式尾门，通过插拔栅板数量来控制水槽的出流量，调节水槽内的水深。雨水口箅子的安装位置距离水槽进口 10 m，位于水槽中间，由 15 mm 厚的有机玻璃加工而成，并嵌于水槽钢化玻璃中。雨水口泄流是一种源于自由表面的流动现象，主要作用力是重力，因此雨水口模型按照重力相似准则设计，并保证几何相似。雨水口箅子尺寸规格多样，本试验以雨水口标准图集（16S518）中 450 mm×750 mm 的顺格条平面型雨水口箅子为原型，开孔率为 34%，即雨水口箅子格栅与道路中线平行，呈 3 列 10 行分布，表面为平面。这种类型的雨水口箅子在我国应用最为广泛，当格条顺水流方向分布时雨水口箅子泄流能力更大。雨水口模型的长度比尺为 1.5，材质为 15 mm 厚的有机玻璃。按照比尺关系，试验所用雨水口箅子模型的尺寸为 300 mm×500 mm，安装于试验水槽中部。雨水口箅子下方承接 300 mm×500 mm×500 mm 的雨水井，其一侧面近底部设有孔径为 150 mm 的连接管，连接管长度为 80 mm，如图 3.1（c）所示。雨水井下方为下层三角堰测流装置，包括砖砌的回水槽、槽尾三角堰及回水槽后方的退水渠，退水渠用于将堰板的泄流引到水槽后方的出水池中。

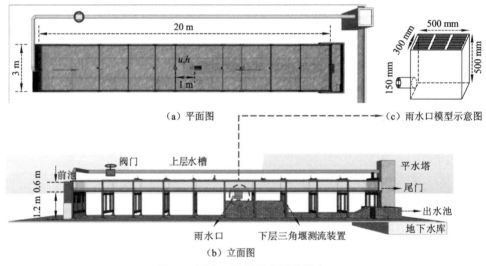

（a）平面图　　　　　　　　　　　（c）雨水口模型示意图

（b）立面图

图 3.1　雨水口泄流能力试验平台

3.1.2　试验工况设计

试验时地下水库的水体经水泵提升至平水塔，利用阀门控制出水使之自流进入前池，经由前池及消能板消能后，平顺地进入上层水槽，其中一部分通过雨水口下泄，下泄流量由下层的三角堰测流装置测量；未被雨水口收集的水流则流向尾门，与三角堰的出流一同汇入出水池，并循环进入地下水库。试验中通过阀门和进水管道的电磁流量计可精确调节水槽的总供水量。本节控制上游进口总流量在 30～55 L/s 内变化，并记录下电磁流量计的读数，每个流量工况下通过改变尾门栅板数量调节上层水槽的水深，待水流稳定后，利用自动水位测定仪和悬桨流速仪测量雨水口上游 1 m 断面中心位置处的水深及流速，如图 3.1（a）所示。同时，利用下层三角堰测流装置测量雨水口的下泄流量，测针位于堰板前方 0.7 m 处。试验中观测到，雨水口上游 1 m 处的水流形态受雨水口泄流的影响较小，因此近似认为该处所测得的水深、流速即雨水口前来流的水深及流速。

本节共进行了 78 组恒定流试验，进口流量范围为 31～52 L/s，所测得水深范围为 2.8～18.3 cm，流速范围为 0.07～0.52 m/s，来流弗劳德数为 0.05～0.89，雨水口下泄流量为 14.8～34.2 L/s（表 3.1）。

表 3.1　雨水口泄流能力试验不同工况

序号	进口流量 /(L/s)	水深 /cm	流速 /(m/s)	下泄流量 /(L/s)	弗劳德数	组次
1	31～35					11
2	36～40					18
3	41～45	2.8～18.3	0.07～0.52	14.8～34.2	0.05～0.89	20
4	46～52					29

3.1.3　试验现象及结果

试验中要观察雨水口算子上方水流形态、雨水井中水量及整个雨水口下泄流量的变化过程。随着上层水槽水深的变化，雨水口的泄流形式主要有堰流、管嘴流两种，具体发展过程可描述如下。

（1）当上层水槽水深较小时，水流从雨水口算子最外侧格栅四周以堰流形式下泄进入雨水井中，此时连接管的出流量与雨水口算子的下泄流量相当，雨水井中储水量较少，雨水井内水位低于雨水口算子高程，如图 3.2（a）所示。

（a）堰流状态　　　　　　　（b）过渡状态　　　　　　　（c）管嘴流状态

图 3.2　雨水口算子及雨水井中不同阶段的水流状态

（2）随着上层水槽水深的增大，水流开始超越雨水口算子外侧的部分格栅，未被淹没的格栅区域随水深增大而逐渐缩小，且雨水口算子周围开始出现微弱的水流旋转，此时连接管出流量的增加速率小于雨水口算子下泄流量的增加速率，雨水井中储存的水量逐渐增多，但未接近雨水口算子底部，如图3.2（b）所示。

（3）当上层水槽水深进一步增大时，雨水口算子所有格栅基本被水流淹没，上方水流开始以漩涡形式进入雨水井中，且漩涡间断性挟带较多空气，此时雨水井处于临界满流状态。

（4）当上层水槽水深继续增大时，漩涡发展成熟，雨水井完全被水流充满而几乎没有气泡，此时雨水口的下泄流量主要受连接管控制，下泄流量随水槽内水深增加而增加的速率显著下降，水流从雨水口下泄状态转变为类似管嘴流形式，如图3.2（c）所示。

以往研究大多仅模拟了上述泄流发展过程的第（1）、（2）阶段，而没有考虑大水深下形成漩涡时的泄流情况。然而，近年来我国城市洪涝淹没水深往往较大。现有研究多聚焦于堰流下泄和管嘴流下泄条件下的地表径流与地下管流的交互过程，对排水系溢流的情况研究不足。本章对于较大水深情况下雨水口泄流能力计算公式的研究，将填补这方面的空缺，为洪涝风险管理和城市洪涝模型的构建提供科学依据。

3.2 雨水口不同堵塞情况下的泄流能力计算公式

近年来，我国一些学者通过物理模型试验研究了雨水口算子的形式、布置方式及雨水口算子格条排列方式等对雨水口泄流能力的影响，并基于堰流和管嘴流模式分别提出了相应的雨水口下泄流量的计算公式，公式中的参数通过试验数据进行率定，并采用我国通用的两种铸铁雨水口算子，对雨水口的泄流能力开展了原型尺度的试验研究，分析了雨水口算子尺寸、边沟纵横坡度等对其泄流能力的影响（安智敏 等，1995）。姚飞骏（2013）指出，随着来流量和算前水深的增大，地表径流汇入雨水口的形式从堰流逐渐转变为管嘴流。李鹏等（2014）通过物理模型试验研究了雨水口算子不同格栅角度对其排水能力的影响。吴鹏等（2014）采用圆格条和方格条两种雨水口算子进行试验，研究了其管嘴流流量系数的变化。国外学者也开展了关于雨水口下泄流量的试验研究，通常用截留率来表征其排泄雨水的能力，即用雨水口下泄流量与总来流量的比值来表示（Lee et al.，2012；Guo，2000），然而实际洪水中各街道的来流量通常不易获得，因此这种公式的适用性不大。Lee 等（2012）通过开展小比尺模型试验，研究了方形和网格形雨水口算子分别在堰流与管嘴流状态下的流量系数。

需要指出的是，雨水口通常由雨水口算子、雨水井、连接管等组成，而上述已有试验研究仅考虑雨水口算子的泄流情况，忽略了雨水井和连接管的共同影响，因此从严格意义上来讲以上研究的应为雨水口算子而非雨水口的下泄流量。Djordjević 等（2005）指出，当雨水井满流时，水流通过雨水口算子的下泄过程会受到一定的阻碍。因此，有必要采用完整的雨水口结构开展其下泄流量的试验研究。同时，前人研究中算前水深都较小，然而目前我国城市洪涝淹没水深普遍较大，如 2018 年 6 月哈尔滨短时局部暴雨造成的部分路段的淹没水深达 1.5 m。在较大水深下雨水口算子周围常常出现漩涡等复杂水流结构，此时雨水口泄流形式不再为典型的堰流或管嘴流。因此，针对以往研究的不足，本节通过开展模型试验，采用完整的雨水口结构，对不同水深下的雨水口泄流能力进行研究。

3.2.1　堰流及管嘴流模式下确定雨水口泄流能力的公式

以往研究由于没有考虑雨水井和连接管，所以水流通过雨水口算子的下泄形式分为堰流和管嘴流两种。本试验以完整的雨水口结构为研究对象，随着算前水深的增加，稳定的水流下泄方式为堰流及管嘴流，如图 3.3 所示。当算前水深较浅时，水流从雨水口算子格栅边缘跌落，以堰流形式流入雨水口。此时，雨水口的下泄流量可按照堰流公式进行计算，即

$$Q = C_w P \sqrt{2g} H^{1.5} \tag{3.1}$$

式中：Q 为下泄流量，m^3/s；C_w 为堰流的综合流量系数；P 为湿周，m；g 为重力加速度，m/s^2；H 为雨水口算子前 1 m 处的总水头，m，包括水面线水头和流速水头，即 $H = h + \alpha u^2/(2g)$，其中 h、u 分别为特定观测点所测得的水深（m）及流速（m/s），α 为动能修正系数。为简化计算，本节中湿周取所有格栅周长之和，即 $P = 9.78$ m。

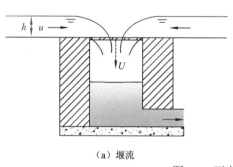

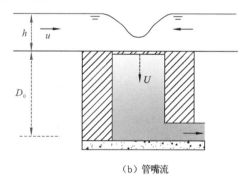

（a）堰流　　　　　　　　　　　　　　　　　　　（b）管嘴流

图 3.3　雨水口不同泄流形式示意图

U 为雨水口综合流速

当算前水深较大时，受连接管出流量限制，雨水井被灌满，地表水流淹没整个雨水口算子，此时水流以管嘴流形式泄出，雨水口的下泄流量可通过管嘴流的流量公式计算，即

$$Q = C_n A_s \sqrt{2g H_1} \tag{3.2}$$

式中：C_n 为管嘴流的综合流量系数；A_s 为连接管的截面面积，m^2；H_1 为雨水口算子前 1m 处的作用水头，m，有 $H_1 = h + D_0 + \alpha u^2/(2g)$，其中 D_0 为连接管形心到水槽底部的距离，m。

对试验数据进行分析发现，流速水头在总水头中占比较小，平均约为总水头的 8.5%，因此下述分析中忽略流速水头部分，将测量点的水深视为雨水口的总水头。利用所有试验数据绘制雨水口下泄流量-水深关系曲线，如图 3.4 所示。由试验数据点可以看出：雨

水口下泄流量与水深呈现出两段明显的递增函数关系，当水深较小（$h < 0.045$ m）时，下泄流量随水深增加而增大的速度较快；当水深较大（$h > 0.055$ m）时，$\mathrm{d}Q / \mathrm{d}h$ 减小；在这两种状态之间，即水深为 $0.045 \sim 0.055$ m 处，存在过渡状态。试验中观测到当水深在 0.05 m 左右时，雨水井恰好处于被灌满的状态。如 3.1.3 小节所述，过渡状态之前，水流以堰流形式进入雨水口；而过渡状态之后，则以管嘴流形式下泄。图 3.4 表明过渡状态下雨水口的下泄流量与水深并非一一对应关系，这可能是由雨水井临界满流时，漩涡间断性挟带空气进入雨水口造成的。分别利用过渡状态前、后的试验数据率定式（3.1）和式（3.2）中的综合流量系数，得 $C_w = 0.072$、$C_n = 0.126$。利用率定所得综合流量系数，将公式计算曲线也绘制于图 3.4 中，可见试验点均匀分布在曲线两侧，公式拟合效果较好。

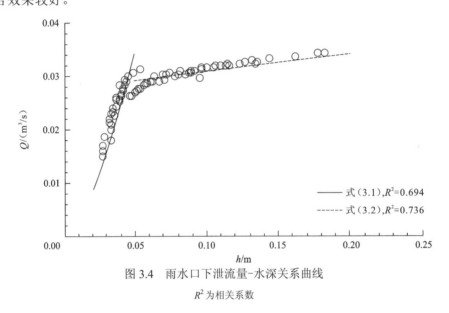

图 3.4　雨水口下泄流量-水深关系曲线

R^2 为相关系数

需要指出的是，堰流、管嘴流下泄流量计算方法的关键是建立雨水口下泄流量和水深的经验关系，经验关系中存在量纲不和谐的问题，且该计算方法中未考虑一个很重要的方面，即来流流速也会对结果产生一定的影响。此外，堰流、管嘴流两种泄流模式的分界不易确定，公式使用也较为麻烦，因此需要提出一种新的通用的雨水口泄流能力计算公式。

3.2.2　量纲分析法确定雨水口泄流能力的公式

考虑到雨水口的下泄流量与其尺寸相关，因此利用单位面积的下泄流量进行分析，并将其定义为雨水口综合流速 U，则有

$$U = Q / A \tag{3.3}$$

式中：A 为雨水口箅子的净过水面积，m^2。

雨水口综合流速（U）与来流水深（h）、流速（u）、重力加速度（g）等因素有关

（其量纲如表 3.2 所示），利用量纲分析法的 π 定理，首先基于 U、h、u、g 这 4 个物理量建立本构关系式：

$$U = f(h, u, g) \tag{3.4}$$

表 3.2　雨水口泄流能力计算公式推导中不同因子的量纲分析

单位	物理量			
	U	h	u	g
L	1	1	1	1
T	-1	0	-1	-2

选取水深（h）和流速（u）作为基本物理量，将其余的物理量作为导出量，根据量纲和谐原理，有

$$\begin{pmatrix} 1 & 1 \\ -1 & -2 \end{pmatrix} \times \begin{pmatrix} x_1 \\ x_2 \end{pmatrix} = \begin{pmatrix} 1 \\ -1 \end{pmatrix}, \quad \begin{pmatrix} 1 & 1 \\ -1 & -2 \end{pmatrix} \times \begin{pmatrix} y_1 \\ y_2 \end{pmatrix} = \begin{pmatrix} 1 \\ 0 \end{pmatrix} \tag{3.5}$$

其中，$x_1 = 1$，$x_2 = 0$，$y_1 = 2$，$y_2 = -1$。

因此，有

$$\pi_1 = \frac{gh}{u^2}, \quad \pi_2 = \frac{U}{u} \tag{3.6}$$

利用所得 π 函数构成新方程 $\pi_2 = f(\pi_1)$，即

$$\frac{U}{u} = f\left(\frac{gh}{u^2}\right) \tag{3.7}$$

$\pi_1 = 1/Fr^2$，其中 $Fr = u/\sqrt{gh}$（Fr 为算前 1 m 处水流的弗劳德数），进一步确定雨水口综合流速的关系式，为

$$\frac{U}{u} = f(Fr) \tag{3.8}$$

将雨水口综合流速（U）与算前流速（u）之比定义为相对泄流流速，并用 R_U 表示。将试验数据点绘于图 3.5（a）中，可见 R_U 与 Fr 呈现幂函数关系，且相关性高。因此，假定 $R_U = a \times Fr^b$，其中，a、b 为量纲为一参数，可用 76 组实测数据率定。率定结果为 $a = 0.302$，$b = -0.816$，相关系数 R^2 达到 0.988。利用率定所得公式绘制 $R_U \sim Fr$ 曲线，如图 3.5（a）虚线所示，可见公式曲线与数据点拟合效果较好。相对泄流流速实测值与计算值的对比如图 3.5（b）所示，两者吻合较好。因此，利用 π 定理，可将雨水口综合流速表示为

$$U = 0.302 \times u \times Fr^{-0.816} \tag{3.9}$$

则雨水口的下泄流量公式可写成：

$$Q = 0.302 \times u \times A \times Fr^{-0.816} \tag{3.10}$$

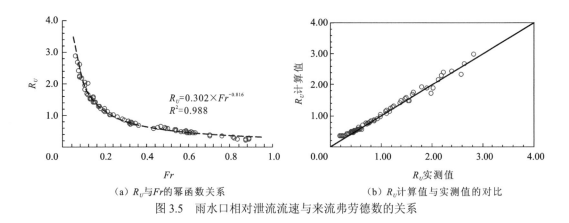

（a）R_U与Fr的幂函数关系　　　　（b）R_U计算值与实测值的对比

图 3.5　雨水口相对泄流流速与来流弗劳德数的关系

3.2.3　与现行雨水口泄流能力参考值的比较

从推导的雨水口下泄流量公式式（3.10）可以看出，下泄流量除与水深有关外，还受来流流速、雨水口算子尺寸等因素的影响。本节采用原型尺寸的雨水口算子（即750 mm×450 mm），利用式（3.10）绘制不同流速下的雨水口过流特性曲线，并与我国现行雨水口泄流能力的参考曲线［雨水口标准图集（16S518）］进行对比，如图 3.6 所示。

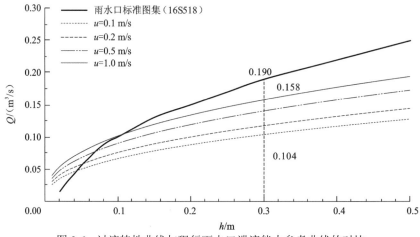

图 3.6　过流特性曲线与现行雨水口泄流能力参考曲线的对比

从图 3.6 可以看出，本章提出的过流特性曲线与现行雨水口泄流能力参考曲线的变化趋势大体一致，但在具体数值上存在差异，具体表现在：本章雨水口下泄流量随水深的变化速率小于现行参考值，且当水深较小时，式（3.10）的计算值稍大于现行参考值，而水深较大（超过 0.1 m）时则偏小。造成该差异的主要原因可能是，雨水口标准图集（16S518）中仅采用雨水口算子进行下泄流量测定，而没有考虑雨水井及连接管等结构对水流下泄过程的影响。此外，试验条件不同（如水槽尺寸、雨水口算子材料等）也会对结果产生一定的影响。由图 3.6 可见，算前流速对雨水口下泄流量的影响不容忽视。例如，当水深为 0.3 m 时，雨水口标准图集（16S518）给出的雨水口下泄流量的参考值为 0.190 m^3/s，而式（3.10）采用来流流速 0.1 m/s 和 1.0 m/s 计算得到的雨水口下泄流量分别为 0.104 m^3/s 和 0.158 m^3/s。因此，在实际的城市洪涝排水计算中，宜结合道路的来流流速，由式（3.10）计算雨水口的下泄流量。

3.2.4　与其他水槽试验结果的比较

为了进一步检验所提出的雨水口泄流能力计算公式的准确性和通用性，采用 Cosco 等（2020）和 Hao 等（2021）所进行的水槽试验数据进行验证。Cosco 等（2020）对急流条件下不同雨水口算子（型号分别为 Barcelona-1 和 E-25）的过流能力进行了物理模型试验，并提供了详细的试验结果。Hao 等（2021）对缓流条件下完整的雨水井（型号为 16S518）在不同堵塞情况下的过流能力进行了物理模型试验，根据所提供的部分实测数据，可近似得到平均流速。图 3.7 给出了不同试验条件下相对泄流流速 R_U 与来流弗劳德数 Fr 的关系，可以看出 R_U 与 Fr 存在明显的幂函数关系，这与 3.2.2 小节所发现的规律一致。因此，可采用公式 $R_U = a \times Fr^b$ 建立图 3.7 中 R_U 与 Fr 的幂函数关系，并通过试验数据率定公式中的参数 a 和 b，所建函数的计算值与实测值的 R^2 均大于等于 0.932。

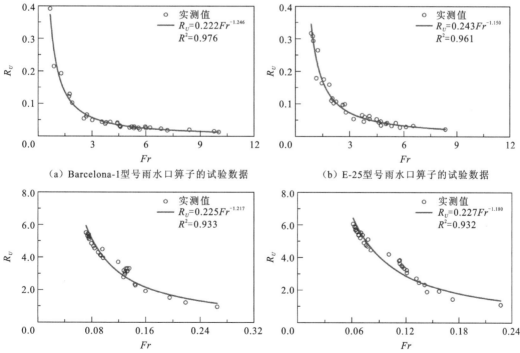

（a）Barcelona-1型号雨水口算子的试验数据　（b）E-25型号雨水口算子的试验数据

（c）16S518型号雨水口算子在无堵塞情况下的试验数据　（d）16S518型号雨水口算子在1/4堵塞情况下的试验数据

图 3.7　不同试验条件下相对泄流流速 R_U 与来流弗劳德数 Fr 的关系

3.3 考虑堵塞影响的雨水口泄流能力计算公式

暴雨洪水发生时雨水口堵塞现象十分常见，显著影响城市排水系统的整体性能，这是内涝形成的重要原因之一。例如，张亮等（2015）对深圳具有多年记录的渍水点进行了成因分析，结果表明，15%的内涝是由雨水口堵塞造成的。雨水口堵塞将在地下管道尚未达到最大泄流能力时引发局部区域的内涝，对公共安全等构成潜在威胁（Ten Veldhuis et al.，2011；Despotovic et al.，2005）。开展雨水口堵塞程度对其泄流能力影响的试验研究，能够精细刻画雨水口在不同运行状况下的泄流特性，研究成果对于排水系统合理规划及城市防洪排涝计算具有重要的参考意义。为定量分析雨水口堵塞对其泄流能力的影响，本节分别考虑雨水口的雨水口算子及连接管不同堵塞程度的情况，开展了较大来流水深下的概化水槽试验，通过与未堵塞情况进行比较，基于幂指数均值假定及非线性拟合方法，建立堵塞系数与堵塞程度之间的经验关系，并最终提出了一种可以考虑雨水口算子与连接管堵塞影响的雨水口泄流能力计算公式。

3.3.1 雨水口堵塞时试验工况设计

本节采用完整的平算式雨水口结构，即包括雨水口算子、雨水井及连接管。试验所用雨水口算子是以尺寸为 450 mm×750 mm 的标准雨水口算子为原型，按照几何比尺为1.5 加工而成的，即模型尺寸为 300 mm×500 mm。雨水口模型及各堵塞工况如图 3.8 所示。共考虑了雨水口算子或连接管堵塞程度（CR）分别为 0.25、0.50、0.75 的 6 种试验工况。此处定义雨水口算子的堵塞程度为堵塞面积与雨水口算子总面积的比值，连接管的堵塞程度为堵塞面积与连接管断面面积的比值。试验中通过阀门调节上层水槽的进口流量，通过尾门栅板数量控制水槽出口水位；待水流稳定后，利用自动水位测定仪和悬桨流速仪测量雨水口上游 1 m 处的水深及流速，利用下层三角堰测流装置测量雨水口的下泄流量。各堵塞情况下进口流量在 20～55 L/s 内由小到大调节，其中雨水口算子堵塞时，每个流量工况下测量 30～50 次水深，共进行了 370 组试验；连接管堵塞共计进行了238 组试验。

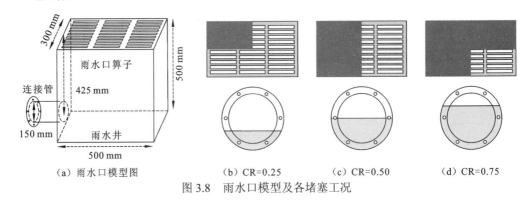

（a）雨水口模型图　　　（b）CR=0.25　　（c）CR=0.50　　（d）CR=0.75

图 3.8　雨水口模型及各堵塞工况

3.3.2　雨水口堵塞时泄流现象与结果

利用所有试验数据，绘制雨水口的下泄流量-水深关系，雨水口算子及连接管堵塞情况分别如图 3.9、图 3.10 所示。

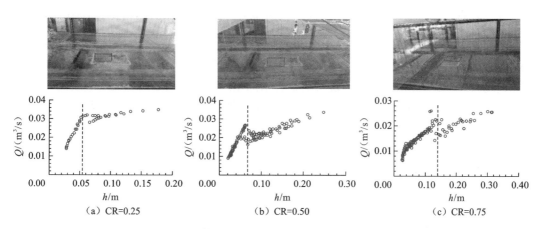

图 3.9　雨水口算子不同堵塞情况下的下泄流量-水深关系

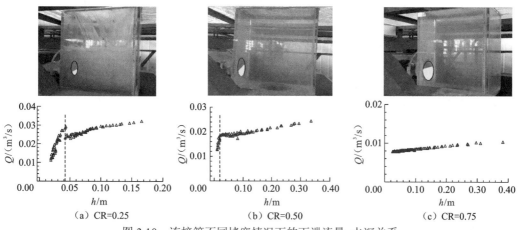

图 3.10　连接管不同堵塞情况下的下泄流量-水深关系

可以看出：除连接管堵塞程度为 0.75 的情况外，雨水口下泄流量随水深增大均呈现出两段明显的递增变化趋势，当水深较小时，下泄流量随水深变化的速率较大，水深较大时，变化速率相对平缓。如 3.1.3 小节所述，这两种情况分别对应于试验观测到的水流以堰流或管嘴流形式从雨水口下泄。图 3.9、图 3.10 给出了堰流及管嘴流临界水深的大致位置，如图中虚线所示。

以往关于雨水口泄流能力的研究，一般没有考虑雨水井及连接管等结构，认为水流通过雨水口算子后不受任何阻碍作用，因此将泄流方式分为堰流及管嘴流（Lee et al.，2012），并认为管嘴流发生的临界水深取决于雨水口算子短边宽度，提出将水深（h）与雨水口算子的宽度（d）之比，即 h/d 作为区分两种泄流方式的判别指标（张亮 等，2015）。

当雨水口算子未被完全淹没时，可近似认为地表径流沿雨水口边界自由跌水至雨水井，而自由跌水为堰流的一种形式；当水深较大时，雨水口算子完全被淹没，雨水口过流能力受连接管控制，因此雨水口过流状态可以视为经由连接管的管嘴流。Chanson 等（2002）基于物理模型试验数据，建议当 $h/d=0.43\sim0.50$ 时，下泄形式开始由堰流转变为管嘴流。本节相比于上述试验，增加了雨水井及连接管等结构。图 3.9 显示，随着雨水口算子堵塞程度的增加，管嘴流出现时的临界水深逐渐增大。例如，当雨水口算子堵塞程度为 0.50 时，管嘴流发生在水深为 0.07 m 左右的工况下，h/d 约为 0.28；当雨水口算子堵塞程度为 0.75 时，临界水深达到 0.14 m，h/d 约为 0.93。图 3.10 显示，在连接管堵塞情况下，随着堵塞程度的增加，管嘴流出现时的临界水深逐渐减小。当连接管堵塞程度为 0.25 及 0.50 时，雨水口下泄流量-水深关系仍然呈现两段式变化，而当堵塞程度为 0.75 时，则为单调递增关系。这与试验观测现象一致，当连接管堵塞程度为 0.75 时，几乎没有观测到堰流泄流情况。堵塞程度为 0.25 时，临界状态下雨水口引起的漩涡较为明显，且伴随漩涡有大量空气进入雨水井，继而导致了雨水井的有效过流能力下降，在临界点处雨水口下泄流量发生突变。由此可见，当考虑雨水井及连接管等结构时，前人的研究规律不能有效判断水流从雨水口的泄流方式；实际道路的雨水口泄流时，水流从雨水口算子下泄后均会经由雨水井及连接管与地下干管相连，雨水井及连接管等结构对水流的下泄过程有一定的影响，尤其当井身充满水时会对下泄过程造成一定的阻碍作用。

3.3.3　雨水口泄流能力计算公式

1. 综合流量系数率定

随着算前水深的增加，稳定的水流下泄方式可分为堰流及管嘴流两种。当算前水深较浅时，水流从雨水口算子格栅边缘跌落，以堰流形式流入雨水口。此时，雨水口的下泄流量可按照堰流公式[式（3.1）]进行计算；当算前水深较大时，受连接管出流量限制，雨水井被灌满，地表水流淹没整个雨水口算子，此时水流以管嘴流形式泄出，雨水口的下泄流量可通过管嘴流流量公式[式（3.2）]计算。

分别利用雨水口算子及连接管不同堵塞情况下的试验数据率定雨水口下泄流量公式中的综合流量系数，结果如表 3.3 所示。已有研究表明，水流从雨水口算子以堰流、管嘴流形式下泄时，综合流量系数会随流量变化有较大差异（Gómez et al.，2019）。由表 3.3 中相关系数 R^2 也可以发现，采用固定综合流量系数的堰流或管嘴流公式与试验数据的拟合效果较为一般；同时表 3.3 显示，综合流量系数因雨水口堵塞部位及堵塞程度的不同而具有较大差异。因此，现有规范中采用固定综合流量系数及单一泄流量衰减系数来计算雨水口下泄流量的方法无法准确反映真实情况。将试验数据绘制于图 3.11 中，比较雨水口算子与连接管堵塞的情况，例如，在两者分别堵塞 0.50 的情况下，当水深为 0.2 m 时，雨水口算子堵塞工况下泄流量约为 0.03 m³/s，而连接管堵塞工况下泄流量仅为 0.02 m³/s 左右。可以看出，本雨水口模型的连接管堵塞对其下泄过程的影响更大（Xia et al.，2023）。

表 3.3　雨水口不同堵塞程度下堰流及管嘴流的综合流量系数

堵塞部位	堵塞程度	堰流		管嘴流	
		C_w	R^2	C_n	R^2
雨水口算子	0.25	0.083	0.795	0.509	0.553
	0.50	0.082	0.780	0.198	0.412
	0.75	0.229	0.431	0.057	0.434
连接管	0.25	0.076	0.836	0.114	0.617
	0.50	0.074	0.181	0.080	0.902
	0.75	—	—	0.035	0.973

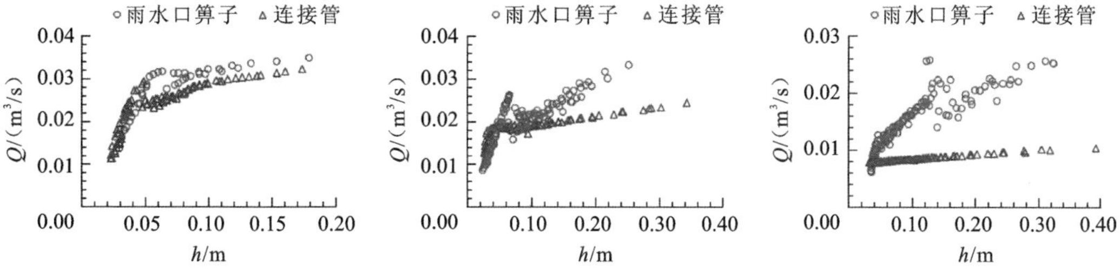

图 3.11　雨水口不同堵塞情况下的下泄流量对比

2. 基于量纲分析法的雨水口泄流能力基本公式

水流从雨水口下泄的形式，即堰流或管嘴流，是由连接管和雨水口算子的泄流能力，以及雨水井的容量大小决定的，通常不易确定。因此，为提高公式使用的便捷性，利用量纲分析法推导一种能描述不同泄流形式的统一的雨水口泄流能力计算公式。考虑到雨水口的下泄流量与其尺寸相关，利用单位面积的下泄流量进行分析，并将其定义为雨水口综合流速 U，即 $U = Q/A$，其中 A 为雨水口算子的净过水面积。基于量纲分析原理可以建立雨水口相对泄流流速与来流弗劳德数的关系，为

$$R_U = f(Fr) \tag{3.11}$$

式中：R_U 为相对泄流流速，为雨水口综合流速（U）与算前来流流速（u）之比；Fr 为算前水流的弗劳德数，$Fr = u/\sqrt{gh}$。

利用试验数据绘制各堵塞情况下的 R_U-Fr 关系，如图 3.12 所示，可看出两者具有幂函数关系，因此假定 $R_U = a \times Fr^b$，则各堵塞程度下雨水口的泄流能力计算公式可表示为

$$Q = aAuFr^b \tag{3.12}$$

式中：a、b 为量纲为一参数，与雨水口尺寸及来流水流条件有关，需由实测数据进行率定。

各堵塞工况下参数的率定结果如表 3.4 所示，可见相关系数 R^2 均大于 0.98，优于 3.2.1 小节中堰流或管嘴流公式的结果。绘制本节各堵塞工况下的 R_U-Fr 曲线，如图 3.12 中虚线所示，可见公式曲线与试验数据点拟合效果较好。Xia 等（2022）基于同样的雨水口模型对其未堵塞情况下的泄流能力进行了研究，所得雨水口泄流能力计算公式为

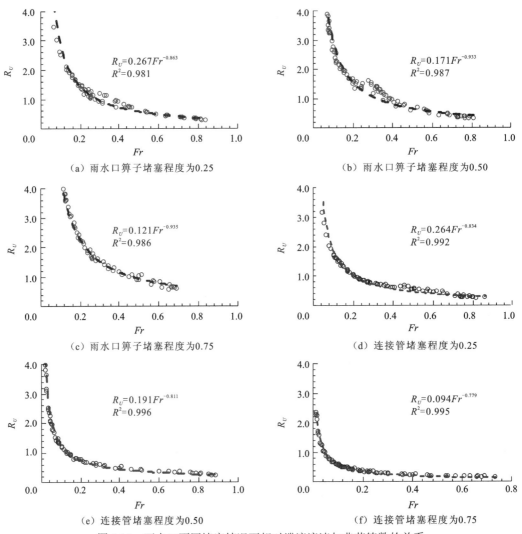

图 3.12　雨水口不同堵塞情况下相对泄流流速与弗劳德数的关系

$Q = 0.302uAFr^{-0.816}$，与式（3.12）形式一致。式（3.12）为雨水口下泄流量计算的基本公式，对于雨水口不同堵塞情况（未堵塞时，记为 CR=0.00）均适用。

表 3.4　雨水口不同堵塞程度下参数率定结果

堵塞部位	堵塞程度 CR	a	b	相关系数 R^2
雨水口箅子	0.25	0.267	−0.863	0.981
	0.50	0.171	−0.933	0.987
	0.75	0.121	−0.935	0.986
连接管	0.25	0.264	−0.834	0.992
	0.50	0.191	−0.811	0.996
	0.75	0.094	−0.779	0.995

将雨水口各堵塞程度下的下泄流量特性曲线绘制于图 3.13 中（来流流速假定为
0.5 m/s），可以看出，雨水口的泄流能力变化随堵塞程度的不同而具有较大差异。例如，
考虑水深为 0.3 m 的情况：①雨水口箅子堵塞程度为 0.25 时，雨水口泄流能力减小为未
堵塞状态的 47%左右；堵塞程度为 0.50 时，泄流能力减小为未堵塞状态的 32%；当 CR＝
0.75 时，泄流能力仅为未堵塞状态的 24%。②连接管堵塞程度为 0.25 时，雨水口泄流能
力降低为原状态的 44%；堵塞程度为 0.50 时，泄流能力降低为原状态的 31%；CR＝0.75
时，泄流能力仅为原状态的 15%。因此，雨水口箅子及连接管堵塞均能显著影响雨水口
的泄流能力，且后者的影响更大。当水深较小时，雨水口的泄流能力取决于雨水口箅子
的过流能力，此时雨水口过流流量较小；当水深较大时，由于雨水口箅子的过流能力远
大于连接管的过流能力，该条件下雨水口的泄流能力主要由连接管控制，而此时雨水口
过流流量较大。因此，连接管堵塞主要影响水深较大时雨水口的过流能力，故连接管堵
塞对雨水口泄流能力的影响较大，该结论与公式计算结果一致。

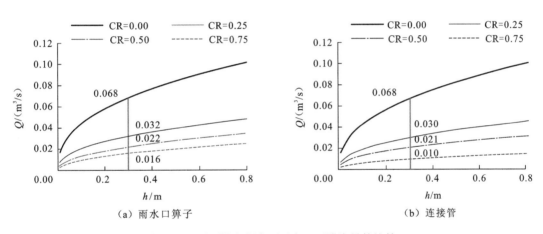

图 3.13　不同堵塞程度下雨水口下泄流量的比较

3. 堵塞系数确定

比较不同堵塞程度（包括未堵塞及 6 种堵塞工况）下式（3.12）中参数的率定结果
可以看出，幂指数 b 的变化范围不大。将幂指数 b 假定为各堵塞情况的平均值 b_*，并利
用试验数据对参数 a 重新进行率定，记为 a_*，率定结果如表 3.5 所示，可见利用该公式
进行率定所得的相关系数较高，因此可以认为本节关于幂指数的均值假定合理，则雨水
口泄流能力计算公式可以表示为

$$Q = a_* A u F r^{b_*} \tag{3.13}$$

其中，$b_* = -0.85$，重新率定所得的未堵塞情况下的参数 $a_{*0} = 0.281$。

表 3.5 不同堵塞程度下参数率定结果及堵塞系数确定

堵塞部位	堵塞程度 CR	a_*	相关系数 R^2	堵塞系数 k
未堵塞	0.00	0.281	0.986	1.00
雨水口算子	0.25	0.273	0.981	0.97
	0.50	0.215	0.983	0.77
	0.75	0.163	0.987	0.58
连接管	0.25	0.256	0.992	0.91
	0.50	0.168	0.994	0.60
	0.75	0.074	0.989	0.26

当雨水口算子或连接管堵塞时，水流经雨水口的下泄过程受到阻碍，故同样来流条件下雨水口的泄流能力减小。引入堵塞系数 k 以考虑堵塞对下泄流量的影响，其值不大于 1。各堵塞情况下，记 $a_* = ka_{*0}$。因此，考虑不同堵塞程度的雨水口下泄流量公式可以表示为

$$Q = ka_{*0}AuFr^{b_*} \qquad (3.14)$$

其中，k 与堵塞程度相关，$k = f(\mathrm{CR})$。

不同堵塞程度下堵塞系数的计算结果如表 3.5 所示，同时将堵塞系数 k 与堵塞程度 CR 点绘于图 3.14 中。根据表 3.5 的数据，建立堵塞系数与堵塞程度之间的经验关系，一般用二次函数表示即可达到较高精度，即 $k = m\mathrm{CR}^2 + n\mathrm{CR} + t$，其中 m、n、t 可根据已有试验数据进行率定。利用最小二乘法可率定出两者之间的如下关系式。

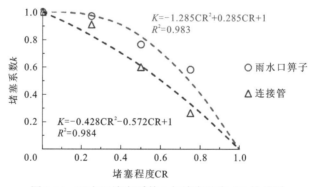

图 3.14 雨水口堵塞系数 k 与堵塞程度 CR 的关系

雨水口算子堵塞时：

$$k = -1.285\mathrm{CR}^2 + 0.285\mathrm{CR} + 1 \qquad (3.15)$$

连接管堵塞时：

$$k = -0.428\mathrm{CR}^2 - 0.572\mathrm{CR} + 1 \qquad (3.16)$$

利用式（3.14）～式（3.16），可以计算雨水口算子或连接管任意堵塞程度下的雨水口下泄流量。当雨水口算子或连接管全部堵塞，即 CR=1.00 时，堵塞系数 k=0.00，雨水口的下泄流量为 0；当未堵塞时，CR=0.00，k=1.00，则雨水口的下泄流量为 $Q = a_{*0}AuFr^{b_*}$。

3.4　雨水口溢流条件下的过流特征

当地下排水管道的水头大于地表径流水位时会发生溢流现象，这不仅显著增加了城市洪涝风险，而且会给居民的健康带来进一步的威胁（Sojobi and Zayed，2022；Han and He，2021）。现有研究多聚焦于雨水口正常下泄条件下的流态特征及过流能力，对排水系统溢流现象的研究不足（Xia et al.，2022；郭帅 等，2020）。因此，本节可以深化对雨水口溢流条件下排水系统过流特点的认识，研究成果可为城市洪涝数学模型的构建提供科学依据。

3.4.1　雨水口溢流试验工况设计

本试验开展于城市洪涝过程综合试验平台，在雨水口泄流能力试验平台（图 3.1）的基础上增设地表街区的道路、人行道、房屋和地下排水干管、连接管，模型整体的几何比尺为 1∶10，其中模型房屋长 0.8 m，宽 0.4 m，高 0.4 m，共 12 座，对称布置于水槽两侧，前后间距为 1.2 m。道路为钢化玻璃材质，人行道由瓷砖铺设而成，人行道高出道路 0.01 m。地表和地下排水管道之间使用 10 个雨水口连接，雨水口沿水槽中轴对称分布，前后间距为 1.8 m。模型雨水口的尺寸为 0.2 m×0.1 m×0.2 m，雨水口底部连接内径为 0.022 m 的连接管，用于承接水流并将其送至排水干管。雨水口算子格栅呈 2 行 10 列分布，孔隙率为 35%。水槽底部与排水干管底部之间的高差为 0.78 m；排水干管内径为 0.15 m，纵向坡度为 0.28%。管道末尾连接尾门、平水塔，用以控制管流水头，平水塔底部高程与管道底部高程一致。地下排水管道与地表水槽分别具有独立的供水系统且水源均来自实验室水塔，地表层和地下管道层的进口流量分别通过电磁流量计和阀门控制。试验过程中通过水泵将地下水库内的水流抽取至实验室平水塔中，经由管道分别引入地表水槽和地下管道，地表水槽或地下管道内的水流流入位于水槽尾部的集水槽，最后经集水槽流入地下水库，完成整个水流循环过程。

溢流试验分为 4 组，共 55 组次试验（表 3.6）。每组试验分别控制地表层进口流量为 2 L/s、5 L/s、8 L/s、11 L/s，尾门为敞泄状态，每组试验地表径流与地下管流之间的水头差均为 0～0.25 m。试验过程中通过改变管道尾门、平水塔高度及地下管道层进口流量以制造尽可能多的水流流态，每组试验通过控制进口流量及栅板尾门开启程度以获得尽可能多的试验工况。

表 3.6　雨水口溢流试验工况

工况	地表层进口流量 /(L/s)	地下管道层进口流量 /(L/s)	管道尾门高度 /m	地表水深 /m	组次
1	2				20
2	5	0～15	0.85～1.1	0.019～0.03	11
3	8				13
4	11				11

3.4.2 溢流试验现象及结果

排水系统溢流流量 Q_o 随地表径流与地下管流之间的水头差 H_d 的变化情况如图 3.15 所示，不同工况下的最大水头差均为 0.25 m。由图 3.15 可知，排水系统的溢流流量随水头差增大而增加的速率呈现出先增加后减小的趋势，与水头差的 1/2 次方近似成正比。相较于地表流速较小的工况 1、2，工况 3、4 在相同水头差条件下的溢流流量略有减少。Mustaffa 等（2006）开展的试验研究中同样发现了排水系统管嘴流系数会随着地表径流弗劳德数的增加而减小。但就本节的试验结果而言，地表洪涝强度对溢流状态下雨水口过流能力的影响较小。当水头差为 0.25 m 时，地表层进口流量为 2 L/s 与 11 L/s 条件下排水系统的溢流流量分别为 4.31 L/s 与 4.04 L/s，下降幅度仅为 6.26%。因此，地表径流流量对排水系统溢流流量的影响较小，溢流流量主要和地下管流与地表径流之间的水头差有关。由于试验水槽的限制，本节使用的物理模型在连接管与排水干管的交汇处并未包含雨水检查井结构。在实际城市洪涝灾害中一旦管道水头大于地表径流水位，水流不仅会通过雨水口溢流，检查井也是重要的溢流通路。但目前对实际排水系统溢流工况下雨水口与检查井分流特性的研究尚不深入和完善，未来需要针对该问题开展重点研究。

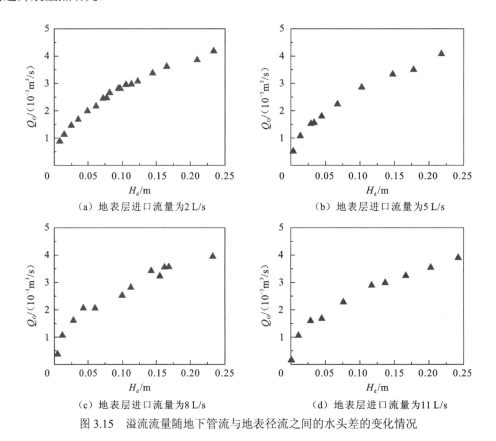

（a）地表层进口流量为 2 L/s   （b）地表层进口流量为 5 L/s

（c）地表层进口流量为 8 L/s   （d）地表层进口流量为 11 L/s

图 3.15　溢流流量随地下管流与地表径流之间的水头差的变化情况

3.4.3 雨水口溢流时的流量计算公式

从图 3.15 可以看出，雨水口溢流时，其溢流流量与水头差的 1/2 次方近似成正比，符合管嘴流公式的特征，因此本节采用管嘴流形式的公式计算排水系统溢流至城市地表的流量。水流通过雨水口以管嘴流流态溢流至地表时，雨水口过流能力不仅与连接管的几何特性相关，还与地表径流和地下管流之间的水头差密切相关：

$$Q_o = C_o A_s \sqrt{2gH_d} \tag{3.17}$$

式中：C_o 为管嘴流系数；A_s 为连接管的截面面积；H_d 为地表径流与地下管流之间的水头差，正常泄流时取 $H_s - H_p$，发生溢流时等于 $H_p - H_s$，H_s、H_p 分别为地表径流与地下管流的水头（图 3.16）。

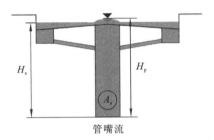

图 3.16 雨水口溢流流量计算中的相关参数

使用溢流工况下的试验数据分别率定式（3.17）中的系数，这里将整个排水系统中所有雨水口溢流流量的平均值作为单个雨水口的溢流流量，结果如图 3.17 所示。管嘴流公式的精度较高，能够有效计算排水系统溢流条件下的过流流量，R^2 为 0.98。

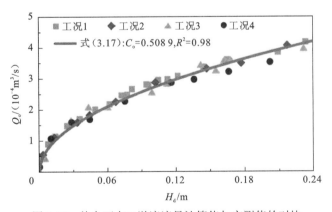

图 3.17 单个雨水口溢流流量计算值与实测值的对比

3.5 本 章 小 结

雨水口是城市道路排水系统的关键节点，其泄流能力直接影响城市洪涝中受淹区域的积水程度，一旦堵塞将导致城市排水系统的泄流能力无法充分发挥，这是引发城市洪涝灾害的主要原因之一。本章基于完整雨水口的物理模型试验与量纲分析法，确定了不同来流条件下统一的雨水口泄流能力计算公式；分别考虑雨水口箅子及连接管不同堵塞情况，开展较大水深范围下的雨水口泄流能力试验，建立了不同堵塞情况下雨水口泄流能力的计算公式；最后基于试验资料，分析了雨水口溢流条件下排水系统的过流特点。本章的主要结论如下。

（1）试验结果表明：当水深较小时，水流以堰流形式从雨水口箅子四周下泄；当水深较大时，雨水口箅子上方出现漩涡等复杂流态，水流以管嘴流形式下泄，且雨水井及连接管等结构对水流下泄过程具有一定的阻碍作用；当管流水头大于地表径流水头时，排水管道内的水流经由雨水口溢流至地表。

（2）分别基于堰流及管嘴流模式，建立了雨水口下泄流量与水深的关系。为提高公式的实用性，进一步利用量纲分析原理，推导出雨水口相对泄流流速与弗劳德数之间的关系，建立了雨水口下泄流量与箅前流速、雨水口箅子尺寸、弗劳德数等不同影响因子之间的函数关系，该公式较为全面地考虑了不同因素对雨水口泄流能力的影响。当管道内水头大于地表径流水头时，雨水口溢流流量可用管嘴流公式计算。

（3）雨水口箅子及连接管堵塞均会影响雨水口的泄流能力，且后者的影响程度更大。采用量纲分析法并结合试验数据的变化规律，建立各堵塞程度下雨水口泄流能力的幂函数表达式，并利用试验数据率定了公式中的参数 a 和幂指数 b。将幂指数 b 设定为多种情况的平均值，在雨水口未堵塞情况下泄流能力计算公式的基础上引入堵塞系数 k，提出了雨水口箅子或连接管不同堵塞程度下雨水口泄流能力的表达式 $Q = ka_{*0}AuFr^{b}$。其中，堵塞系数（k）与堵塞程度（CR）有关。

第 4 章
洪水作用下人体失稳机理及判别标准

受全球气候变化和人类活动影响，近年来极端降水事件增多，由此引发的城市洪涝灾害频发，造成了严重的人员伤亡。行人在洪水作用下容易失去稳定，威胁生命安全，因此研究洪水作用下人体失稳的机理与判别标准，能为城市洪涝灾害的风险评估与管理提供科学依据。本章首先全面总结国内外已有洪水中人体失稳的试验研究及力学理论分析成果，评估现有人体失稳判别标准的适用范围及优缺点；然后采用河流动力学中的泥沙起动推导方法，提出洪水中人体在平地或斜坡上发生滑移与跌倒失稳时的起动流速公式；最后根据物理模型试验率定公式中的相关参数，结合人体模型的试验成果，给出儿童及成人在不同来流条件下的失稳区间。

4.1 洪水中人体失稳研究现状

洪水中人体失稳的机理及判别标准，是开展城市洪涝风险评估及逃生避险决策等研究的重要依据。自 20 世纪 70 年代以来，这方面研究已经成为国内外洪水风险评估的热点问题之一。影响洪水中人体稳定性的因素较多，不同学者在开展失稳机理研究时通常将来流水深及流速、人体身高及体重作为基本参数，开展不同尺度的水槽试验、力学分析及两者相结合的研究，提出了洪水作用下人体失稳的机理及判别标准。

4.1.1 洪水中人体失稳的水槽试验

水槽试验是获取洪水中人体失稳临界条件最直观且较为准确的方法。为揭示不同因子对洪水中人体稳定性的影响，过去 40 年中很多学者开展了一系列的概化水槽试验研究。表 4.1 列出了这些研究的地面材料、测试对象、试验水流条件及所采用的失稳判别标准。

表 4.1 洪水中人体失稳的试验情况比较

数据来源	地面材料	测试对象	动作或姿势	身高/m	体重/kg	水深/m	流速/(m/s)	失稳判别条件
Foster 和 Cox (1973)	刷油漆的木板	6 名儿童	站立、行走、转弯、坐	1.27~1.45	25~37	0.09~0.41	0.76~3.12	测试对象感到不安全或发生失稳
Yee (2004)	刷油漆的木板	4 名儿童	站立、行走	1.09~1.25	19~25	0.18~0.53	0.89~2.12	
Abt 等 (1989)	钢、混凝土、砾石、草皮	1 个人体模型和 20 名成人，有防护措施	站立、行走、转弯	1.52~1.83	41~91	0.43~1.20	0.82~3.05	
Takahashi 等 (1992)	金属	3 名成人	站立	1.64~1.83	63~73	0.44~0.93	0.58~2.00	测试对象发生失稳
Karvonen 等 (2000)	钢格栅	7 名成人，其中 2 名为救生员，有防护措施	站立、行走、转弯	1.60~1.95	48~100	0.40~1.10	0.60~2.60	
Jonkman 和 Penning-Rowsell (2008)	混凝土	1 名特技演员	站立、行走	1.7	68	0.26~0.35	2.40~3.10	
Ishigaki 等 (2005)	楼梯和地下室门	16 名女性和 33 名男性，有防护措施	站立、行走、坐	—	—	0.10~0.50	0~6.27	疏散困难
Russo (2010)	混凝土	23 名成人和儿童，有防护措施	站立、行走、转弯	1.48~1.92	48~100	0.11~0.16	1.17~3.17	测试对象感到不安全或发生失稳
Chanson 等 (2014)	澳大利亚布里斯班 (Brisbane) 真实洪水	3 名成年男性，有防护措施	站立、行走、转弯	1.75~1.79	74~120	0.13~0.99	0.50~1.13	测试对象失去平衡
Xia 等 (2014)	混凝土	人体模型	站立	0.30（模型）/1.70（原型）	0.334（模型）/60（原型）	0.02~0.12（模型）/0.13~0.64（原型）	0.24~1.68（模型）/0.56~3.95（原型）	测试对象发生失稳
Martinez-Gomariz 等 (2016)	混凝土	16 名女性、5 名男性及 5 名儿童	站立、行走、转弯	1.32~1.73	37~71	0.07~0.16	2.14~3.71	

Foster 和 Cox（1973）较早采用水槽试验研究了洪水中儿童不同姿势下的稳定性。试验结果表明，站立状态下的稳定性随体重的增加而增加，行走状态下的人体稳定性相较于站立状态下有所降低，坐下时人体的稳定性最差。由此可以推测，如行人在洪水中跌倒，就难以起身恢复站立姿势（Cox et al.，2010）。Yee（2004）以 2 名男童与 2 名女童为研究对象，开展了真实人体失稳的水槽试验。由于试验对象年龄较小，失稳时临界水深与流速的乘积受测试者年龄的影响较大。Abt 等（1989）基于水槽试验研究了洪水中不同地面材料与坡度下成人的失稳条件，结果表明水深较大时测试对象主要因为力矩不平衡而发生跌倒失稳，该工况下人体的稳定程度不受地表粗糙程度的影响。Takahashi 等（1992）测定了 3 名成人在水流作用下的受力情况，给出了不同情况下摩擦力与拖曳力系数的变化范围，同时分析了不同来流方向、地面材料与测试者穿着对洪水中人体稳定程度的影响。

受城市地形影响，洪水通常沿街道向地势较低方向演进，加之城市硬化路面的粗糙系数较小，城市洪水一般呈现出水深小、流速大等特点。针对该情况 Russo（2010）开展了相关的水槽试验，研究不同能见度、街道纵坡及行走方向下洪水中人体的稳定性。研究结果表明，行人垂直于水流方向穿过淹没道路最为困难。Martínez-Gomariz 等（2016）对 Russo（2010）的水槽试验进行了复演，进一步考虑了不同鞋子类型、人体双手是否被占用及不同测试对象在试验过程中心理感受的影响，该研究发现洪水中行人穿着拖鞋时稳定性最差，而能见度条件对人体稳定性的影响不大。此外，Chanson 等（2014）分析了 2011 年 1 月澳大利亚布里斯班发生城市洪水时的实测数据，发现真实洪水中水深与流速均波动很大，人体发生失稳时的临界单宽流量普遍小于水槽试验值，因此推测洪水的水流脉动特性对人体稳定性存在一定的影响，并以此为依据建立了以瞬时流速与水深为变量的洪水中的人体失稳条件。城市地下空间在洪涝灾害中容易受淹，人员沿楼梯逃生的稳定性与速度对于洪涝风险评估至关重要。Ishigaki 等（2010）及 Kotani 等（2012）采用具有楼梯结构的试验水槽，开展了一系列洪水中真人失稳的研究，并给出了相应的稳定性判别标准。

现有洪水中人体失稳的水槽试验研究普遍存在测试标准不统一、试验流态与真实洪水流态不一致、受测试对象生理及心理因素影响较大等缺点。如图 4.1 所示，不同试验结果的分散程度较大，对所有试验数据进行线性拟合后所得公式的相关系数较低（ $R^2 = 0.39$ ）。因此，仅可以认为人体身高和体重之积（ $h_p m_p$ ， h_p 为身高， m_p 为体重）与洪水中人体失稳时的临界单宽流量（ $U_c h_f$ ， U_c 为人体失稳时的起动流速， h_f 为水深）存在一定的正相关关系。Foster 和 Cox（1973）与 Yee（2004）的试验对象为儿童，且以心理上感觉不安全作为失稳的判别标准，因而研究所得的失稳条件较实际情况偏安全。Martínez-Gomariz 等（2016）研究了行人穿过涉水街道时的稳定性，相比于其他人体保持静止的试验工况，该试验得到的人体失稳时的临界单宽流量偏小。此外，为了保证洪水中测试对象的安全，试验中采取了较为全面的安全措施（如戴头盔、穿救生衣等），加之室内水槽难以充分反映实际城市洪水较为复杂的流态，故这些试验结果偏于安全。鉴于水槽试验研究可能存在上述不足，Chanson 和 Brown（2018）重新分析了澳大利亚布里斯班洪水的现场观测资料（Chanson et al.，2014），提出了更加保守的洪水中人体稳定性的判别依据。

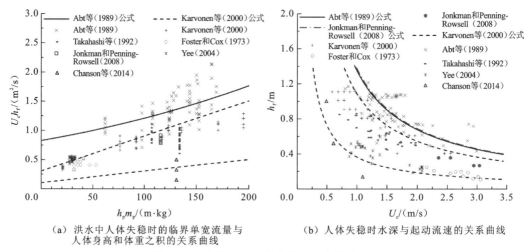

（a）洪水中人体失稳时的临界单宽流量与
人体身高和体重之积的关系曲线

（b）人体失稳时水深与起动流速的关系曲线

图 4.1　现有洪水中人体失稳的试验数据汇总

4.1.2　洪水中人体失稳的受力分析

为揭示洪水作用下人体的失稳机理，不同学者开展了洪水作用下人体失稳的受力分析研究。这些研究通常对人体结构进行了一定的简化，即不考虑人体关节的移动及重心的调整，而将人体概化成具有一定结构的刚体。同时，该类研究往往假定人体静止，以便采用静力学方法建立临界失稳状态下的受力平衡或力矩平衡关系。

如图 4.2 所示，早期研究仅将人体概化为均质的单一几何体，难以有效反映人体在水流中的受力情况。洪水中人体主要有跌倒与滑移两种失稳模式（夏军强和张晓雷，2021；Xia et al.，2016，2014；Jonkman and Penning-Rowsell，2008）。Keller 和 Mitsch（1993）将人体概化成均质垂直圆柱体，通过建立圆柱体跌倒或滑移失稳时的力学平衡关系推导相应的起动流速公式。Lind 等（2004）将洪水中的人体概化为圆柱体、长方体与复合圆柱体，推导人体跌倒失稳时临界单宽流量的计算公式，还基于 Abt 等（1989）和 Karvonen 等（2000）的试验结果对已有公式的计算精度进行了评价。这些研究发现，来流水深、流速及人体身高、体重是判断洪水中人体稳定性的最关键的要素，地面类型及坡度的影响较小。Walder 等（2006）提出了一个适用于不同人群的洪水作用下的人体滑移失稳计算公式，并用于分析由泥石流引发的次生洪涝灾害带来的风险。由于该公式假设水深仅淹没人体踝关节，所以未考虑水流的浮力作用。为了更好地反映人体特征，更加复杂的人体几何模型被用于洪水中人体失稳分析。Milanesi 等（2015）将人体概化为三个圆柱体组成的复合模型，并基于力学平衡关系推导洪水中人体的稳定性，相较于其他公式，该公式在保证精度的同时涉及的参数较少。此外，该研究还考虑了地面坡度与水流密度对人体稳定性的影响。Arrighi 等（2017）提出了一个由水力要素与人体特征构成的量纲为一参数并将其作为失稳判别依据，同时采用三维流体力学数值模型计算了洪水作用下人体周围的流速场与压力场。

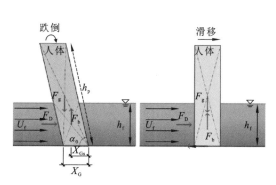

（a）洪水中人体滑移失稳与跌倒失稳受力分析

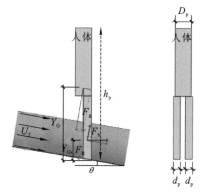

（b）三个圆柱体复合概化模型受力分析

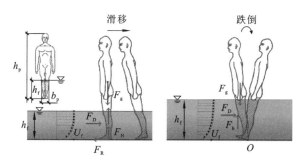

（c）人体模型受力分析

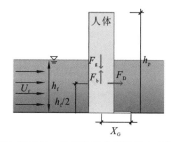

（d）均质单一几何体概化模型受力分析

图 4.2　不同研究者对洪水中人体结构的概化与受力分析

F_D 为拖曳力；U_f 为流速；D_p 为躯干宽度；d_p 为腰宽；h_p 为人体高度；F_g 为重力；O 为跌倒失稳轴心点；F_b 为浮力；θ 为地面倾斜角度；F_R 为地面摩擦阻力；b_p 为人体平均宽度；h_f 为水深；α_0 为人体倾斜角度；F_N 为支持力；(X_G, Y_G) 为人体重心到轴心点的坐标；(X_{Gs}, Y_{Gs}) 为人体浮心到轴心点的坐标

4.1.3　基于水槽试验与力学分析的失稳计算方法

基于力学分析的研究成果通常对水流条件、人体结构及人体受力情况进行了较多简化或假设，为反映这些因素的影响需要引入一些经验参数，但这些参数的确定又依赖于试验数据，故基于纯力学分析的研究成果往往难以准确评估洪水作用下人体的稳定程度。有必要将力学分析与水槽试验相结合，采用力学分析精确刻画人体失稳的动力学条件，从而构建失稳状态下的判别公式，同时结合水槽试验结果率定公式中的相关参数。

该方面研究主要以 Jonkman 和 Penning-Rowsell（2008）与 Xia 等（2016，2014）的研究成果为代表。Jonkman 和 Penning-Rowsell（2008）在英国利（Lea）河的一个渠道中开展了试验研究，发现小水深、大流速情况下滑移失稳是最主要的失稳模式。相较于以往的水槽试验，现场试验更能模拟真实的洪水流态。基于试验结果[图 4.3（a）]，Jonkman 和 Penning-Rowsell（2008）将人体概化为长方体进行受力分析，进一步揭示了不同水流条件下洪水中人体失稳的机理，并提出了滑移与跌倒失稳时的计算公式：

$$h_f U_c = \sqrt{\frac{2 m_p h_p \cos\alpha}{C_d b_p \rho_f}} \qquad (4.1)$$

$$h_f U_c^2 = \sqrt{\frac{2\mu g}{C_d b_p \rho_f} m_p} \qquad (4.2)$$

式中：h_f 为水深；C_d 为拖曳力系数；ρ_f 为水的密度；b_p 为人体平均宽度；μ 为摩擦阻力系数。

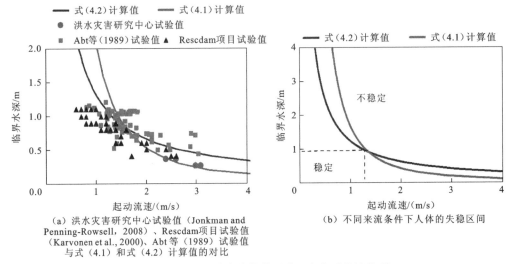

（a）洪水灾害研究中心试验值（Jonkman and Penning-Rowsell，2008）、Rescdam项目试验值（Karvonen et al.，2000）、Abt 等（1989）试验值 与式（4.1）和式（4.2）计算值的对比

（b）不同来流条件下人体的失稳区间

图 4.3　洪水中人体失稳的临界水深与起动流速关系

利用式（4.1）和式（4.2）计算出滑移失稳和跌倒失稳的临界曲线，Jonkman 和 Penning-Rowsell（2008）进一步将洪水中人体的危险区域划分为稳定和不稳定两个区间 [图 4.3（b）]。

这些基于一定力学理论分析的经验公式，在推导过程中通常对人体结构做了较大的简化，不能精确计算不同水深下人体所受的浮力，而且一般也假定来流沿水深均匀分布。因此，以往经验公式不能较为准确地计算出洪水作用下人体的稳定程度。

Xia 等（2014）基于受力分析，采用基于人体工程学的数据计算不同水深下人体所受的浮力，结合河流动力学中泥沙起动的理论，推导出滑移及跌倒失稳时洪水中人体的起动流速公式，同时采用小比尺的人体模型开展水槽试验，率定了公式中的相关参数。Xia 等（2016）在后续研究中进一步分析了路面坡度对洪水中人体稳定性的影响，提出了考虑坡度影响的稳定性计算公式，同时采用 250 余组概化水槽试验数据率定了公式中的相关参数。

4.2　基于流速和水深的人体失稳经验判别标准

水深（h_f）与流速（U_f）是评估洪涝灾害严重程度的两个主要参数。随着洪水水深的增加，行人在水流拖曳力的作用下更容易发生跌倒失稳甚至漂浮，进而直接威胁到行人的生命安全。如表 4.2 所示，目前以水深与流速为依据的洪水中人体失稳的判别标准较多，但不同学者提出的判别阈值差异较大且经验性较强。SCARM（2000）认为水深介于 1.2～1.5 m 时可能导致人体失稳。黄维（2016）以水深为判别条件，进一步将洪水中人体的危险性划分为高、中、低三个等级。当水深≥0.15 m 且<0.3 m 时，可认为人体的危险性等级为低风险；当水深≥0.3 m 且<0.5 m 时，危险等级上升为中风险；当水深≥0.5 m 时，则认为人体的危险等级较高。实际上，洪水中人体所受的水流拖曳力随着流速的增加而增加，水深较小而流速较大时人体在水流拖曳力的作用下容易发生滑移失稳，水深较大时在较小的流速作用下就可能导致人体跌倒失稳。因此，单一地选取固定的水深或流速作为失稳判别阈值，难以准确反映人体在不同洪水条件下的稳定性。Russo 等（2013）针对城市洪涝中水深较小且流速较大的特点，根据水深和流速的大小将洪水中人体的危险性划分为高、中、低三个等级。选取的试验水深条件为 $0.09\ \text{m}<h_f<0.16\ \text{m}$，当流速小于 1.5 m/s 时，人体的危险性等级为低风险；当流速≥1.5 m/s 且<1.88 m/s 时，危险等级为中风险；当流速≥1.88 m 时，人体的危险等级上升为高风险。Chanson 等（2014）提出了更为保守的危险等级划分标准来评估现实洪水中人体的失稳风险，即当来流流速小于 1 m/s 且水深小于 0.27 m 时，或者当水深小于 0.3 m 且流速介于 $3.0h_f$～$7.4h_f$ 时，人体的风险等级较低；否则，人体在洪水中的风险等级较高。为了进一步分析真实洪水事件中影响人体稳定性的其他因素，Chanson 和 Brown（2018）基于实测数据发现：洪水作用下水流脉动对人体稳定性具有显著影响，现有的风险判别标准并未充分考虑真实洪水中类似于湍流等复杂条件对人体稳定性的影响。

表 4.2 以水深或流速为依据的洪水中人体稳定性判别标准汇总

数据来源	h_f/m	U_f/(m/s)	安全指标
SCARM（2000）	1.2～1.5	—	安全
黄维（2016）	$0.15\leqslant h_f<0.3$		低风险
	$0.3\leqslant h_f<0.5$	—	中风险
	$h_f\geqslant0.5$		高风险
Russo 等（2013）	$0.09<h_f<0.16$	$U_f<1.5$	低风险
		$1.5\leqslant U_f<1.88$	中风险
		$U_f\geqslant1.88$	高风险
Chanson 和 Brown（2018）	$h_f<0.27$	$U_f<1$	低风险
	$h_f<0.3$	$(3.0～7.4)\,h_f$	

不同水流条件、人员生理和心理特征都会对洪水中的人体安全产生影响，研究洪水中的人体危险性等级对于了解不同洪水淹没区对人体安全的影响，确定避险转移方案具有重要的指导意义。目前，洪水中人体危险性的经验判别标准主要将水深与流速作为指

标，基于水槽试验与现场观测数据（Chanson et al.，2014；Xia et al.，2014；Karvonen et al.，2000；Abt et al.，1989），可根据水深和流速的不同组合将危险性进一步细分为三个等级：高、中、低（图 4.4）。从图 4.4 中可以看出，$h_f U_f = 0.3 \, \text{m}^2/\text{s}$ 和 $h_f U_f = 1.2 \, \text{m}^2/\text{s}$ 两条曲线与模型、真人失稳试验数据率定的曲线非常接近。因此，为了更加简单、直接地划分洪水中人体的危险等级，以 $h_f U_f = 0.3 \, \text{m}^2/\text{s}$、$h_f U_f = 1.2 \, \text{m}^2/\text{s}$ 两条曲线和 $h_f = 1.1 \, \text{m}$、$U_f = 2.6 \, \text{m/s}$ 两条直线，将整个区域划分为低风险区、中风险区和高风险区。

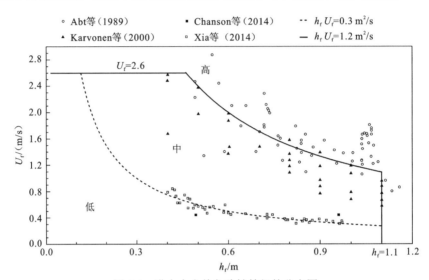

图 4.4　洪水中人体危险性等级的分布图

各等级洪水风险区的含义及水深、流速阈值，如表 4.3 所示。

表 4.3　洪水对人的影响、危险性指标及等级划分

洪水危险等级	洪水对人的影响	判断条件
低	对部分人（老人、孩子等）的行动有威胁	$h_f U_f < 0.3$（$h_f < 1.1$；$U_f < 2.6$）
中	对大部分人的行动有威胁	$0.3 \leq h_f U_f < 1.2$（$0.12 \leq h_f < 1.1$；$0.27 \leq U_f < 2.6$）
高	对所有人的行动均有威胁	$h_f U_f \geq 1.2$（$h_f \geq 1.1$；$U_f \geq 2.6$）

注：（1）h_f 的单位为 m，U_f 的单位为 m/s，$h_f U_f$ 的单位为 m^2/s；

（2）第三列中每个等级的三个判断条件满足其中一个即可，当同时满足多个等级的判断条件时，应取最高等级。

洪水中的人体稳定性除了与水深和流速有关外，还可能受到洪水中漂浮物的影响。Defra 和 Environment Agency（2006）根据水深、流速及漂浮物的情况，提出了一种简单方法来评估洪水中人体的危险程度。定义洪涝灾害等级指标：

$$\text{HR} = h_f \times (U_f + 1.5) + \text{DF} \tag{4.3}$$

式中：h_f 为水深；U_f 为流速；DF 为漂浮物因子（按漂浮物的大小和危害程度其取值范围为 0，1，2）。基于洪涝灾害等级指标 HR，各等级洪水风险区的划分阈值及含义如表 4.4 所示。

表 4.4　考虑漂浮物影响的洪水中人体危险性指标及划分方法

HR	洪水危险等级	洪水对人的影响
HR≤0.75	低	警惕
0.75<HR≤1.25	中	对小部分人危险
1.25<HR≤2.50	高	对大部分人危险
HR>2.50	极高	对所有人危险

4.3　基于力学过程的洪水中人体失稳机制及判别方法

洪水中人体的稳定程度与其身高和体重有关，而且还随来流条件（水深与流速）而变化。国内外提出的洪水中人体失稳的判别公式主要可以分为两类：基于水流要素的简单函数关系（Defra and Environment Agency，2006；Chanson，2004）；综合考虑水流要素与人体特征的失稳判别公式（Lind et al.，2004；Abt et al.，1989）。现有的洪水中人体失稳的判别标准，主要通过起动流速来表示，既有基于真人试验的成果，又有基于一定力学分析的经验公式。真人试验结果一般受测试对象生理及心理因素的影响较大，而基于力学分析的公式推导中对人体结构及来流条件做了过多简化。

已有研究结果表明，洪水中人体的失稳方式主要有两种：滑移与跌倒（Cox et al.，2010）。当来流水深较小但流速较大时，若作用于人体腿部的水流拖曳力大于人体鞋底与地面的摩擦力，就有可能发生滑移失稳；当来流水深较大但流速较小时，若水流拖曳力形成的倾倒力矩大于人体有效重力形成的抵抗力矩，就有可能发生跌倒失稳。Jonkman 和 Penning-Rowsell（2008）认为还存在另外一种可能的失稳方式——漂浮，即当水深达到了一定高度时，人体在浮力作用下会完全漂浮起来。通常情况下，人体密度略大于水体密度，因此漂浮的发生概率较小，故本节仅研究洪水作用下人体滑移及跌倒两种失稳机理。

4.3.1　平地上洪水中人体滑移失稳与跌倒失稳公式

1. 受力分析

总地来说，洪水中人体的稳定性计算可以借鉴河流动力学中泥沙起动的分析方法（Xia et al.，2011a；Drillis et al.，1964）。如图 4.5 所示，假设洪水中的人体面朝来流方向，在水平方向上主要承受水流拖曳力 F_D 和地面摩擦阻力 F_R 的作用；在垂直方向上承受自身重力 F_g、浮力 F_b 及地面支持力 F_N 的作用。由于人体结构的不规则性，故计算其浮力时需要考虑人体各部位的尺寸及相应体积。各作用力的详细计算公式如下。

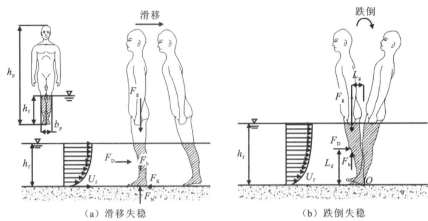

（a）滑移失稳　　　　　　　　　　（b）跌倒失稳

图 4.5　平地上洪水作用下的人体受力示意图

L_d 为阻力力臂；L_g 为重力力臂

1）浮力 F_b

根据浮力的定义，可将浮力 F_b 表示为

$$F_b = \rho_f g V_b \tag{4.4}$$

式中：ρ_f 为水的密度；g 为重力加速度；V_b 为人体淹没在水中部分的体积（排水体积）。

正常情况下人身体各部位的尺寸之间存在一定的比例关系，通常将身高 h_p 或人体总体积 v_p 作为确定身体各部位尺寸、体积等数值的基本参数（郭青山和汪元辉，1995；Sandroy and Collison，1966；Drillis et al.，1964）。本节引用了工业生产中成年人的人肢体生物力学参数（表 4.5）及平均人体结构尺寸（图 4.6）（郭青山和汪元辉，1995）。由此可以推算出特定水深下的排水体积，推算结果详见表 4.6，并将相对水深与相对排水体积的函数关系绘制于图 4.7。

表 4.5　人肢体生物力学参数（郭青山和汪元辉，1995）

人体各部分体积 V_i /cm³	人体各部分长度 L_i /cm	相关公式
手掌体积 $V_1 = 0.005\,66\,v_p$	手掌长 $L_1 = 0.109\,h_p$	
前臂体积 $V_2 = 0.017\,02\,v_p$	前臂长 $L_2 = 0.157\,h_p$	
上臂体积 $V_3 = 0.034\,95\,v_p$	上臂长 $L_3 = 0.117\,2\,h_p$	$v_p = 1.015\,m_p - 4.937$
大腿体积 $V_4 = 0.092\,4\,v_p$	大腿长 $L_4 = 0.232\,h_p$	正常体重：$m_p = h_p - 110$
小腿体积 $V_5 = 0.040\,83\,v_p$	小腿长 $L_5 = 0.247\,h_p$	理想体重：$m_p = h_p - 100$
躯干体积 $V_6 = 0.613\,2\,v_p$	躯干长 $L_6 = 0.300\,h_p$	

注：人体总体积的单位为 cm³，身高的单位为 cm，体重的单位为 kg。

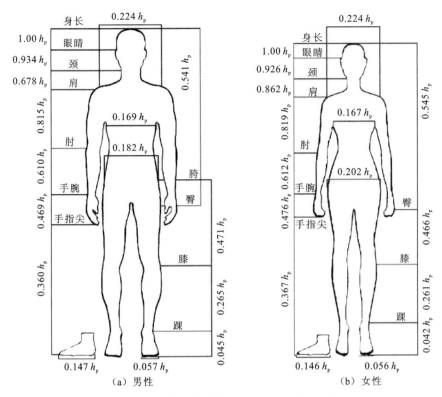

图 4.6　我国成年人立姿人体结构尺寸（郭青山和汪元辉，1995）

表 4.6　特定水深下的人体排水体积

位置	h_f/h_p	V_b/v_p
地面	0	0
脚	0.045	0.000 377 000
膝	0.265	0.073 110 603
手指尖	0.360	0.148 783 017
手腕	0.469	0.246 927 155
髋	0.471	0.248 953 889
肘	0.610	0.563 207 214
肩	0.815	0.962 191 214
头顶	1.000	1.000 000 000

因此，根据这些人体结构特征参数，可以建立不同来流水深与人体所受浮力的经验关系，一般用二次曲线表示就能得到较高的精度，则关系式可取：

$$y = a_1 x^2 + b_1 x \tag{4.5}$$

式中：a_1、b_1 为量纲为一的系数（$a_1 + b_1 = 1$）；x 为来流水深和人体身高之比，即 $x = h_f / h_p$；$y = V_b / v_p$。由式（4.5）可知，当 $h_f = h_p$ 时，$V_p = v_p$。

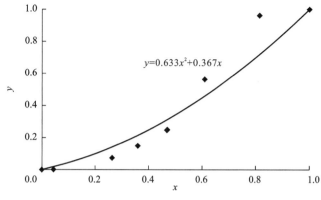

图 4.7　相对水深与相对排水体积的函数关系

根据中国人的平均身体特征参数，运用最小二乘法可率定出 $a_1 = 0.633$、$b_1 = 0.367$。统计资料表明，人体总体积（v_p）与体重（m_p）之间也存在一定的线性关系（郭青山和汪元辉，1995），一般可表示为 $v_p = a_2 m_p + b_2$，通常情况下可取 $a_2 = 1.015 \times 10^{-3}\,\text{m}^3/\text{kg}$、$b_2 = -4.937 \times 10^{-3}\,\text{m}^3$。因此，当来流水深为 h_f 时，人体所受的浮力最终可以表示为人体身高 h_p 及体重 m_p 的函数，即

$$F_b = g \rho_f (a_1 x^2 + b_1 x)(a_2 m_p + b_2) \tag{4.6}$$

2）拖曳力 F_D

当洪水流经人体时，人体受到沿水平方向的拖曳力的作用，F_D 的表达式如下：

$$F_D = 0.5 A_d C_d \rho_f u_b^2 \tag{4.7}$$

式中：u_b 为实际作用在人体上的有效近底流速；C_d 为拖曳力系数；ρ_f 为水的密度；A_d 为人体迎水面垂直于来流方向的投影面积，且 $A_d = a_d (b_p h_f)$，a_d 为迎水面面积系数，b_p 为人体迎水面的平均宽度。已有研究表明，C_d 的取值受物体形状、有限水体中的相对位置及雷诺数等影响（Chanson，2004）。但对于具有尖角的物体，在雷诺数 $Re > 2.0 \times 10^4$ 时，C_d 不受雷诺数 Re 影响。一般洪水中雷诺数的变化范围在 $1 \times 10^4 \sim 1 \times 10^6$，故可以认为洪水中人体的拖曳力系数 C_d 与雷诺数 Re 无关。因此，可以确定人体模型和原型拖曳力系数 C_d 是一致的。Keller 和 Mitsch（1993）、Lind 等（2004）及 Jonkman 和 Penning-Rowsell（2008）在分析洪水中的人体稳定性时取 C_d 为常数，且在 1.1～2.0 变化。

3）有效重力 F_G

当人体站立在洪水中时，若假定浮力的作用位置与人体重心一致，可将重力与浮力的合力称为有效重力 F_G，其表达式为 $F_G = F_g - F_b$，人体重力 $F_g = m_p g$。利用上述考虑人体结构特性的浮力计算公式，则有效重力可以表示为

$$F_G = m_p g - F_b = g[m_p - \rho_f (a_1 x^2 + b_1 x)(a_2 m_p + b_2)] \tag{4.8}$$

4）摩擦阻力 F_R

摩擦阻力作用在鞋底与路面的接触面上，其表达式为 $F_R = \mu F_N$。其中，F_N 为地面对

人体的支持力，一般情况下等于洪水中人体的有效重力，即 $F_N = F_G$；μ 为摩擦系数，与地面粗糙程度、鞋底形状及磨损程度等有关。Jonkman 和 Penning-Rowsell（2008）、Keller 和 Mitsch（1993）在分析洪水中人体的稳定性时，分别取 $\mu = 0.3$ 及 $\mu = 0.4$。根据 Takahashi 等（1992）的试验研究，不同粗糙程度的地面与不同类型的鞋底之间的摩擦系数在 0.2～1.5 变化。因此，摩擦系数的取值，必须根据地面粗糙程度与鞋底特性估算。已知摩擦系数及地面支持力，就可以得到地面与鞋底的摩擦力，为

$$F_R = \mu F_N = \mu g[m_p - \rho_f(a_1 x^2 + b_1 x)(a_2 m_p + b_2)] \tag{4.9}$$

2. 公式推导

由上述分析可知，随来流条件不同，平地上洪水中的人体一般存在两种失稳模式，即滑移失稳与跌倒失稳。滑移失稳的临界条件为水流拖曳力等于摩擦力，而跌倒失稳的临界条件为水流拖曳力形成的倾倒力矩等于人体有效重力形成的抵抗力矩。

1）滑移失稳

平地上行人发生滑移失稳的临界条件可写成 $F_D = F_R$，则有

$$C_d(a_d \cdot b_p h_f)\rho_f u_b^2 / 2 = \mu g[m_p - \rho_f(a_1 x^2 + b_1 x)(a_2 m_p + b_2)] \tag{4.10}$$

故有效近底流速可写成：

$$u_b^2 = \frac{2\mu g}{C_d(a_d \cdot b_p h_f)\rho_f}[m_p - \rho_f(a_1 x^2 + b_1 x)(a_2 m_p + b_2)] \tag{4.11}$$

由于作用在人体上的有效近底流速在实际中不易确定，为运用方便，一般可用垂线平均流速代替，如采用指数型流速分布公式：

$$u = (1 + \beta)U(y_c / h_f)^\beta \tag{4.12}$$

式中：u 为距地面 y_c 处的流速；U 为垂线平均流速；β 为某一指数，对于明渠水流通常为 1/7～1/6。当来流在人体周围产生绕流等复杂水流结构时，β 一般偏离上述取值范围。假设将距地面 $a_b h_p$ 处的流速作为作用于人体上的代表流速，则可得

$$u_b = (1 + \beta)U(a_b h_p \cdot h_f)^\beta \tag{4.13}$$

式中：a_b 为与人体身高相关的系数。

对已有人体结构数据统计发现，人体平均宽度也与其身高相关，即

$$b_p = a_p \cdot h_p \tag{4.14}$$

式中：a_p 为与人体结构相关的系数。

将式（4.13）和式（4.14）代入式（4.11），则可得滑移失稳时 U_c 的表达式，为

$$U_c = \alpha\left(\frac{h_p}{h_f}\right)^\beta \sqrt{\frac{m_p}{\rho_f h_p h_f} - \left(a_1\frac{h_p}{h_f} + b_1\right)\frac{a_2 m_p + b_2}{h_p^2}} \tag{4.15}$$

式中：α 为综合参数，$\alpha = \sqrt{2\mu g/(C_d a_d a_p)}/[(1+\beta)(a_b)^\beta]$。$\alpha$、$\beta$ 的取值主要与人体外形特征、摩擦系数及拖曳力系数等因素有关，可由人体模型失稳的水槽试验结果率定。

2）跌倒失稳

如图 4.5 所示，当洪水中的人体面对来流方向时，平地上行人发生跌倒失稳的临界条件是以脚后跟 O 点为中心的合力矩为 0，即

$$F_D \cdot L_d - F_G \cdot L_g = 0 \tag{4.16}$$

其中，拖曳力的作用力臂为 L_d，令 $L_d = a_h h_f$，a_h 为拖曳力作用中心距地面高度的修正系数；重力的作用力臂为 L_g，令 $L_g = a_g h_p$，a_g 为人体重心与脚尖或脚后跟距离的修正系数。

根据跌倒失稳时的临界条件，可得

$$\left[C_d(a_d \cdot b_p h_f)\rho_f \frac{u_b^2}{2} \right](a_h h_f) - (a_g h_p)g[m_p - \rho_f(a_1 x^2 + b_1 x)(a_2 m_p + b_2)] = 0 \tag{4.17}$$

化简式（4.17）可得跌倒失稳时有效近底流速的表达式，为

$$u_b = \sqrt{\frac{2ga_g}{C_d a_d a_p a_h}} \cdot \sqrt{\frac{1}{h_f h_p}\left[\frac{m_p}{\rho_f} - (a_1 x^2 + b_1 x)(a_2 m_p + b_2) \right]} \tag{4.18}$$

同样采用指数型流速分布公式中的垂线平均流速代替，则可得跌倒失稳时起动流速的表达式，为

$$U_c = \alpha \left(\frac{h_p}{h_f} \right)^{\beta} \sqrt{\frac{m_p}{\rho_f h_f^2} - \left(\frac{a_1}{h_p^2} + \frac{b_1}{h_f h_p} \right)(a_2 m_p + b_2)} \tag{4.19}$$

其中，综合参数 $\alpha = \sqrt{2ga_g / (C_d a_d a_p a_h a_b^{2\beta})(1+\beta)^2}$。$\alpha$、$\beta$ 的取值同样可以根据人体模型失稳的水槽试验结果率定。

3. 水槽试验及参数率定

1）模型设计及试验简介

根据水力学模型的相似理论，在严格遵循几何相似、运动相似和动力相似的条件下，可以认为模型与原型的水流条件相似（Chanson，2004；Zhang and Xie，1993）。本节综合考虑水槽试验条件、备选模型尺寸等因素，将人体模型设计成正态模型。试验采用的人体模型的高度及质量分别为 30 cm、0.334 kg，且原型在尺寸和外形上均能满足严格的几何相似条件，即长度比尺 $\lambda_L = 5.54$。根据运动相似准则，可得流速比尺 $\lambda_U = \lambda_L^{1/2} = 2.35$。原型与模型的动力比尺为 λ_F，根据动力相似准则，存在 $\lambda_F = \lambda_L^3$。因人体模型的密度与原型相近，则有重力比尺 $\lambda_{F_G} =$ 浮力比尺 $\lambda_{F_b} = \lambda_F$。已有研究表明，当雷诺数较大时，拖曳力系数 C_d 不受雷诺数 Re 的影响，故可以认为在水槽中人体模型的拖曳力系数与实际洪水作用于人体的拖曳力系数相等，因此拖曳力比尺 $\lambda_{F_D} = \lambda_F$。为满足原型与模型的摩擦系数相似，将水槽底部铺成水泥面，实测得到淹没状态下鞋底与水泥面的摩擦系数约为 0.5，该值与其他研究者的试验结果相近（Takahashi et al.，1992）。由于原型与模型满足摩擦系数相似，则摩擦力比尺 $\lambda_{F_R} = \lambda_F$。

为了率定式（4.15）及式（4.19）中的参数，作者在武汉大学泥沙实验室中开展了水流作用下人体稳定性的试验研究。该水槽长 60 m，宽 1.2 m，高 1.0 m，水槽底部近似水平。试验过程中使人体模型保持站立姿势，并分别以面对及背对来流方向进行分组试验，如图 4.8 所示。试验中通过控制闸门开度调节水深和流速，同时观察人体模型的状态；一旦失稳，记录下该时刻的水深及流速，并注明失稳方式（滑移或跌倒）。应当指出：与以往真实人体试验不同（Karvonen et al.，2000；Abt et al.，1989），洪水作用下的人体模型不存在对水流逐渐适应、调整站姿的过程，因此所得试验结果往往偏于安全；此外，与以往的刚性人体模型试验也有所不同（Abt et al.，1989），在本次试验中发现人体模型两腿间能过流，故在相同的来流条件下其所受的水流拖曳力偏小，更容易在水流作用下保持稳定。

（a）面对水流　　　　　　　（b）背对水流

图 4.8　试验中人体模型的站立姿势

2）试验结果分析

图 4.9 给出了人体模型在滑移及跌倒失稳条件下来流水深与起动流速的试验数据。从图 4.9 中可以看出：①人体模型在面对或背对来流方向时所得试验数据相近，因此面对或背对水流方向下的人体失稳规律类似，故在后面分析中不再考虑两者的区别。②受试验条件限制，滑移失稳的实测数据偏少（8 组），但跌倒失稳的实测数据较多（46 组）。滑移失稳多发生在来流水深较浅但流速较大的情况下[图 4.9（a）]，而跌倒失稳一般发生在来流水深较大但流速较小的条件下[图 4.9（b）]。③无论发生哪种失稳，人体模型的起动流速均随来流水深的增加而减小，这主要由两方面原因引起。一方面，当来流水深增加时，迎流面积增大，导致水流作用于人体的拖曳力增加；另一方面，大水深时浮力增加，使得有效重力变小，导致抵抗滑移的摩擦力或抵抗倾倒的力矩减小。

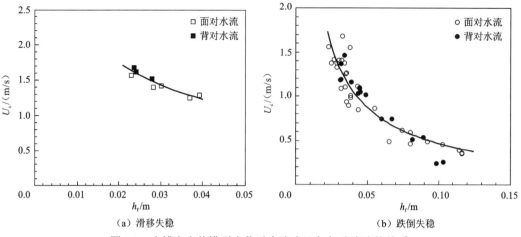

图 4.9　水槽中人体模型失稳时来流水深与起动流速的关系

3）参数率定

式（4.15）及式（4.19）的结构较复杂，故可采用统计分析软件 SPSS 结合试验数据率定出参数 α、β 的值，具体率定结果如表 4.7 所示。从表 4.7 中可以看出，两种失稳方式下率定曲线的相关系数超过 0.8，说明公式的拟合效果较好。公式的推导过程表明，参数 α、β 的率定结果与测试人体的体型、鞋底与地面的摩擦系数及拖曳力系数等有关。因本次试验遵循模型相似率，故能用比尺关系将试验结果换算成人体原型在实际洪水中失稳时的起动流速。

表 4.7　参数率定结果

公式	参数		相关系数	失稳方式	试验数据组次
	α	β			
式（4.15）	7.975	0.018	0.883	滑移失稳	8
式（4.19）	3.472	0.188	0.853	跌倒失稳	46

注：公式中人体特征参数 $a_1=0.633$，$b_1=0.367$，$a_2=1.015\times10^{-3}$ m³/kg，$b_2=-4.937\times10^{-3}$ m³。

由模型相似理论可知，在严格遵循几何相似、运动相似和动力相似的条件下，模型和原型失稳时的水深与起动流速存在如下关系，即

$$\begin{cases} h_{\mathrm{fp}} = h_{\mathrm{fm}} \cdot \lambda_L \\ U_{\mathrm{cp}} = U_{\mathrm{cm}} \cdot \sqrt{\lambda_L} \end{cases} \quad (4.20)$$

式中：h_{fm}、U_{cm} 和 h_{fp}、U_{cp} 分别为人体模型和真实人体在洪水中失稳时的水深、起动流速；λ_L 为长度比尺。

运用式（4.20）可将上述试验数据换算成原型条件下的水深及起动流速，如图 4.10（a）中散点所示。将相应于试验模型的真实人体参数（身高 1.7 m 及体重 56.7 kg）代入式（4.15）及式（4.19），可得不同水深下人体失稳时起动流速的计算值，如图 4.10（a）中实线

所示。

　　从图 4.10（a）中可以看出，采用比尺关系换算后的试验数据点分布在计算曲线附近，分布规律与曲线吻合较好，说明式（4.15）及式（4.19）能用于预测人体原型在洪水中失稳时的起动流速。图 4.10（b）给出了 Abt 等（1989）采用的一个刚性混凝土人体模型的试验数据与式（4.19）的计算结果。该人体模型由三个混凝土制成的长方体（内填充泡沫）组成，身高为 1.52 m，体重为 53.4 kg。与本试验采用的人体模型不同，该混凝土人体模型下部已近似为一长方体，不存在两腿间过流的现象，故模型所受的水流拖曳力偏大。因此，采用式（4.19）进行计算时，得到的不同水深下刚性人体模型的起动流速 [图 4.10（b）中实线] 与试验值符合较好。应当指出，本次试验中人体模型不会对来流条件做出相应的生理及心理反应，因此采用表 4.7 中的率定参数计算的洪水中真实人体失稳时的起动流速一般会偏小，即计算结果偏于安全。

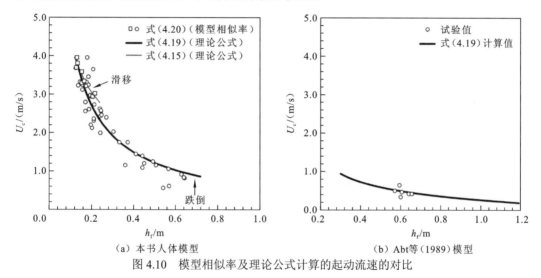

图 4.10　模型相似率及理论公式计算的起动流速的对比

4. 与已有真实人体试验结果的比较

　　已有洪水作用下真实人体失稳的水槽试验结果，主要以 Abt 等（1989）及 Karvonen 等（2000）的研究成果为代表。因试验条件、测试对象等各方面的差异，这些试验结果差别很大。总体而言，这些试验数据大部分体现的是跌倒失稳时的临界条件，且 Karvonen 等（2000）的试验结果比 Abt 等（1989）的试验结果偏小 30% 左右。因此，若需要考虑洪水中真实人体对来流的调整适应过程，需要用真实人体试验数据来重新率定式（4.15）及式（4.19）中的参数。已有试验结果表明，洪水中人体发生滑移失稳时多在水深小、流速大的区域，但这类试验数据较少。本节假定在已有真实人体失稳试验中，当来流水深低于人体膝盖高度时，认为发生滑移失稳的可能性比较大，这部分数据可用于率定真实人体发生滑移失稳时的参数，而其他数据则用于率定发生跌倒失稳时的参数。

1）与所有真实人体失稳试验结果的比较

本节收集 Foster 和 Cox（1973）、Karvonen 等（2000）、Yee（2004）、Jonkman 和 Penning-Rowsell（2008）研究的发生滑移失稳时的 22 组试验资料，用于率定式（4.15）中的参数 α、β，率定结果如表 4.8 所示。因试验数据较少，且试验条件及失稳判别标准各不相同，故计算值与实测值偏离较大，如图 4.11（a）所示。对于跌倒失稳，采用 Abt 等（1989）及 Karvonen 等（2000）所有试验数据，率定式（4.19）的参数 α、β，结果如表 4.8 及图 4.11（b）所示。如前所述，与 Abt 等（1989）的试验结果相比，Karvonen 等（2000）的试验结果系统偏小，故计算值与试验值的符合程度不高。应当指出，影响真实人体在洪水作用下稳定性的因素有多个方面，不仅包括人的生理（身高、体重、着装、身体健康状况等）及心理条件、受淹区的环境条件（地面粗糙度、能见度等）等，还与来流条件（水深与流速）密切相关。尽管表 4.8 中参数率定结果的相关系数不高，但总体上反映了真实人体在各类试验条件下失稳时的临界条件，故表中参数能用于预测实际洪水中真实人体的稳定程度，但因考虑了洪水中人体逐渐调整站姿适应来流的过程，故计算结果偏于危险。

表 4.8　参数率定结果（真实人体试验）

公式	参数		相关系数	失稳方式	试验数据组次
	α	β			
式（4.15）	10.253	0.139	0.512	滑移失稳	22
式（4.19）	7.867	0.462	0.465	跌倒失稳	94

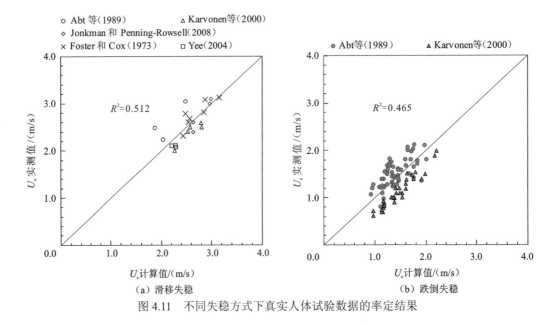

图 4.11　不同失稳方式下真实人体试验数据的率定结果

2）推荐的曲线

上述分析表明，在相同来流条件下，人体模型与真实人体在水槽中的失稳条件相差较大；因人体模型不存在对来流逐渐适应、调整站姿的过程，故试验结果偏于安全，而真实人体能对来流过程做出站姿调整，故试验结果偏于危险。因此，本节根据中国人的平均身体特征，综合考虑上述两种条件，给出了儿童及成人在不同水深条件下的失稳区间，如图 4.12 所示。因滑移失稳多出现在水深较浅及流速较大的区域，在实际洪水中发生这种失稳方式的概率较小，故图 4.12 仅给出儿童及成人发生跌倒失稳的区间。

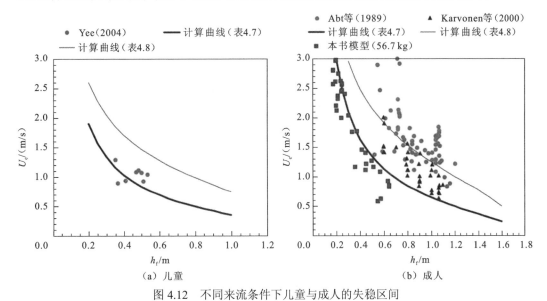

图 4.12　不同来流条件下儿童与成人的失稳区间

图 4.12（a）中儿童年龄为 7 岁，相应身高与体重分别为 1.26 m、25.5 kg；图 4.12（b）中成人为 25～29 岁的中国成年男性代表，相应身高与体重分别为 1.71 m、68.7 kg。图 4.12 中的粗实线、细实线分别表示采用表 4.7 及表 4.8 中的参数给出的计算曲线；细实线上方区域为极度危险区，粗、细实线之间的区域为临界危险区，而粗实线以下区域为安全区。因此，可以根据来流条件，采用图 4.12 中的曲线，判断洪水作用下真实人体的安全程度。

4.3.2　斜坡上洪水中人体跌倒失稳公式

1. 受力分析

假设洪水中行人（身体健康、正常体格）面朝来流方向站立在倾角为 θ 的斜坡上，行人身高为 h_p，体重为 m_p，来流水深为 h_f，则洪水中站在斜坡地面上的人体主要承受的力包括：顺水流方向的拖曳力 F_D、垂直于水流方向的地面支持力 F_N、竖直方向的重力 F_g 和浮力 F_b。受力分析见图 4.13。

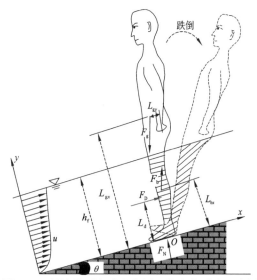

图 4.13　斜坡地面上洪水作用下的人体受力示意图

如图 4.13 所示，假定 x、y 方向分别为沿斜面方向和垂直于斜面方向。重力与浮力在 x 和 y 方向的分力可表示为

$$\begin{cases} F_{mx} = F_m \sin\theta \\ F_{my} = F_m \cos\theta \end{cases} \tag{4.21}$$

其中，F_m 可表示 F_g 或 F_b。

洪水中人体站在倾斜地面上时，浮力与重力在 x 方向的合力为 F_{gx}，可表示为

$$F_{gx} = (m_p g - F_b)\sin\theta = g\sin\theta[m_p - \rho_f(a_1 x^2 + b_1 x)(a_2 m_p + b_2)] \tag{4.22}$$

同理，在 y 方向的合力（F_{gy}）为

$$F_{gy} = (m_p g - F_b)\cos\theta = g\cos\theta[m_p - \rho_f(a_1 x^2 + b_1 x)(a_2 m_p + b_2)] \tag{4.23}$$

2. 公式推导

当拖曳力和浮力产生的倾倒力矩与人体重力产生的抵抗力矩相等时，人体模型就处于跌倒失稳的临界状态。如图 4.13 所示，当人体面朝来流方向时，斜坡上行人发生跌倒失稳的临界条件是，人体向后倒下，以脚后跟 O 点为转动中心的合力矩等于 0，即

$$F_{gy} \cdot L_{gy} + F_{gx} \cdot L_{gx} - F_D \cdot L_d - F_{by} \cdot L_{by} - F_{bx} \cdot L_{bx} = 0 \tag{4.24}$$

式中：L_d 为拖曳力的作用力臂，$L_d = a_h h_f$，a_h 为拖曳力作用中心距地面高度的修正系数；L_{gx} 为 x 方向重力的作用力臂，$L_{gx} = a_{gx} h_p$，a_{gx} 为人体重心距地面高度的修正系数，约为 0.55；L_{gy} 为重力在 y 方向分力的作用力臂，即脚后跟到脚掌压力中心的距离，根据对人体结构的统计，脚掌的压力中心在通过身体重心的垂线上，这条线位于脚踝前 2～5 cm，则可取值为 4～10 cm，有 $L_{gy} = a_{gy} h_p$，a_{gy} 是人体重心到脚后跟沿斜面平行距离的修正系数，假设一般成人身高为 1.75 m，则本节 a_{gy} 的取值为 0.023～0.057；L_{bx} 为浮力作用中

心距地面高度的修正系数，有 $L_{bx} = a_{bx}h_f$，由于当人体刚好完全淹没时，水深和人体身高相等，且浮力与重力在人体上的作用点重合，即 $L_{gx} = L_{bx}$，所以此处取 $a_{gx} = a_{bx}$；L_{by} 为浮力在 y 方向分力的作用力臂，有 $L_{gy} = L_{by}$。

根据斜坡上人体跌倒失稳的临界条件，可得

$$gm_p h_p(a_{gx}\sin\theta + a_{gy}\cos\theta) - [0.5A_d C_d \rho u_b^2 a_h h_f + F_b h_f(a_{gx}\sin\theta + a_{gy}\cos\theta)] = 0 \quad (4.25)$$

化简式（4.25），可得

$$u_b = \sqrt{\frac{2ga_{gy}}{a_d a_p a_h C_d}} \cdot \sqrt{\frac{m_p(\gamma\sin\theta + \cos\theta)}{\rho_f h_f^2} - \left(\frac{a_1}{h_p^2} + \frac{b_1}{h_p h_f}\right)(a_2 m_p + b_2)\left(\frac{h_f}{h_p}\gamma\sin\theta + \cos\theta\right)} \quad (4.26)$$

同样将有效近底流速转换成平均流速，则式（4.26）可写成：

$$U_c = \alpha\left(\frac{h_f}{h_p}\right)^\beta \sqrt{\frac{m_p(\gamma\sin\theta + \cos\theta)}{\rho_f h_f^2} - \left(\frac{a_1}{h_p^2} + \frac{b_1}{h_p h_f}\right)(a_2 m_p + b_2)\left(\frac{h_f}{h_p}\gamma\sin\theta + \cos\theta\right)} \quad (4.27)$$

其中，$\alpha = \sqrt{2ga_{gy}/(C_d a_d a_p a_k)(1+\beta)a_b^\beta}$（$a_b$ 为与身高有关的系数）；$\gamma = a_{gx}/a_{gy}$。

跌倒失稳通常在水深较大的情况下发生，浮力的大小对有效重力的影响很大。因此，公式推导时一定要考虑人体浮力这一重要因素，即式（4.27）根号中第二部分不能忽略不计。

3. 不同坡度下洪水中人体失稳的水槽试验及参数率定

1）不同坡度下水槽试验简介

不同坡度下洪水中人体模型失稳的水槽试验采用的人体模型高度及质量分别为 30 cm、0.373 kg，且与原型人体在尺寸和外形上均满足严格的几何相似条件，长度比尺为 $\lambda_L = 5.54$。经换算可知，该模型对应的原型人体身高和体重分别为 1.70 m 和 63.4 kg，符合我国成年男性的人体尺寸国家标准。试验水槽长 25 m，宽 1.0 m，高 1.0 m。为满足原型与模型的摩擦系数相似，在水槽底部铺上水泥板。试验中人体模型为面对水流的站立姿势，通过调节水泥板与槽底间卵石垫层的厚度改变地面坡度，共开展了平地、1:50（2%）、1:25（4%）及 1:40（2.5%）四种地面坡度情况下人体模型发生跌倒失稳的试验。

2）参数率定及试验结果分析

由于考虑了浮力和地面坡度等影响因素，所以式（4.27）的结构显得比较复杂。对于一个特定的人群，式（4.27）中的 m_p、h_p、a_1、b_1、a_2 和 b_2 是常数。α、β 的值可以根据不同地面坡度情况下的试验数据用统计分析软件 SPSS 率定得到，具体率定结果见表 4.9。

表 4.9　三种地面坡度下式（4.27）的参数率定结果

坡度	参数		γ	R^2	试验数据组次
	$\alpha/（m^{0.5}/s）$	β			
平地	1.705	0.197	—	0.884	45
1：50（2%）	1.94	0.194	10.0	0.819	49
1：25（4%）	2.22	0.196	10.0	0.824	92

注：公式中其他人体特征参数为 $a_1=0.633$，$b_1=0.367$，$a_2=1.015\times10^{-3}\ m^3/kg$，$b_2=-4.937\times10^{-3}\ m^3$。

　　由表 4.9 可知，将三种地面坡度上测量得到的数据应用于人体模型跌倒失稳起动流速公式的参数率定，其结果的相关系数均大于 0.8，说明率定结果比较合适，拟合效果较好；β 的变化均在 1/6 附近，与前人研究结果相同。将表 4.9 中率定所得参数代入式（4.27）中，绘制出三种地面坡度下人体模型跌倒失稳的起动流速公式曲线，见图 4.14（a）。理论上，参数 α、β 的率定结果与测试人体的体型、鞋底与地面的摩擦系数及拖曳力系数等有关。因此，对于特定的测试对象，无论其站在何种坡度的地面上，α、β 应该是固定的。但由于试验中测量误差不可避免，所以此处率定所得的各坡度上的 α、β 有所不同。将三种坡度下试验数据率定所得的 α、β 进行算术平均，得到 $\alpha=1.955\ m^{0.5}/s$、$\beta=0.196$，将该参数值代入式（4.27）中，得到三种坡度下起动流速计算值和实测值之间的相关系数 $R^2=0.717$，见图 4.14（b）。

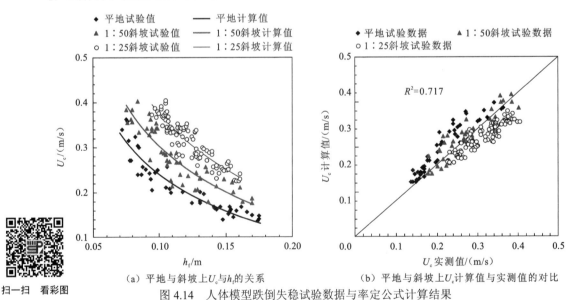

（a）平地与斜坡上 U_c 与 h_t 的关系　　　　（b）平地与斜坡上 U_c 计算值与实测值的对比

图 4.14　人体模型跌倒失稳试验数据与率定公式计算结果

　　由图 4.14 可知：①当坡度一定时，人体跌倒失稳的起动流速随来流水深的增大而减小。②当来流水深为 0.1 m 时，人体模型在平地、1：50 和 1：25 三个坡度上跌倒失稳的起动流速计算值分别为 0.24 m/s、0.30 m/s 和 0.38 m/s，即地面坡度越大，人体跌倒失稳所需的起动流速越大，与试验观测结果一致。需要指出的是，这与本试验中人体模型面对水流的方向有关。③各坡度下人体模型跌倒失稳时起动流速的试验数据点分布在率定公式曲线附近，公式计算值与实测值较为接近，说明式（4.27）的拟合效果较好，能反映实际情况。

将 1∶40 坡度（2.5%）下人体模型水槽试验数据换算到原型，如图 4.15 中散点所示，并与 α、β 分别取 1.955 $\mathrm{m}^{0.5}$/s 和 0.196 时式（4.27）的计算曲线进行比较，相关系数为 $R^2 = 0.932$。从图 4.15 可以看出，实测数据均匀分布在计算曲线附近，公式计算值与实测值拟合较好。因此，本节中 α、β 分别取 1.955 $\mathrm{m}^{0.5}$/s 和 0.196 是比较合理的，式（4.27）能用于预测原型人体在倾斜地面上遭遇洪水失稳时的起动流速。

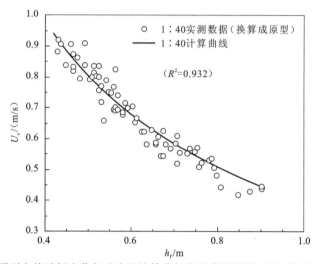

图 4.15　原型人体跌倒失稳起动流速计算值与实测值的比较（地面坡度为 1∶40）

4.4　本章小结

洪水作用下人体的稳定性计算是开展城市洪涝风险评估的重要内容。目前，国内外开展了一系列洪水中人体失稳的水槽试验与理论分析研究。影响洪水中人体稳定性的主要水流参数为水深与流速，基于水流参数的失稳判别关系由于形式较为简单而被较为方便地使用；基于单宽流量的判别关系能够较为充分地反映主要水流致灾因子，因而对试验结果的拟合程度较好。除了水流要素外，人体的身高、体重、站立角度及地面坡度等均会对洪水中的人体稳定性产生一定的影响。为反映这些要素的综合影响并建立更具普适性的失稳判别标准，本章开展了基于动力学机制的洪水中人体的稳定性研究，推导出了洪水中平地及斜坡上人体失稳时的起动流速公式，并采用人体模型在水槽中进行了一系列试验，得到了如下结论。

（1）分析了洪水中人体的受力特点，指出当水深较浅但流速较大时，人体失稳方式以滑移为主，其临界条件为水流作用于人体的拖曳力等于鞋底与地面之间的摩擦力，而当水深较大但流速较小时，人体失稳方式以跌倒为主，其临界条件为水流拖曳力形成的倾倒力矩等于人体有效重力形成的抵抗力矩。同时，结合河流动力学中泥沙起动的理论，推导出了平地上人体滑移与跌倒两种失稳方式下的起动流速公式，以及斜坡上人体跌倒失稳的起动流速公式。

（2）利用小比尺的人体模型，开展了洪水作用下平地及斜坡上人体稳定性的水槽试验，得到了不同水深下人体的起动流速，采用这些数据率定出了公式中的两个关键参数。同时，结合模型的比尺关系及已有刚性人体模型的试验数据对该公式进行了验证。

（3）采用已有真实人体失稳的水槽试验资料进一步率定了洪水中平地上人体滑移及跌倒失稳起动流速计算公式中的参数，结合人体模型水槽试验的率定成果，给出了儿童与成人在不同来流条件下的失稳区间。由于真实城市洪水中的水流条件较水槽试验条件复杂，如水流脉动剧烈、可能挟带漂浮物等，率定后的公式用于预测真实洪水中人体失稳条件时偏于危险。

第 5 章
洪水作用下车辆失稳机理及判别标准

全球气候变化和城市化进程的不断加快使得城市暴雨洪涝灾害频繁发生，停在路面上的汽车在洪水中容易被冲走，并有可能对周边行人和基础设施等造成严重损害。当前我国汽车保有量不断增加，并且由局部强降雨引起的城市洪水经常发生，因此有必要对洪水中汽车的稳定性问题进行研究，所得研究成果可为城市防洪减灾、城市规划等提供科学依据。本章首先分析洪水中部分淹没状态下汽车的受力情况，采用基于泥沙起动的理论推导出洪水中汽车的起动流速公式。然后选择当前在国内较具代表性的两款模型车 (大小两种比尺)，在模型水槽中开展一系列的汽车起动试验，并采用大比尺模型的试验资料率定公式中的相关参数，用小比尺模型的试验资料验证公式，并估算原型车辆在不同水深下的起动流速。最后分析洪水中汽车滑移状态时的受力情况，结合抛石落距和一维碰撞双自由度力学模型推导出洪水中汽车的滑移速度及其最大撞击力的计算公式，并利用试验结果率定出公式中的关键参数，计算原型车辆在不同来流条件下的滑移速度和最大撞击力。

5.1 洪水中车辆失稳研究现状

此处首先列举洪水中车辆被冲走后造成破坏的多个实例。然后阐述洪水作用下车辆存在着三种可能的失稳形式，包括滑移、翻滚及漂浮。最后总结洪水中车辆失稳研究的主要方法，包括水槽模型试验、纯理论分析及两者相结合的三类研究方法。

5.1.1 洪水中车辆损失情况综述

近年来，世界各地均有汽车被洪水冲走后造成破坏的实例。例如，2004 年 8 月，英国博斯卡斯尔洪水中发生滑移的汽车撞击周边房屋等建筑物，迫使其倒塌（Environment

Agency，2004）；2009年9月土耳其伊斯坦布尔（Istanbul）发生洪水，大量汽车被冲入河道，阻滞了行洪；2010年7月29日，吉林集安特大暴雨引发洪水，大量汽车被冲走，一辆货运列车甚至被冲出轨道（吉林省人民政府防汛抗旱指挥部办公室，2011）；2009年8月28日重庆巫溪漫滩路停车场5辆汽车被洪水冲入长江（重庆晚报，2009）；2010年6月18日福建南平洪水冲走多辆汽车（台海网，2010）；2010年9月9日，印度中央邦（State of Madhya Pradesh）代瓦斯（Dewàs）地区一辆满载乘客的公共汽车被洪水冲走，超70人遇难（新华社，2010）；2011年7月16日，韩国釜山（Pusan）遭遇暴雨，某住宅区街道上停放的十几辆汽车被洪水冲走（中国新闻网，2011）；2010年5月4日，美国田纳西（Tennessee）暴雨引发洪水，洪水冲走多辆汽车，一处停车场的车辆多被洪水冲散（Moore et al.，2012）；2021年7月河南遭遇历史罕见特大暴雨，发生严重洪涝灾害，特别是7月20日郑州遭受重大人员伤亡和财产损失，近40万辆车受损，247辆车受困于京广北路隧道内并造成6人遇难。2023年7月29日北京发生创纪录极端特大暴雨，造成近6 300辆车被淹。

5.1.2 洪水中车辆失稳的主要机制与研究方法

洪水中的汽车存在着三种可能的失稳形式：滑移、翻滚及漂浮（Shand et al.，2011）。一般情况下，在洪水上涨过程中，如果汽车密封性较好，水流不会很快涌入汽车内部。当汽车受到的浮力大于其重力时，汽车将漂浮。漂浮通常发生在低流速、大水深的情况下，此时浮力起主导作用。当洪水没有涌入汽车内部时，汽车开始漂浮时的临界水深称为漂浮水深。漂浮水深的大小取决于汽车车型、密封性、自重及载重等。一般小型家用车的漂浮水深为0.4～0.6 m[如本田雅阁（Honda Accord）]，四驱越野车的漂浮水深较大，一般为0.6～0.8 m[如奥迪Q7（Audi Q7）]。当来流水深小于漂浮水深，且汽车所受的拖曳力大于摩擦力时，汽车将沿地面向前滑行。停放在路面上的汽车，在洪水冲击下发生滑动，一般出现在流速较大、水深较小的情况下，此时拖曳力起主导作用。汽车在洪水作用下能否滑动，取决于水流强度、汽车质量、轮胎与路面间的摩擦阻力等情况。一般情况下，来流水深越小，拖曳力的作用面积越小，而汽车被冲走所需的起动流速就越大。此外，汽车能否滑动还与其停放方向与来流方向的夹角有关。当洪水直接冲击汽车的侧面时，汽车容易滑动。BC Hydro（2005）认为，汽车在洪水中还存在一种可能的失稳形式——翻滚。事实上，翻滚现象一般发生在汽车已经漂浮或滑动后遇到不平坦路面的情况下，其发生概率较小。因此，洪水中车辆的失稳形式主要为滑移失稳，当水深较小而流速较大时，水流阻力的作用点位置偏低、浮力较小而有效重力较大，此时车辆的稳定性主要由水平方向的作用力决定，即易发生滑移失稳。滑移失稳的临界条件为：车辆所受水平方向各力之和为零。

目前国内外关于洪水中汽车稳定性的研究比较多，与行人稳定性研究主要以水深与流速的乘积作为判断标准不同，洪水中汽车的稳定性通常用起动流速的大小来判断，主要有水槽模型试验、纯理论分析及两者相结合的三类研究方法。

洪水作用下车辆失稳的水槽模型试验开始于 20 世纪 60～70 年代，Bonham 和 Hattersley（1967）、Gordon 和 Stone（1973）分别开展了洪水中车辆稳定性的模型试验研究。Bonham 和 Hattersley（1967）研究了水流冲击汽车侧面时的起动条件，他们采用几何比尺为 1∶25 的汽车模型进行水槽试验，并推算得出汽车轮子与地面的摩擦系数为 0.30，其试验结果表明该值偏于保守；他们认为汽车设计的变化趋势将导致车辆在洪水中更容易漂浮或被冲走。Gordon 和 Stone（1973）采用 1∶16 的汽车模型研究了来流方向与汽车长度方向平行时的起动流速，并考虑了三种车况下的起动条件，即前轮锁住、后轮锁住及前后轮都锁住。Gordon 和 Stone（1973）的研究表明，由于汽车前半部分的重量大于后半部分，汽车在前轮锁住状态下比在后轮锁住状态下的稳定性略高；同时，他们认为其研究有一定的局限性，未充分考虑车型、底槽坡度、水中漂浮物等因素。

理论分析研究主要以 Keller 和 Mitsch（1993）的成果为代表。Keller 和 Mitsch（1993）致力于洪水中汽车与行人稳定性的研究，提出了汽车起动时水深和相应流速的理论关系。他们根据四款汽车的详细资料，推求汽车在洪水中不同水深下受到的各作用力及作用位置，以此建立极限摩擦力平衡或力矩平衡关系，从而得到特定水深下相应的流速值。在推算过程中，他们取摩擦系数为 0.30［参考 Bonham 和 Hattersley（1967）的研究成果］，车轮拖曳力系数为 1.1，车身拖曳力系数为 1.5，然而这三个参数都缺乏相应的敏感性分析和实测资料验证。

理论分析与水槽模型试验相结合的车辆失稳标准研究主要以 Xia 等（2011c）及 Shu 等（2011）的成果为代表。这些研究借鉴了河流动力学中泥沙起动公式的推导方法，分别分析了完全与部分淹没状态下汽车的受力特点，结合滑移平衡的起动条件，推导出了洪水中汽车与水流流向平行时的起动流速公式；在严格遵循几何相似、动力相似及起动相似条件下，他们分别采用多款模型车进行水槽模型试验，并利用试验数据确定了起动流速公式中的相关参数，最后运用起动流速公式预测了各款原型车的起动条件。

5.2　洪水中车辆失稳的力学机理与水槽模型试验

此处首先分析了洪水作用下车辆的受力情况，给出了拖曳力、有效重力、摩擦力等作用力的表达式；然后基于车辆开始滑移时的力学平衡条件，确定相应的起动流速公式；最后采用不同比尺车辆失稳的水槽模型试验数据，率定及验证了公式中的 2 个关键参数。

5.2.1　洪水作用下的车辆受力分析

假设汽车停在路面上时 4 个车轮均锁住，则洪水中的汽车在水平方向上主要承受水流拖曳力和地面摩擦力的作用，在垂直方向上承受自身重力、浮力及地面支持力的作用。因洪水中的汽车处于部分淹没状态，故不存在顶部流速，可忽略水流上举力。洪水中汽车的稳定性取决于以上 5 个力，将重力与浮力的合力称为有效重力。假设来流方向正对汽车头部，则其受力分析如图5.1所示。

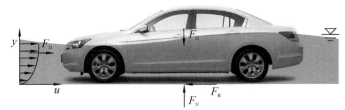

图5.1 部分淹没状态下汽车的受力示意图

1. 拖曳力 F_D

当洪水流经汽车时，汽车受到沿水平方向的拖曳力 F_D 的作用（Evett and Liu, 1987），其表达式如下：

$$F_D = \frac{C_d A_d \gamma_f u^2}{2g} \tag{5.1}$$

式中：u 为实际作用在汽车上的有效近底流速；C_d 为拖曳力系数；A_d 为汽车迎水面垂直于来流方向的投影面积，$A_d = a_d(b_c h_f)$，a_d 为面积系数，b_c 为汽车迎水面宽度，h_f 为水深；γ_f 为水的容重；g 为重力加速度。许多研究者认为，C_d 受物体的形状、有限水体中的相对位置及雷诺数的影响。但对于具有尖角的物体，在雷诺数 $Re > 2.0 \times 10^4$ 时，C_d 不受雷诺数 Re 的影响（庞启秀，2005；Devarakonda and Humphrey, 1996；Evett and Liu, 1987）。一般城市洪水的雷诺数 Re 的变化范围在 $10^4 < Re < 10^6$，因此可以认为洪水中汽车的拖曳力系数 C_d 与雷诺数 Re 无关，则可以认为模型车和原型车的拖曳力系数 C_d 是一致的。

2. 有效重力 F_G

有效重力为汽车重力 G_c 与浮力 F_B 的合力，其表达式为 $F_G = G_c - F_B$。假设汽车的长度及高度分别为 l_c、h_c，汽车迎水面宽度为 b_c，则汽车的体积 $V_c = a_c(l_c b_c h_c)$，系数 a_c 是与汽车外形相关的体积系数，则 $G_c = \gamma_c V_c = a_c l_c b_c h_c \gamma_c$，$F_B = \gamma_f V_f = a_f l_c b_c h_f \gamma_f$。其中，$\gamma_c$ 为汽车容重，γ_f 为水的容重，V_f 为汽车的排水体积，系数 a_f 为与汽车底面面积相关的系数。当汽车漂浮时，存在 $F_G = G_c - F_B = 0$。假设汽车漂浮水深为 h_k，可得 $a_c l_c b_c h_c \gamma_c = a_f l_c b_c h_k \gamma_f$。令 $R_f = a_f / a_c$，则得

$$F_G = a_c l_c b_c (h_c \gamma_c - R_f h_k \gamma_f) \tag{5.2}$$

3. 摩擦力 F_R

当洪水中停放的汽车的4个轮子均锁住时，摩擦力通过作用在车轮与地面的接触面上阻碍车辆滑动。为了简化分析，认为摩擦力的合力作用在汽车的重心位置，则 $F_R = \mu F_N$。其中，μ 为摩擦系数，与地面粗糙程度和轮胎大小、磨损程度及承受的重量等有关。正常状态下地面支持力的大小等于有效重力，即 $F_N = F_G$。因此，可得摩擦力表达式为

$$F_R = \mu F_N = \mu a_c l_c b_c (h_c \gamma_c - R_f h_f \gamma_f) \tag{5.3}$$

当汽车漂浮时，F_N 等于零。此时，汽车不受地面摩擦力影响。

5.2.2　起动流速公式推导

当处于部分淹没状态下的汽车开始滑动时，临界滑动状态下水平方向的合力等于零，即 $F_D = F_R$。将式（5.1）、式（5.3）代入 $F_D = F_R$ 中，经变形可得

$$u_b = \sqrt{\frac{\mu a_c}{a_d C_d}} \cdot \sqrt{2 g l_c \left(\frac{h_c \rho_c}{h_f \rho_f} - R_f \right)} \tag{5.4}$$

式中：ρ_c 为车的密度；ρ_f 为水的密度。

由于作用于汽车的有效近底流速不易确定，为了简便，一般可用垂线平均流速代替，利用 Karman 和 Prandtl（章梓雄和董曾南，1988）提出的指数型流速分布公式可得 $u = (1+\beta)(y/h)^\beta U$（$U$ 为平均流速）。假设将 $y = a_b h_c$（a_b 为与汽车高度相关的系数）处的流速作为近底代表流速，则 $u_b = (1+\beta)(a_b h_c / h)^\beta U$，将上式代入式（5.4）可得

$$U_c = \alpha \left(\frac{h_f}{h_c} \right)^\beta \sqrt{2 g l_c \left(\frac{h_c \rho_c}{h_f \rho_f} - R_f \right)} \tag{5.5}$$

式中：$\alpha = \sqrt{\mu a_c / (a_d C_d)} \cdot (1+\beta) a_b^\beta$，系数 α 和 β 取决于汽车外形、型号、摩擦系数和拖曳力系数等相关参数，其具体值将由水槽模型试验结果率定。

式（5.5）即来流流向正对汽车头部时的起动流速公式。当汽车与水流流向成 90° 角（即来流流向正对汽车侧面）时，起动流速公式也可用式（5.5）表示，只需将式（5.5）中的 l_c 替换成汽车宽度 b_c。

5.2.3　洪水作用下车辆失稳的水槽模型试验

1. 试验简介

为确定式（5.5）中的参数 α 和 β，在武汉大学泥沙实验室开展了一系列汽车起动的水槽模型试验。由于汽车原型试验代价昂贵，且可重复性较低，本章采用汽车模型进行缩尺模型试验（肖宣炜 等，2013；舒彩文 等，2012）。

1）试验布置

试验所用的水槽长 60 m，宽 1.2 m，高 1.0 m，为了满足原型与模型的摩擦系数相似，将水槽底部铺成近似水平的水泥面[详见图 5.2（a）]。水槽工作示意图如图 5.3 所示，水槽前端、末端分别设有平板闸门和尾门，水槽进水口处设有流量调节设备及水泵。试验区域位于平板闸门与尾门之间，通过平板闸门、尾门及流量调节设备可以控制试验区域的水流条件（即水深和流速）。在水槽试验区域垫上一层隔板，以便调整水槽底部坡度。模型车放置于隔板上，并使其处于水槽中央，以减小水槽边壁的影响。为了精确测量水

深和流速，在汽车模型上游 0.1 m 处（正前方）架设测针和旋桨流速仪[详见图 5.2（b）]。利用测针可测定水位和水槽底部高程，两者之差为水深；正常情况下，水深较浅时明渠流垂线平均流速相当于在 60%水深处的流速（赵昕 等，2009），故将旋桨流速仪设定在距离水槽底部 40%水深处，取此处流速为平均流速。

（a）试验水槽 （b）测量设备

图 5.2 试验水槽及测量设备

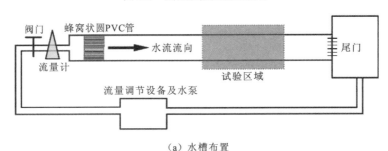

（a）水槽布置

（b）试验区域布置

图 5.3 水槽工作示意图

PVC 为聚氯乙烯，polyvinyl chloride

结合国内汽车的不同用途、外形、重量等特征，试验选择了比较有代表性的两款模型车：Honda Accord（小型家用车）和 Audi Q7（越野车）。对各款模型车，分别选用了大小两种几何比尺：1∶14 及 1∶24。Honda Accord 是国内较为典型的小型家用车，相对小而轻，如图 5.4 所示。Audi Q7 则是国内较为典型的越野车，相对大而重，如图 5.5 所示。表 5.1、表 5.2 分别列出了两款汽车原型、理想模型及真实模型的相关参数，理想模型参数是原型按模型比尺换算得到的，真实模型参数是通过测量得到的，从表 5.1、表 5.2 中可以看出，理想模型与真实模型的相关参数较为接近，故可认为所选模型可用于模拟试验。

图 5.4　试验所用车型 Honda Accord

图 5.5　试验所用车型 Audi Q7

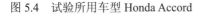

表 5.1　**Honda Accord 原型与模型相关参数**

模型	长/mm	宽/mm	高/mm	体积/cm³	重量	最小离地间隙/mm
1∶1 原型	4 945	1 845	1 480	9 569 341	1 631 kg	115
1∶14 理想模型	353.2	131.8	105.7	3 487.4	594.4 g	8.2
1∶14 真实模型	353.0	134.0	107.0	3 034.6	596.8 g	10.0
1∶24 理想模型	206.0	76.9	61.7	692.2	118.0 g	4.8
1∶24 真实模型	205.0	78.0	62.0	650.3	125.9 g	5.0

表 5.2　**Audi Q7 原型与模型相关参数**

模型	长/mm	宽/mm	高/mm	体积/cm³	重量	最小离地间隙/mm
1∶1 原型	5 089	1 983	1 737	11 551 684	2 345 kg	204.8
1∶14 理想模型	363.5	141.6	124.1	4 209.8	854.6 g	14.6
1∶14 真实模型	365.0	140.0	123.0	4 018.7	854.8 g	13.5
1∶24 理想模型	212.0	82.6	72.4	835.6	169.6 g	8.5
1∶24 真实模型	213.0	82.0	70.0	803.7	165.8 g	7.4

　　为了使水槽模型试验能够更准确地反映真实情况，对模型车进行简单处理：模型车内部空间填满轻质泡沫塑料（对模型重量几乎无影响），以防止试验中水流进入模型车；用胶水将模型车四个车轮固定住，以避免车轮滚动。为了满足原型车与模型车的摩擦系数相似，隔板表面铺成水泥面，试验测得模型车在水泥地面上的摩擦系数范围分别为0.51～0.78（干）和 0.39～0.68（湿），均在参考范围 0.50～0.85（干）和 0.25～0.75（湿）之内（Gerard，2006；谢鉴衡，1990）。

2）试验过程

　　已有研究表明，当洪水中的汽车处于部分淹没状态时，水深一般不超过引擎盖的位置，当洪水的来流方向正对汽车头部（180°）与正对汽车尾部（0°）的迎流面面积相差不多时，其起动条件相近（Xia et al.，2011c）。因此在本次试验中，模型车仅按 90° 和180°两种角度放置于水槽中，以分别表示垂直于水流流向和平行于水流流向两种状态，如图 5.6 所示。

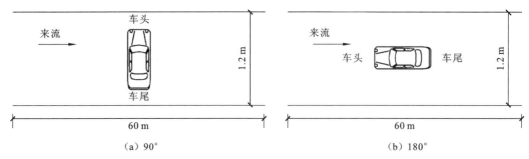

图 5.6　试验中模型车与水流流向的相对位置

试验过程中为了保持模型车的 4 个车轮均为锁住状态，每个车轮均用胶水粘住。对模型车进行分组试验，1#组为 1∶14 的大比尺模型车，2#组为 1∶24 的小比尺模型车。将 1#组模型车的试验数据用于率定起动流速公式中的两个未知参数，2#组模型车的试验数据用于验证计算公式。试验中通过调节水深和流速，观察模型车的状态，一旦起动，记录下当时的水深和相应流速，每组数据均读三次取其平均值，以减少误差。

试验步骤如下：

（1）测量各组模型车的漂浮水深，确定各组试验的水深范围；

（2）水槽底部保持水平，测量各组模型车不同水深的起动流速；

（3）调整水槽底部坡度，测量 1∶50、1∶100 两种坡度下（顺坡）模型车的起动流速；

（4）绘制水深与起动流速关系草图，筛选出有明显偏差的试验组，进行重复试验，以确保试验结果的准确性。

2. 模型比尺计算

为了模拟真实的物理过程，试验中水槽底部铺上水泥面，与实际路面条件相仿，满足边界条件相似要求。根据相似理论（谢鉴衡，1990），在严格遵循几何相似、运动相似和动力相似的条件下，可认为模型与原型水流流态相似。试验中所采用的两款模型车均有 1∶14 和 1∶24 两种比尺。以比尺为 1∶24 的模型车（即 2#组）为例，模型车与原型车在尺寸和外形上满足严格的几何相似条件，则其长度比尺、宽度比尺、高度比尺均等于 24，即 $\lambda_L = \lambda_W = \lambda_H = 24$。根据运动相似准则，得流速比尺 $\lambda_U = \lambda_L^{1/2} = 4.899$。在本次试验中，水槽底部采用水泥砂浆粉面，即模型中水泥路面的粗糙程度略小于实际路面，而模型汽车轮胎的粗糙程度也小于原型车辆，故模型试验可以满足阻力相似，且可以保证模型车与地面的摩擦系数和原型接近。

原型车与模型车的动力比尺为 λ_F，重力比尺为 λ_{F_G}，浮力比尺为 λ_{F_B}，根据动力相似准则，得 $\lambda_F = \lambda_L^3$。模型车经填充后，其密度与原型车相近，则可得 $\lambda_{F_G} = \lambda_{F_B} = \lambda_F$。许多研究者认为，当雷诺数较大时，拖曳力系数 C_d 不受雷诺数 Re 影响（庞启秀，2005；Devarakonda and Humphrey，1996；Evett and Liu，1987），故可以认为模型车与原型车的

拖曳力系数是一致的。因此，可得拖曳力比尺 $\lambda_{F_D} = \lambda_F$。由于原型车与模型车满足摩擦系数相似，则摩擦力比尺 $\lambda_{F_R} = \lambda_F$。

3．试验结果分析

图 5.7 中分别绘出了水平底坡条件下两款大比尺模型车在不同水深下的起动流速。从图 5.7 中可以看出：①两款模型车的起动规律基本一致，两种方位角下模型车的起动流速都随水深增大而减小，这是因为当水深增大时，迎流作用面积增大，导致拖曳力增大，而有效重力 F_G 变小，则抵抗滑动的摩擦力 F_R 变小；②同一款模型车，水流流向正对侧面比正对头部时汽车更容易起动，其原因在于当汽车按 90° 角停放时水流拖曳力的作用面积较大；③相同方位角停放时，模型车质量越小，越容易起动，原因在于质量越小，有效重力 F_G 就越小，则抵抗滑动的摩擦力 F_R 就越小。以上试验结果所得规律与所推导的起动流速公式曲线的变化规律相符，说明式（5.5）在形式上是合理的。

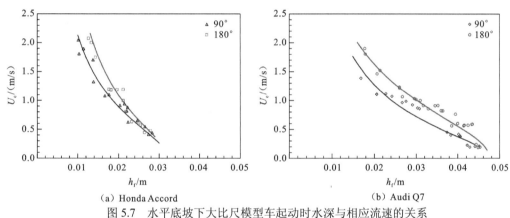

（a）Honda Accord　　　　　　　　（b）Audi Q7

图 5.7　水平底坡下大比尺模型车起动时水深与相应流速的关系

扫一扫　看彩图

图 5.8 中绘出了 1∶50、1∶100 两种底坡下 1#组模型车的水深与起动流速关系，图中的试验数据为水流流向正对汽车头部时测得的。由图 5.8 中可知，不同底坡下模型车的起动规律与水平底坡条件下基本一致：①起动流速随水深增大而减小；②对比图 5.8（a）、（b）可得，模型车质量越小，越容易起动；③底坡越大，模型车越容易起动，即相同水深下，起动流速随底坡增大而减小。如图 5.9 所示，当底坡为 i 时，重力 G_C 保持不变，水深相同时排水体积也相同，浮力 F_B 不变，则有效重力 F_G 大小也不变，而路面支持力 F_N 等于有效重力垂直于斜面上的分力 $F_G \cdot 1/\sqrt{1+i^2}$，该值随 i 的增大而减小，则抵抗滑动的摩擦力 F_R 也随其增大而减小；有效重力沿斜面向下的分力 $F_G \cdot i/\sqrt{1+i^2}$ 与拖曳力作用方向相同，且随 i 的增大而增大。这两个原因导致了起动流速随底坡增大而减小。

4．参数率定及公式验证

1）参数率定

对起动流速表达式式（5.5）做简单变换，运用最小二乘法结合 1#组模型车的试验数据率定出 α 和 β，两款汽车在不同停放位置时的 α 和 β 如表 5.3 所示。从表 5.3 中可以看出，

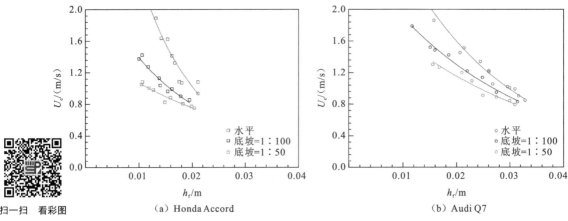

图 5.8　不同底坡下大比尺模型车起动时水深与流速的关系

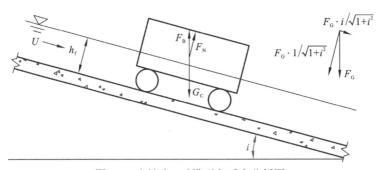

图 5.9　底坡为 i 时模型车受力分析图

α 随车型与停放角度的不同存在明显差别，说明其值不仅与汽车外形、密封性、重量等参数有关，还与停放角度有关。当其他汽车的车型与本节研究车型相似且停放角度一致时，率定的 α 理论上也适用于这些车型。表 5.3 中 β 均为负值，说明起动流速随着水深的减小而增大。当来流水深减小时，汽车迎水面的淹没面积变小，导致需要更大的流速才能使汽车产生滑动。

表 5.3　采用大比尺模型车试验数据率定出的 α 和 β

汽车型号	汽车与水流流向成 90° 角		汽车与水流流向成 180° 角	
	α	β	α	β
Honda Accord	0.492	−0.344	0.212	−0.562
Audi Q7	0.367	−0.451	0.438	−0.219

2）公式验证

根据相似理论（谢鉴衡，1990），在严格遵循几何相似、运动相似和动力相似的条件下，不同比例模型的试验数据可以相互换算，即

$$h_{\mathrm{fp}} = h_{\mathrm{fm}} \times \lambda_L$$
$$U_{\mathrm{cp}} = U_{\mathrm{cm}} \times \sqrt{\lambda_L}$$

(5.6)

式中：h_{fm}、U_{cm} 和 h_{fp}、U_{cp} 分别为模型车和原型车起动时相对应的水深与流速；λ_L 为长度比尺。

运用式（5.6）将小比尺模型（2#组模型车）试验数据换算成原型值，并将其绘制于图 5.10 中。同时，在图 5.10 中绘制出由起动流速公式[式（5.5）]计算出的原型车起动流速曲线。从图 5.10 中可以看出，换算后 2#组模型车试验数据点分布在公式曲线附近，分布规律与曲线基本吻合。由于起动流速公式中参数 α 和 β 是由 1#组模型车的试验数据率定的，这说明该公式及其参数也适用于不同比例的模型车。另外，由原型车水深与起动流速曲线的变化过程分析，可以确定图 5.10 中 Honda Accord 和 Audi Q7 的漂浮水深分别为 0.42～0.48 m 和 0.66～0.70 m，这与模型车实测漂浮水深换算成原型值的结果 0.45 m 和 0.67 m 相近。由此可见，通过大比尺模型车试验结果率定出的 α、β 对不同比例的模型车和原型车都适用。因此，可以采用式（5.5）计算原型车在不同来流水深下的起动流速。

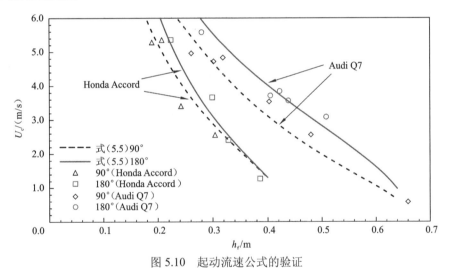

图 5.10　起动流速公式的验证

根据图 5.10 可以得出原型车在洪水中的起动条件遵循如下规律：①质量越小的车，越容易起动，即相同水深条件下 Honda Accord 比 Audi Q7 容易起动；②同一款车，当来流方向正对汽车侧面时比正对汽车头部时更容易起动；③无论如何停放，同一款车的起动流速随水深增大而减小；④同一款车，当水深较小时，曲线较陡，随着水深增加，曲线趋于平缓。例如，当水深为 0.3 m 时，Honda Accord 与水流流向成 180° 角和 90° 角时的起动流速分别为 3.1 m/s 和 2.9 m/s，Audi Q7 与水流流向成 180° 角和 90° 角时的起动流速分别为 5.7 m/s 和 4.4 m/s；当水深为 0.4 m 时，Honda Accord 与水流流向成 180° 角和 90° 角时的起动流速相差不大，接近 1.3 m/s，而 Audi Q7 与水流流向成 180° 角和 90° 角时的起动流速分别为 4.0 m/s 和 3.0 m/s。

5. 与前人研究成果的对比

Keller 和 Mitsch（1993）对洪水中汽车的稳定性开展了理论研究，其所研究车型为当时较为典型的三款小型家用车：铃木速翼特（Suzuki Swift）、福特激光（Ford Laser）和丰田卡罗拉（Toyota Corolla）。本节所选用的 Honda Accord 为当前国内较为典型的小型家用车，将其成果与 Keller 和 Mitsch（1993）的研究成果进行对比，结果如图 5.11 所示。从图 5.11 中可以看出，各款车型在洪水中的稳定性存在着显著差异。在相同来流水深下，Honda Accord 的起动流速明显大于 Keller 和 Mitsch（1993）当时所研究的三款汽车，原因在于洪水中汽车的稳定性受其外形、密封性、底盘高度、重量等参数影响，这些参数在各款车型之间存在差别，尤其是现有汽车与 20 年前的汽车在这些方面的差别非常明显。因此，过去的研究成果已经不再适用于判别当前汽车在洪水中的稳定性，本节的研究成果有助于改进这些判别标准。

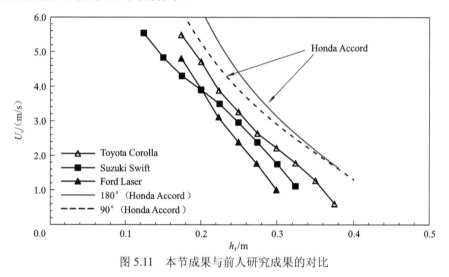

图 5.11　本节成果与前人研究成果的对比

5.3　洪水中车辆的滑移速度及其撞击力试验

近年来，全球气候变化导致暴雨洪涝灾害频繁发生，而城市化进程的不断加快使得汽车数量迅速增加，城市洪水中汽车滑移并撞毁周边基础设施的后果十分严重。因此，如何确定暴雨洪水中汽车的滑移速度和最大撞击力，成为当前在城市洪水风险评估中迫切需要解决的问题之一。

目前，前人关于洪水中汽车失稳机理方面的研究较多。然而，前人在洪水中汽车失稳后滑移速度方面的研究却较少。日本京都大学（Kyoto University）Toda 等（2013）通过开展模型汽车的水槽试验，得到了车辆滑移速度是水流速度的 70%～80%的规律。该成果仅考虑来流流速对汽车滑移速度的影响，但未提出相应的计算公式。关于汽车滑移产生的最大撞击力方面的研究,有刘明慧和颜全胜(2010)纯理论、朱亚迪和卢文良(2013)以物理试验为主及樊文才等（2011）将两者结合的三类研究方法,但他们研究的是行驶中的汽车紧急刹车时与被撞击物体之间所产生的最大撞击力。洪水中汽车滑移时的速度较小, 故这些方法不能直接计算洪水中滑移的汽车与被撞击物体之间所产生的最大撞击力。

本节首先综合考虑来流流速和水深对汽车滑移速度的影响,对洪水中滑移状态下的汽车进行受力分析,推导洪水中汽车滑移速度和最大撞击力的计算公式;然后通过开展汽车滑移及碰撞的概化水槽试验,得到不同来流情况下的滑移速度和最大撞击力,用于率定公式中的关键参数;最后将公式应用于原型车辆的计算,绘制出不同来流条件下汽车滑移速度及最大撞击力的曲线。

5.3.1　洪水中车辆的滑移速度及最大撞击力公式

根据洪水中汽车在滑移状态下水平方向上的受力平衡原理,即作用于汽车的水流拖曳力与摩擦力相等,推导出洪水中汽车的滑移速度公式,该公式包含三个待定参数,需要通过水槽试验结果率定;结合一维碰撞双自由度力学模型的分析,得到洪水中滑移车辆的最大撞击力公式,表明最大撞击力与滑移速度之间满足正比例关系。

1. 洪水中汽车滑移速度公式推导

城市洪水可冲动路边停放的汽车,起动后的汽车在水流作用下最终以某一恒定的速度向前滑移。假定在洪水中滑移的汽车处于部分淹没状态,水流对汽车尾部施以向前的作用力;此时汽车主要受到 4 个力的作用,即水流拖曳力 F_D、地面摩擦力 F_R、有效重力 F_G（自身重力 G_C 和浮力 F_B 的合力）及地面的支持力 F_N, 如图 5.12 所示。

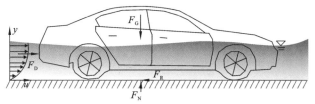

图 5.12　部分淹没状态下汽车的受力示意图

水流拖曳力 F_D 是由迎流面、背流面的压力差产生的, 汽车受到的 F_D 的表达式为

$$F_D = \frac{C_d A_d \gamma_f \Delta U^2}{2g} \tag{5.7}$$

式中： C_d 为拖曳力系数； A_d 为汽车迎水面垂直于来流方向的投影面积, $A_d = a_d(h_f b_c)$, a_d 为面积系数, h_f 为淹没水深, b_c 为汽车迎水面宽度； γ_f 为水的容重； $\Delta U = (u_b - U_s)$ 为水流对汽车的相对平均流速, U_s 为车的滑移速度,假设流速沿水深方向采用幂函数型分布,将距地面 $y = a_b h_c$ 处的流速作为作用于汽车的有效近底流速 u_b, 且存在 $u_b > U_s$, h_c 是汽车高度；g 为重力加速度。

汽车部分淹没于水中时, $F_N = F_G$, 因此汽车所受摩擦力为

$$F_R = \mu F_N = \mu F_G = \mu(G_C - F_B) \tag{5.8}$$

式中：μ 为车轮与地面之间的摩擦系数。

当汽车在水平方向上的受力处于平衡状态时，汽车将沿地面匀速滑行。结合式（5.7）、式（5.8）可得

$$U_s = \alpha \left(\frac{h_c}{h_f} \right)^\beta U - \phi \sqrt{\frac{G_C - F_B}{b_c h_f}} \tag{5.9}$$

式中：α、β、ϕ 为待率定参数，需要通过水槽试验数据进行率定，$\alpha = (1+\beta)(a_b)^\beta$，$\phi = \sqrt{2\mu/(C_d \rho_f a_d)}$。

2. 最大撞击力公式推导

车辆以某一恒定速度滑移后，具有一定的动能，由于车身的质量较大，一旦与周围的基础设施等发生碰撞，那么产生的撞击力也比较大，会造成极为严重的后果。参考樊文才等（2011）提出的一维碰撞双自由度力学模型，得到滑移汽车与被撞击物体之间的撞击力随时间变化的表达式，为

$$F(t) = \frac{k_2}{B_2 - B_1} \left(\frac{B_1 - 1}{\omega_1} \sin \omega_1 t - \frac{B_2 - 1}{\omega_2} \sin \omega_2 t \right) v_0 \tag{5.10}$$

式中：ω_1、ω_2 和 B_1、B_2 分别为系统自振频率和振幅，与汽车和被撞击物体的等效质量、变形刚度有关；k_2 为汽车的变形刚度；v_0 为撞击初始速度，取滑移速度，即 $v_0 = U_s$。

假定在 $t = T$ 时，$F(t)$ 取得最大值，即

$$F_{max} = F(T) = k U_s \tag{5.11}$$

式中：$k = k_2/(B_2 - B_1)[(B_1 - 1)\sin(\omega_1 T)/\omega_1 - (B_2 - 1)\sin(\omega_2 T)/\omega_2]$，为待率定系数，与汽车和被撞击物体的质量、局部变形刚度有关，不同属性的材料所对应的值不同；F_{max} 为最大撞击力。

5.3.2 概化水槽试验及参数率定

选择两款比尺为 1∶14 的模型车，分别测定不同水深下两款模型车的排水体积；然后开展汽车滑移及碰撞的水槽试验，测定不同来流条件下模型车的滑移速度及最大撞击力。

1. 模型车选取及浮力测定

考虑国内常用车型的尺寸、用途、外形、重量等特征，试验选取了 Honda Accord 和 Audi Q7 两款模型车，长度比尺均为 $\lambda_L = 14$。根据动力相似准则，推导出流速、摩擦力和拖曳力的比尺关系。由重力（弗劳德数）相似准则，可以得到流速比尺，$\lambda_U = \lambda_L^{1/2}$；为了验证原型车与模型车的摩擦系数相似，试验测得模型车在水泥地面上的摩擦系数为 0.39~0.68（湿），在参考范围 0.25~0.75（湿）之内，且模型车与原型车密度相差不大，

由式（5.8）可知 $\lambda_{F_G} = \lambda_{F_R} = \lambda_L^3$；已有研究表明，当雷诺数较大时，拖曳力系数不随雷诺数变化（庞启秀，2005；Devarakonda and Humphrey，1996；Evett and Liu，1987），则由式（5.7）得 $\lambda_{F_D} = \lambda_L^3$。

表 5.4 列出了两款汽车原型、1∶14 计算模型与实测模型的参数，因为长度比尺为 14 的计算模型与实测模型的相关参数较为接近，故所选模型可用于试验。为使模型试验能够更准确地反映真实情况，对模型车进行简单处理：内部填满轻质泡沫塑料，防止水流进入；同时用胶水将 4 个车轮固定以模拟手刹制动工况。

表5.4　原型汽车与模型车参数对比

车型	模型	长/m	宽/m	高/m	重量/kg
	原型	4.945	1.845	1.480	1 631
Honda Accord	1∶14 计算模型	0.353	0.132	0.106	0.594
	1∶14 实测模型	0.353	0.134	0.107	0.597
	原型	5.089	1.983	1.737	2 345
Audi Q7	1∶14 计算模型	0.364	0.142	0.124	0.855
	1∶14 实测模型	0.365	0.140	0.123	0.855

为提高浮力的计算精度，先测定模型车在不同水深下的排水体积。试验在 400 mm× 250 mm×350 mm 长方体水槽中进行。将水槽静置于地面上，左、右两侧外壁上均贴上坐标纸，以便读出水深值。然后将模型车置于水槽中，用量筒向水槽内加水，从水深 15 mm 开始，每增加 250 mL 水记录坐标纸读数，直至模型车完全淹没。

2. 滑移速度及其最大撞击力试验开展

滑移速度试验在武汉大学泥沙实验室一个长水槽中进行。试验所用水槽长 60 m，宽 1.2 m，高 1.0 m，水槽底部近水平。利用特制闸门产生小水深、大流速下的来流条件。首先控制闸门开度不变，逐渐调大流量；然后按住模型车，使其尾部正对来流方向不动，测量并记录模型车上游 5 cm 处特定断面的水深和流速；最后放开模型车，使其发生滑移，待其达到某一恒定的滑移速度后，开始记录滑移一段距离所用的时间及相应的最大撞击力。逐渐增大闸门的开度，重复流量逐步增大的过程，做好测量和记录工作。

试验水槽中的水流为恒定非均匀流，汽车前方的水流条件经常处于变化之中，所以选择模型车上游 5 cm 处的特定位置测得水深及流速，并将其作为作用于汽车的水流条件，水深在直尺上读出，流速则通过旋桨流速仪测量断面平均流速得到；小车滑移距离和时间则分别由卷尺和秒表读出；为较准确测量小车滑移后与电子秤撞击时所产生的最大撞击力，采用照相机拍摄撞击过程中的电子秤读数，以便确定并记录最大撞击力。

3. 不同水深下模型车排水体积公式参数率定

考虑车身形态不规则的因素，试验测量了不同水深下模型车的排水体积 V_f，将成果绘制成图 5.13。汽车形状使排水体积的增加速率先快后慢，因此不能将其概化成长方体，但数据点基本呈线性分布，模型车 Audi Q7 和 Honda Accord 实测结果的拟合公式分别为

$$V_f = 0.289h_f - 0.167 \tag{5.12}$$

$$V_f = 0.300h_f - 0.414 \tag{5.13}$$

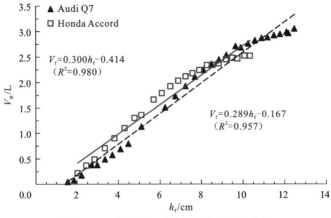

图 5.13　不同水深下模型车排水体积曲线

式（5.12）、式（5.13）的相关系数分别为 0.957 和 0.980，相关性很好，再利用式 $F_B = \rho_f g V_B$ 即可计算不同水深下的浮力。需要指出的是，由于试验只测定水深达到汽车底盘及以上部分的排水体积，所以式（5.12）、式（5.13）仅适用于模型车处于 2 cm 以上水深来流时的排水体积计算。

4. 滑移速度公式参数率定及应用

本试验测量了模型车滑移一段距离所用的时间，由此计算滑移速度。然后对来流流速、水深和滑移速度之间的关系进行非线性回归分析，各参数率定结果见表 5.5。Audi Q7 和 Honda Accord 模型车率定的参数相差很小，相关系数分别为 0.937 和 0.847。图 5.14 显示，模型车滑移速度的计算值与实测值分布在 45° 线左右，说明公式结构较好，参数取值合理。

表 5.5　式（5.9）参数率定结果

车型	α	β	ϕ	R^2
Honda Accord	2.507	-0.8	0.004	0.847
Audi Q7	2.508	-0.8	0.008	0.937

将表 5.4 中原型汽车尺寸及表 5.5 中率定参数代入式（5.9）中，计算得到洪水中原型汽车的滑移速度，结果如图 5.15 所示。以图 5.15（a）中 Honda Accord 原型车的计算结果为例，当水深为 0.5 m 时，水流流速为 1.8 m/s 时，滑移速度为 1 m/s；水流流速为 3.9 m/s 时，滑移速度为 3 m/s。由图 5.15 可以确定 Honda Accord 和 Audi Q7 原型汽车在不同来流情况下的滑移速度。

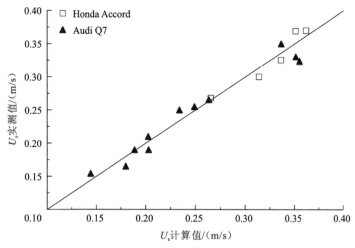

图 5.14　模型车计算值与实测值滑移速度对比

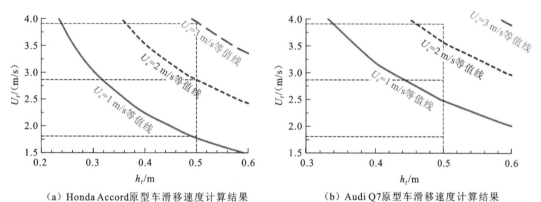

（a）Honda Accord原型车滑移速度计算结果　　　（b）Audi Q7原型车滑移速度计算结果

图 5.15　不同来流情况下原型汽车滑移速度的计算结果

　　另外，Honda Accord 和 Audi Q7 原型车滑移速度计算结果表明，对于某一汽车而言，当水深一定时，有效重力和摩擦力不变，汽车处于平衡状态时，相对速度 ΔU 是定值，水流流速越大，滑移速度越大；当流速一定时，水深越大，有效重力和摩擦力越小，拖曳力等于摩擦力时，需要的 ΔU 越小，滑移速度越大。

5. 最大撞击力公式参数率定及应用

　　利用碰撞试验的测量结果，对模型车的滑移速度和最大撞击力之间的关系进行线性回归分析，结果见图 5.16。对于 Audi Q7 和 Honda Accord 模型车而言，式（5.11）中的参数 k 分别为 38.799 和 19.869，相关系数分别为 0.903 和 0.928。

　　由于参数 k 与汽车和被撞击物体的质量、局部变形刚度有关，不同的材料属性所对应的值是变化的，所以两者相差较大。图 5.16 显示，式（5.11）最大撞击力的计算值与实测值均布在 45° 线左右，可以确定滑移速度和最大撞击力基本符合正比例关系，即滑移速度越大，最大撞击力越大。

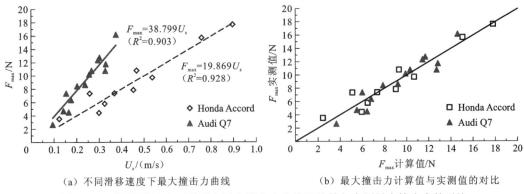

（a）不同滑移速度下最大撞击力曲线　　　（b）最大撞击力计算值与实测值的对比

图 5.16　不同滑移速度下模型车最大撞击力曲线及计算与实测最大撞击力的对比

计算原型汽车滑移并发生碰撞产生的最大撞击力时，需了解原型汽车和被撞击物体的材料属性，但目前不适宜开展原型汽车的碰撞试验，因为该试验花费大、对场地要求高。因此，本节参考了刘明慧和颜全胜（2010）、刘思明（2013）两个仿真试验的结果，用于估计原型车对被撞击物体的撞击力大小。

根据模型试验得到了滑移速度与最大撞击力之间基本满足正比例关系的规律，对刘明慧和颜全胜（2010）和刘思明（2013）的试验结果进行回归分析，结果表明：用刘明慧和颜全胜的试验结果率定的式（5.11）中参数 $k = 0.16$，相关系数为 0.926，因刘明慧和颜全胜（2010）的试验速度较小，与车辆原型滑移时速度较小的实际情况更接近，故相关系数较高，在一定程度上验证了滑移速度与最大撞击力基本满足正比例关系的规律；刘思明（2013）试验车型虽分为轻型和重型两种，但两者的试验结果十分接近，故利用两种车型的试验结果统一率定式（5.11）中的参数，得到 $k = 0.28$，其相关系数为 0.546。

综合考虑两个仿真试验的结果，将 $k = 0.22$ 作为原型车辆的参数进行计算，结果见图 5.17。在 0～4.0 m/s 的滑移速度范围内，车辆滑移后的最大撞击力在 0～880 kN 线性变化，延长计算曲线至刘明慧和颜全胜（2010）和刘思明（2013）的速度范围内，发现其基本位于两组结果的中间位置；由于车辆滑移速度受到水流速度的制约，与行驶中车辆的速度相比很小，所以计算的最大撞击力较小。

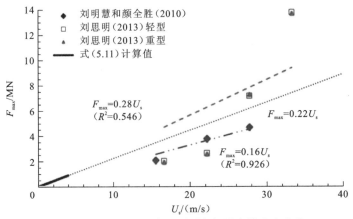

图 5.17　不同滑移速度下原型车辆最大撞击力曲线

5.4　本 章 小 结

近年来，全球气候条件的变化导致极端洪水频繁发生。停在路面上或正在行驶的汽车，在洪水的作用下很容易失去稳定，造成汽车车身破坏，威胁车上人员的生命安全并有可能对周边行人和基础设施等造成严重损害，使人民的生命财产遭受损失。本章对洪水中汽车的稳定性开展了研究，推导出了汽车在部分淹没状态下的起动流速公式、滑移速度公式和最大撞击力公式，并选用两款模型车在水槽中进行了一系列汽车起动试验，得到如下结论。

（1）通过分析处于部分淹没状态下的汽车的受力情况，基于泥沙起动理论推导出了洪水中汽车的起动流速公式。利用大比尺模型车的试验资料率定出起动流速公式中的两个参数，接着运用该公式计算原型车在不同水深下的起动流速，并利用小比尺模型车的试验资料对计算结果进行验证。验证结果表明，起动流速公式的结构及两个参数的取值合理，可用于原型车起动流速的计算。

（2）滑移是洪水中汽车最常见的失稳方式；起动流速随来流水深增大而减小；质量较大的汽车稳定性较好，即相同来流水深下，Audi Q7 比 Honda Accord 的起动流速大；水流流向正对侧面比正对头部时汽车更容易起动；洪水中路面底坡（顺坡）越大，汽车稳定性越差。

（3）根据洪水中滑移状态下汽车的受力分析，结合抛石落距和一维碰撞双自由度力学模型分别推导出滑移速度和最大撞击力公式。利用模型车滑移速度的水槽试验数据对滑移速度公式中的参数进行率定，两组参数十分接近，相关系数均接近于 1。将公式应用到原型车辆中可知：当水深一定时，流速越大，滑移速度越大；当流速一定时，水深越大，滑移速度越大。此外，还利用两模型车碰撞试验的数据对最大撞击力公式中的参数进行了率定，结果表明，最大撞击力和滑移速度符合正比例关系，滑移速度越大，最大撞击力越大。

第 6 章
城市排水管网流动的水动力学模拟方法

城市排水管网内水流流态复杂，可能出现明渠流和有压流、急流和缓流之间的复杂过渡流态，因此管网流动的数值模拟较为困难。为了便于计算，一般需要引入PSM、TPA 实现管道流动在明渠流与有压流状态下控制方程的统一。目前，国内城市洪涝模型多采用 SWMM 中的管网模块计算管道内的水流运动。SWMM 中的管网模块采用有限差分法离散一维渐变非恒定流方程组，采用隐式欧拉（Euler）法进行迭代求解，计算效率高。但该管网模块将管段和检查井作为一个计算单元，对管段中复杂的水动力学过程的模拟还存在一定的局限性。将有限体积法与 TPA 结合，可以实现城市排水管网流动的有效模拟。本章首先介绍基于有限差分法和有限体积法的管网流动水动力学模型，然后采用经典算例对这些模型进行详细验证。

6.1　基于有限差分法的管网流动水动力学模型

SWMM 中的管网模块，作为一款成熟且被广泛使用的一维水动力学模块，适合各种复杂条件下的一维流动模拟，包括明渠流、有压流、明满交替流、枝状管网水流和环状管网水流等，在城市复杂管网流动模拟中得到了广泛的验证和认可（Rossman, 2017）。SWMM 中的管网模块还具有能够处理各种水工建筑物（如泵站、水闸和堰等），适用于各种管渠几何形状（如圆形、矩形、三角形等）的优势，而且还具有计算效率高、源代码开放等优点。SWMM 提供了恒定流扩散波、运动波和动力波三种模拟方法来计算管网流动。其中，动力波方法通过求解完整的一维圣维南（Saint Venant）方程组来进行管网流动模拟，能够计算管道蓄水、回水、有压满管流、逆向流、出口水位顶托、检查井溢流等不同工况，适合排水管网较短时间步长的模拟，适用性较强。实际计算中多采用动力波方法进行管网流动模拟。

6.1.1　一维地下管流的控制方程

SWMM 中的管网模块将复杂的排水管网系统概化为"管道"和"节点"两种要素。通过管道的非恒定自由表面流的质量和动量守恒，满足连续性方程和动量方程（圣维南方程组），可表示为

$$\frac{\partial A}{\partial t} + \frac{\partial Q}{\partial x} = 0 \tag{6.1}$$

$$\frac{\partial Q}{\partial t} + \frac{\partial (Q^2/A)}{\partial x} + gA\frac{\partial H}{\partial x} + gAS_{\mathrm{f}} = 0 \tag{6.2}$$

式中：x 为沿程距离；t 为时间；A 为过水断面面积；Q 为流量；H 为管道中水头；g 为重力加速度；S_{f} 为单位长度水头损失，S_{f} 可根据曼宁公式表示为

$$S_{\mathrm{f}} = \frac{n^2 Q|U|}{AR^{4/3}} \tag{6.3}$$

其中：n 为管渠的曼宁粗糙系数；$U = Q/A$，U 为断面平均流速；R 为过流断面的水力半径。当管道中水流处于压力流时，使用黑曾-威廉斯（Hazen-Williams）公式或达西-魏斯巴赫（Darcy-Weisbach）公式计算水头损失 S_{f}（Rossman，2017；Clark et al.，1985）。

由 $Q = UA$，连续性方程式（6.1）可改写为

$$\frac{\partial A}{\partial t} + A\frac{\partial U}{\partial x} + U\frac{\partial A}{\partial x} = 0 \tag{6.4}$$

动量方程式（6.2）中的 $\partial(Q^2/A)/\partial x$ 项可表达为

$$\frac{\partial(Q^2/A)}{\partial x} = 2AU\frac{\partial U}{\partial x} + U^2\frac{\partial A}{\partial x} \tag{6.5}$$

将式（6.4）两侧同时乘以 U 并代入式（6.5），得

$$\frac{\partial(Q^2/A)}{\partial x} = -2U\frac{\partial A}{\partial t} - U^2\frac{\partial A}{\partial x} \tag{6.6}$$

将式（6.6）代入动量方程式（6.2），得

$$\frac{\partial Q}{\partial t} = 2U\frac{\partial A}{\partial t} + U^2\frac{\partial A}{\partial x} - gA\frac{\partial H}{\partial x} - gAS_{\mathrm{f}} \tag{6.7}$$

利用式（6.7）计算管道中流体随时间的变化过程，不同管道所组成的输送管网则通过节点处的水面连续性关系实现互连，即节点处的水面线与流进和流出节点的管道内的水面线相等。

每一节点集合包含了节点本身及与其相连每一管段长度的一半，其进流量和出流量满足流量守恒关系：

$$\frac{\partial V}{\partial t} = \frac{\partial V}{\partial H}\frac{\partial H}{\partial t} = A_{\mathrm{s}}\frac{\partial H}{\partial t} = \sum Q \tag{6.8}$$

式中：V 为节点集合容积；A_{s} 为节点集合表面积；$\sum Q$ 为节点集合的净流量，包括与节点连接的管道流量及节点和地表之间的交换流量。A_{s} 包含了节点的蓄水表面积 A_{SN} 和连

接它的管道贡献的表面积 $\sum A_{SL}$ ，其中 A_{SL} 为连接管道贡献的表面积。因此，节点的连续性方程可表示为

$$\frac{\partial H}{\partial t} = \frac{\sum Q}{A_{SN} + \sum A_{SL}} \tag{6.9}$$

6.1.2 数值求解方法

SWMM 中管网流动的控制方程组为一维渐变非恒定流方程组，基于有限差分法离散管段的控制方程，利用隐式欧拉法进行迭代求解，得到节点水位、管段流量和水深的时间序列。在计算前需设置边界条件和初始条件。边界条件包括：管网出口节点处水头、节点的外部来流量。初始条件包括：初始时刻节点的水头、管道的流量。

管段动量方程式（6.7）的有限差分形式为

$$\frac{\Delta Q}{\Delta t} = 2\overline{U}\frac{\Delta \overline{A}}{\Delta t} + \overline{U}^2\frac{(A_2 - A_1)}{L} - g\overline{A}\frac{(H_2 - H_1)}{L} - gn^2\frac{Q|\overline{U}|}{\overline{R}^{4/3}} \tag{6.10}$$

式中：下标 1、2 分别为管道上、下游节点；L 为管道长度；$\overline{A}$、$\overline{U}$、$\overline{R}$ 分别为 t 时刻管道平均断面面积、平均流速和平均水力半径；$\Delta\overline{A}$、ΔQ 分别为时间步长 Δt 内的平均断面面积变化、管道流量变化。

节点连续性方程式（6.9）的有限差分形式为

$$\frac{\Delta H}{\Delta t} = \frac{\sum Q}{A_{SN} + \sum A_{SL}} \tag{6.11}$$

式中：ΔH 为时间步长 Δt 内的节点水头变化。

式（6.10）采用隐式欧拉法离散后可表示为

$$Q^{t+\Delta t} = \frac{Q^t + \Delta Q_{惯性项} + \Delta Q_{压力项}}{1 + \Delta Q_{摩擦项}} \tag{6.12}$$

其中，

$$\Delta Q_{惯性项} = 2\overline{U}(\overline{A}^{t+\Delta t} - \overline{A}^t) + \overline{U}^2\frac{(A_2 - A_1)}{L}\Delta t \tag{6.13a}$$

$$\Delta Q_{压力项} = -g\overline{A}\frac{(H_2 - H_1)}{L}\Delta t \tag{6.13b}$$

$$\Delta Q_{摩擦项} = gn^2\frac{|\overline{U}|\Delta t}{\overline{R}^{4/3}} \tag{6.13c}$$

式（6.13a）、式（6.13b）、式（6.13c）在 $t+\Delta t$ 时刻进行计算。式（6.11）采用隐式欧拉法可表示为

$$H^{t+\Delta t} = H^t + \frac{\frac{\Delta t}{2}\left(\sum Q^t + \sum Q^{t+\Delta t}\right)}{\left(A_{SN} + \sum A_{SL}\right)^{t+\Delta t}} \tag{6.14}$$

联立式（6.12）和式（6.14），采用迭代函数在给定时间步长 Δt 上隐式求解，求得任意时刻管段内及节点处的水力要素。

6.2 基于有限体积法的管网流动水动力学模型

6.2.1 基于 TPA 的一维地下管流控制方程

城市地下管网内水流流态复杂，常出现明渠流与有压流之间的流态切换。为了便于数值模拟，本节引入 TPA 对两种流态下的控制方程进行统一化处理（Vasconcelos et al.，2006）。断面平均的管流方程可写为如下守恒形式：

$$
\begin{cases}
\dfrac{\partial \boldsymbol{U}}{\partial t} + \dfrac{\partial \boldsymbol{F}}{\partial x} = \boldsymbol{S}_\mathrm{o} + \boldsymbol{S}_\mathrm{f} \\[2mm]
\boldsymbol{U} = \begin{bmatrix} A \\ Q \end{bmatrix} \\[3mm]
\boldsymbol{F} = \begin{bmatrix} Q \\ Q^2 / A + I \end{bmatrix} \\[3mm]
\boldsymbol{S}_\mathrm{o} = \begin{bmatrix} 0 \\ -gA\dfrac{\mathrm{d}z}{\mathrm{d}x} \end{bmatrix} \\[4mm]
\boldsymbol{S}_f = \begin{bmatrix} 0 \\ -C_\mathrm{D}\dfrac{PQ|Q|}{A^2} \end{bmatrix}
\end{cases}
\tag{6.15}
$$

式中：A 为过水断面面积；Q 为流量；I 为压力项；P 为湿周；C_D 为量纲为一的摩阻参数，$C_\mathrm{D} = gn^2 R^{-1/3}$，$R = A/P$ 为水力半径。

明渠流与有压流条件下压力项的计算显著不同，对于明渠流，认为压力项的作用位置为过水断面的形心；当管流处于有压状态时，压力项等于管道满管时的静水压力加上压力水头。

$$
\begin{cases}
I(\theta) = \dfrac{1}{24}[3\sin\theta - \sin^3(\theta/2) - 3(\theta/2)\cos(\theta/2)]gd^2, & \text{明渠流} \\[3mm]
I(H) = \dfrac{\pi}{4}gd^2(H + d/2), & \text{有压流}
\end{cases}
\tag{6.16}
$$

式中：θ 为过水断面的角度；d 为管道直径；H 为管道中水头。根据角度 θ 可以计算众多水力参数：

$$
\begin{aligned}
h &= \frac{1}{2}[1 - \cos(\theta/2)]d \\[2mm]
A &= \frac{1}{8}(\theta - \sin\theta)d^2 \\[2mm]
P &= \frac{1}{2}\theta d \\[2mm]
T &= d\sin(\theta/2)
\end{aligned}
\tag{6.17}
$$

式中：h 为水深；T 为过水断面顶部的宽度。在明渠流条件下波速的计算公式如下：

$$c = \sqrt{\frac{gA}{T}} = \sqrt{\frac{gd(\theta - \sin\theta)}{8\sin(\theta/2)}} \tag{6.18}$$

除 TPA 外，另一种常见的管道明满流模拟方法为 PSM。图 6.1 给出了 PSM 和 TPA 对管道过水断面的假定。PSM 假定管道顶部存在一窄缝，当管道处于有压流流态时水流越过管道的顶部进入窄缝。TPA 假定处于有压流流态时模拟的过水断面面积可以不等于管道横截面面积，当过水断面大于管道横截面时管流处于正压状态，小于时处于负压状态。管流的压力水头可以通过水击波波速、过水断面面积及管道横截面面积计算：

$$H = \frac{a^2}{g}\left(\frac{A - A_P}{A_P}\right) \tag{6.19}$$

式中：a 为水击波波速；A_P 为管道横截面面积。

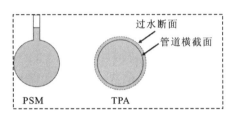

图 6.1 PSM 与 TPA 计算示意图

6.2.2 数值求解方法

管网内管流方程同样使用一阶精度的戈杜诺夫格式有限体积法进行求解。本模型将排水管道划分为一系列均匀的计算单元（i），因此能够模拟管道内复杂的非恒定流动过程。基于高斯（Gauss）定理将管流方程进行离散后，得 $n+1$ 时刻的解为

$$\boldsymbol{U}_i^{n+1} = \boldsymbol{U}_i^n - \frac{\Delta t}{\Delta x}(\boldsymbol{F}_{i+1/2}^n - \boldsymbol{F}_{i-1/2}^n) + \Delta t[(\boldsymbol{S}_o)_i^n + (\boldsymbol{S}_f)_i^{n+1}] \tag{6.20}$$

一阶精度的戈杜诺夫格式有限体积法认为，界面左右侧的守恒变量等于左右侧网格中心的变量值。因此，通过界面的数值通量（$\boldsymbol{F}_{i+1/2}$），可由 HLL（Harten-Lax-van-Leer）近似黎曼算子直接求解：

$$\boldsymbol{F}_{i+1/2} = \boldsymbol{F}_{HLL}(h_L, h_R, H_L, H_R, Q_L, Q_R) \tag{6.21}$$

其中，

$$\boldsymbol{F}_{HLL} = \begin{cases} F_L, & S_L > 0 \\ F^*, & S_L \leqslant 0 \leqslant S_R \\ F_R, & S_R < 0 \end{cases} \tag{6.22}$$

式中：

$$F^* = \frac{S_R F_L - S_L F_R + S_L S_R(U_R - U_L)}{S_R - S_L} \tag{6.23}$$

当左右侧网格内水深均大于临界水深时，

$$S_L = \min\{V_L - c_L, V^* - c^*\}, \quad S_R = \max\{V_R + c_R, V^* + c^*\} \tag{6.24}$$

当界面左侧的网格为干网格时，

$$S_L = V_R - \phi_R, \quad S_R = V_R + c_R \tag{6.25}$$

当界面右侧的网格为干网格时，

$$S_L = V_L - c_L, \quad S_R = V_L + \phi_L \tag{6.26}$$

c^*、V^*等变量具体可表示为

$$V^* = \frac{1}{2}(V_L + V_R) + \frac{1}{2}(\phi_L - \phi_R) \tag{6.27}$$

$$c^* = \begin{cases} \left[\dfrac{gd(\theta^* - \sin\theta^*)}{8\sin(\theta^*/2)}\right]^{1/2}, & \text{明渠流} \\ a, & \text{有压流} \end{cases} \tag{6.28}$$

$$\theta^* = 4\arcsin[\phi^* / \beta(gd/8)^{1/2}] \tag{6.29}$$

$$\phi^* = \frac{1}{2}(\phi_L + \phi_R) + \frac{1}{2}(V_L - V_R) \tag{6.30}$$

式中：V_L、V_R分别为左、右网格断面平均流速；c_L、c_R分别为左、右网格波速；ϕ_L、ϕ_R分别为左、右网格的黎曼不变量。

6.2.3　管网中的节点处理

实际排水管网中的节点类型及节点中的水流流态复杂多样，因此节点的求解是排水管网模拟的关键问题之一。雨水检查井是排水管网最常见的节点，Sanders 和 Bradford（2011）总结了管网与检查井交界处可能存在的 16 种水流流态，并根据水流流态使用经验公式计算了管网进出口界面的质量和动量通量（图 6.2）。虽然该方法较符合物理本质，但是其使用起来较为烦琐，某些经验公式还存在多个数值解，因此使用该方法计算管网内的洪水演进过程存在较大的不确定性。Li 等（2020）将检查井视为二维计算单元，使用节点的水深和流速构造管道边界处的黎曼状态变量，继而直接使用黎曼求解器计算进出管道的数值通量。该方法较为直观，且在编程实现上较为简单，但是该方法未经过广泛的应用，因而计算精度尚待进一步验证。本节采用 León 等（2010）提出的管网复杂流态节点计算方法求解管网节点。

对于城市排水管网而言，具有一个或多个连接管道的雨水检查井是最常见的管网节点。图 6.3（a）给出了具有两个入流管道、一个出流管道的检查井示意图，管道进口断面主要包含流向上游的急流、缓流和流向下游的急流三种情况。对于具有 N 个连接管道的检查井，通常其具有 $2N+1$ 个未知量，即检查井处的水深 H_j 及每个管道边界处的压力水头 y_b 与过流流量 Q_b。为了求解这些变量，需要构造 $2N+1$ 个方程。这些方程的构建不仅取决于管流为急流还是缓流，还与管道的充满程度相关，因此需要针对不同流态分别构建边界上的守恒关系。

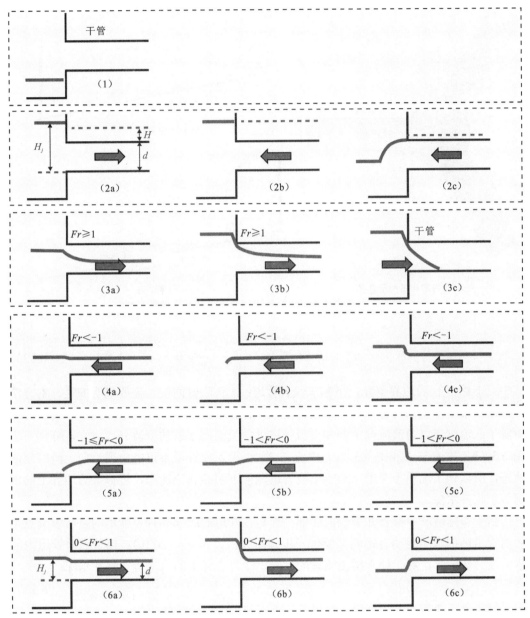

图 6.2　节点与管段可能存在的水流流态（Sanders and Bradford，2011）

1. 明渠流

若不考虑阻力的影响，沿特征线方向上的黎曼变量始终不变，因此利用界面上的黎曼不变量可以构建方程：

$$\mathrm{d}u \pm (c/A)\mathrm{d}A = 0 \tag{6.31}$$

式中：u 为流速；c 为波速，对于明渠流等于重力波波速，对于有压流等于水击波波速。

对于明渠流工况，采用有限差分法进一步对式（6.31）进行离散：

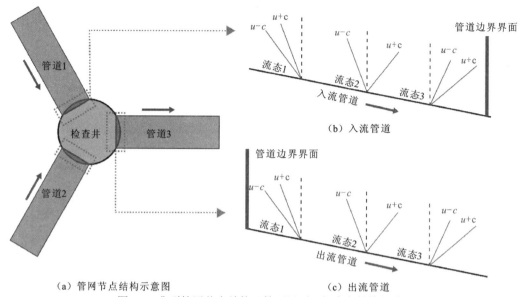

（a）管网节点结构示意图　　　　　　　　　（c）出流管道

图 6.3　典型管网节点结构及管网界面可能存在的特征线

$$u_{bj}^{n+1} - u_j^n \pm (c_{bj}^{n+1} + c_j^n)\frac{A_{bj}^{n+1} - A_j^n}{A_{bj}^{n+1} + A_j^n} = 0 \tag{6.32}$$

式中：下标 b 代表边界单元；下标 j 代表管道；n 代表时间层。需要说明的是，本方法中采用的黎曼不变量与特征线方法极为类似，根据特征线的方向，式（6.31）和式（6.32）对除了入流管道以急流流向上游和出流管道以急流流向下游的管流外均成立，分别对应图 6.3（b）中流态 1 和图 6.3（c）中流态 3。由于入流管道不可能出现流向上游的急流流态，所以该工况不予考虑。对于出流管道流向下游的急流流态，近似认为边界上的水深等于临界水深。

由于实际情况中检查井节点的底部高程与各管道的底部高程可能不同，所以节点是否对管道内的水流运动有影响需要进一步判断（张大伟 等，2021）。当节点对管道内的水流没有影响时，对于处于缓流流态的管段，认为边界上的水深等于临界水深：

$$y_{bj} = y_{cj} \tag{6.33}$$

对于处于急流流态的管段，边界上的水深等于管道内部的水深：

$$y_{bj} = y_{uj} \tag{6.34}$$

式中：y_{u_j} 为紧邻检查井节点的管道水深。此外，对于非恒定流条件下的入流管段，可以构建如下能量守恒关系：

$$d_{rj} + y_{bj} + \frac{u_{bj}^2}{2g} - k_j\frac{u_{bj}|u_{bj}|}{2g} = y_d \tag{6.35}$$

式中：y_d 为相连的检查井水深；d_{rj} 为管道底部与检查井底部的高程差；u_{bj} 为边界上的水流流速；k_j 为水头损失系数。

出流管道同样可以构建能量守恒方程：

$$d_{rj} + y_{bj} + \frac{u_{bj}^2}{2g} + k_j \frac{u_{bj}|u_{bj}|}{2g} = y_{d} \tag{6.36}$$

2. 有压流

对于检查井节点水位高于管道顶部高程，管道处于完全有压状态的工况，可以使用黎曼不变量建立节点与管道边界网格的关系：

$$u_{bj}^{n+1} \pm a\ln(\rho_f A_f)_{bj}^{n+1} - [u_j^n \pm a\ln(\rho_f A_f)_j^n] = 0 \tag{6.37}$$

式中：ρ_f 为水的密度；A_f 为管道过流面积；"＋"号对应入流管段，"－"号对应出流管段。此外，对于完全有压的情况，检查井与管道之间的能量守恒关系同式（6.35）和式（6.36）。

3. 混合流

对于边界上既存在明渠流又存在有压流的混合流工况，本节选取 León 等（2010）提出的管道混合流计算方法进行求解。

至此已经对每个管段构造了 2 个方程，共计 $2N$ 个方程，为了封闭整个方程组还需要对检查井节点建立水量守恒方程：

$$\frac{(Q_d^{n+1} + Q_d^n)}{2} - \frac{(Q_o^{n+1} + Q_o^n)}{2} + \sum_{j=1,2,\cdots,N} \frac{(Q_{bj}^{n+1} + Q_{bj}^n)}{2} = A_d \frac{dy_d}{dt} \tag{6.38}$$

式中：上标 n 和 $n+1$ 为时间层；Q_d 为流入检查井的流量；Q_o 为流出检查井的流量；A_d 为检查井的面积；y_d 为检查井内的水深。

共 $2N+1$ 个方程构成非线性方程组，该方程组无法直接求解。因此，采用牛顿-拉弗森（Newton-Raphson）法进行迭代处理，一般进行 5 次迭代即可收敛。

6.3　一维管网流动模型的验证

采用多管道水流演进算例和环状管网流动算例，分别对基于有限差分法和有限体积法建立的城市排水管网流动模型的计算精度进行验证，分析两个模型在模拟管道内水流演进及存在明渠流与有压流过渡的复杂管网内水流运动的能力。

6.3.1　多管道水流演进算例

城市地下排水管网错综复杂，而且管网内的关键水力参数往往难以测量，因此通常基于物理模型试验的实测数据验证管网流动模型的计算精度。岑国平（1995）开展了水流沿多个管道演进的物理模型试验研究。试验装置由 4 根管道组成，管道与管道之间通过连接井相连，具体结构如图 6.4 所示。连接井 1、2、4 的平面尺寸为 0.23 m×0.23 m，连接井 3 长 0.6 m，宽 0.23 m。装置进水口的流量通过阀门控制，出口流量使用三角堰测流装置测量，管道在检查井 3 处做 180° 弯折，不同管道的具体参数见表 6.1。

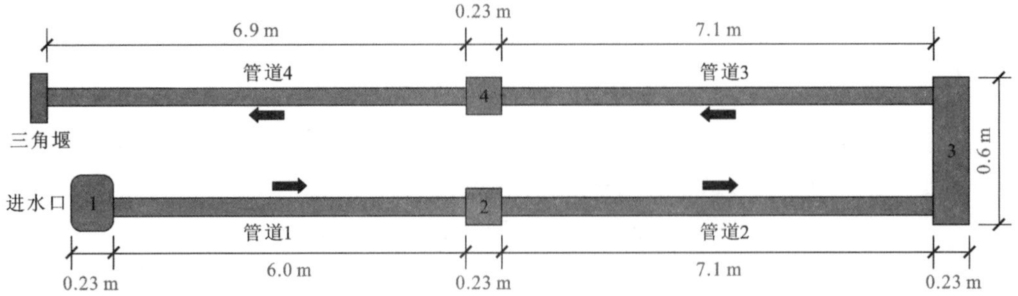

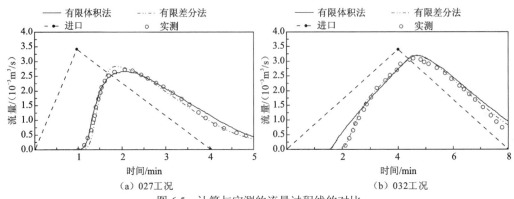

图 6.4　多管道试验装置示意图（岑国平，1995）

表 **6.1**　管道详细信息表（岑国平，1995）

管道编号	长度/m	坡度/%	粗糙系数	管径/m	进口高程/m	附加长度/m
1	6.0	0.35	0.009	0.09	1.0	0.45
2	7.1	0.24	0.01	0.1	0.996	0.65
3	7.1	0.24	0.01	0.1	0.946	0.65
4	6.9	0.15	0.01	0.1	0.921	0.65

　　原模型试验共包含七组试验工况，不同工况具有不同的进口流量随时间的变化过程。本节选取两组工况进行模拟，包括：入流时间为 4 min、流量上涨时间为 1 min、最大流量为 3.4×10^{-3} m³/s 的 027 工况；入流时间为 8 min、流量上涨时间为 4 min、最大流量为 3.4×10^{-3} m³/s 的 032 工况。

　　通过将计算结果与实测值进行对比，验证模型的计算精度。各工况的进口流量随时间的变化过程和模型计算结果与实测数据的对比，如图 6.5 所示，模拟流量过程线与实测结果非常相近，两工况下基于有限体积法的模拟值与实测值之间的纳什（Nash）效率系数达到 0.98 和 0.94，计算与实测洪峰流量的相对误差均在 5%以内；基于有限差分法的模拟值与实测值之间的纳什效率系数达到 0.97 和 0.99，计算与实测洪峰流量的相对误差均在 4%以内。因此，基于有限体积法和有限差分法建立的管网流动模型的计算精度均较高，能够准确模拟水流在排水管道内的流动过程。

（a）027工况　　　　　　　　　　　　（b）032工况

图 6.5　计算与实测的流量过程线的对比

6.3.2　环状管网流动算例

目前能够验证管网流动模型精度的算例较少，Ji（1998）提出了一个环状管网流动的概化算例，用于验证模型模拟复杂管网中水流运动的能力。该环状管网由 6 个检查井节点与 6 个管段组成，具体结构如图 6.6 所示。检查井 J1、J3 处给定非恒定流量边界条件；检查井 J4、J6 为出口节点，指定水位随时间的变化过程为边界条件。初始时刻设定各管道内水深为 0，管流的水击波波速取 75 m/s，管道曼宁阻力系数为 0.012 5 s/m$^{1/3}$。

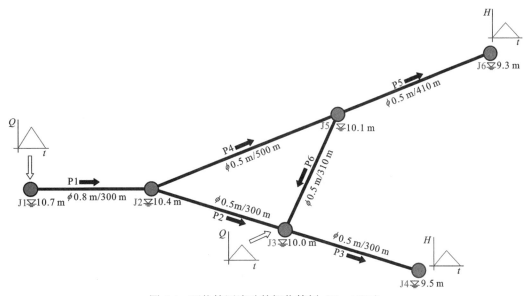

图 6.6　环状管网流动的概化算例（Ji，1998）

该算例的边界流量、水位随时间的变化过程，如图 6.7 所示，计算时间为 10 h。初始 2 h 模型进口处的流量为 0，出口处水位随时间均匀上升并在 $t=2$ h 时刻达到最大值 10.85 m，因此水流沿管网向上游方向运动。第 2～4 h 检查井 J1、J3 分别给定一个三角形的入流流量随时间的变化过程，检查井 J1、J3 的最大流量分别为 0.48 m³/s 与 0.30 m³/s。由于进口节点的流量超过了管道的过流能力，所以排水管网发生由明渠流到有压流的流态转变，水流在重力作用下沿管段由上游运动至下游。

将基于有限体积法和有限差分法建立的管网流动模型的计算结果与 Bartos 和 Kerkez（2021）基于 Superlink 算法的管网流动模型的计算结果进行对比，用于验证这些模型的计算精度。各管道的过流流量与主要节点的水位随时间的变化情况如图 6.8 所示。由图 6.8 可见，基于有限体积法和有限差分法的管网流动模型与基于 Superlink 算法的管网流动模型对节点水位和流量的模拟结果基本一致。由于进口流量与出口水位的变化较为平缓，整个计算过程中排水系统内的水流均为缓流流态。基于有限体积法和有限差分法的管网流动模型计算的各管道流量随时间的变化情况与基于 Superlink 算法的管网流动模型的计算结果较为一致，洪峰流量与峰现时间的相对误差在 5%以内。本章建立的基于

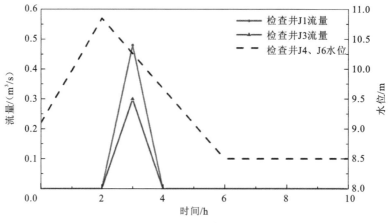

图 6.7　环状管网概化算例的边界条件

有限体积法的管网流动模型的计算效率较高，能够满足实际应用的需要。相较于管网内的过流流量模拟结果，水位随时间的变化过程无明显的数值振荡现象。在 2 h 35 min 后整个排水管网均为有压状态，随着进口流量的增加出口水位不断上升，整个排水管网的最大水位位于检查井 J1 处。3 h 后模型的进口流量与出口水位开始下降，整个排水管网内的水流流态由有压流转变为明渠流。通过与较为成熟的基于 Superlink 算法的管网流动模型的模拟结果进行对比，发现本章基于有限体积法和有限差分法的管网流动模型都能够准确模拟复杂管网中的水流运动，且计算效率较高。

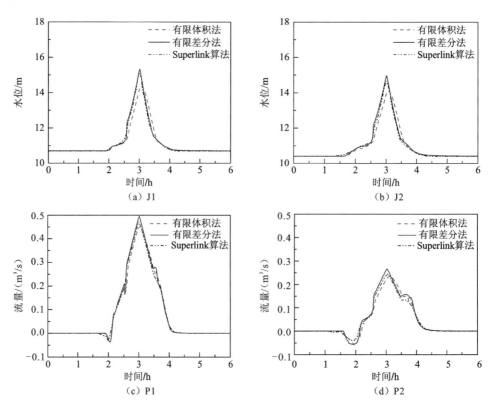

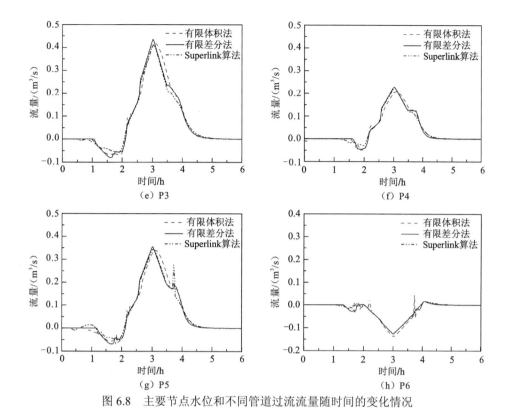

图 6.8　主要节点水位和不同管道过流流量随时间的变化情况

6.4　本 章 小 结

本章分别建立了基于有限差分法和有限体积法的城市排水管网流动的水动力学模拟方法，并通过经典算例对管网流动模型的计算精度进行验证，得到的主要结论如下。

（1）SWMM 中的管网模块将一维渐变非恒定流方程组作为控制方程，基于有限差分法离散方程组，采用隐式欧拉法进行迭代求解，得到节点水位、管道流量和水头等管网主要水力要素。

（2）基于有限体积法的管网流动模型将一维管流方程作为控制方程，使用 TPA 实现明渠流与有压流两种流态下控制方程的统一，采用戈杜诺夫格式有限体积法离散并求解方程并基于 HLL 近似黎曼算子求解数值通量。相较于 SWMM 的管网模块，基于有限体积法的管网流动模型的空间分辨率更高，能够模拟管道内的洪水演进过程，因此模拟结果更加精细。

（3）采用多管段水流演进算例及环状管网流动算例，验证了上述两个管网流动模型计算管网内复杂水流运动过程的能力。多管段水流演进算例中计算值与实测值的纳什效率系数达 0.9 以上，环状管网流动算例的模拟结果与国际成熟模型的计算结果近乎一致。因此，基于有限体积法和有限差分法的管网流动模型的计算精度均较高，能够满足实际应用需求。

第 7 章
城市洪涝地表径流过程的
水动力学模拟方法

城市地形起伏较大，地表径流水深浅、流态复杂，因此城市洪涝模拟对数值算法的精度和稳定性提出了较高要求。有限体积法对流态间断的捕捉能力较强，同时还能适用于不同类型网格，更加适合复杂下垫面条件下的洪涝过程模拟。本章建立了基于有限体积法的城市洪涝二维地表径流水动力学模型，该模型使用 HLLC 近似黎曼算子求解数值通量，采用 SRM 处理底坡源项。然后通过经典算例的试验数据对二维地表径流水动力学模型的计算精度进行了验证，并对极端暴雨情景下典型城市街区的地表洪涝过程进行了模拟。

7.1 控 制 方 程

浅水方程，由纳维-斯托克斯方程基于静压假定沿水深垂向积分而来，被广泛用于描述海啸、河湖、溃坝水流及地表径流等具有自由表面且水深尺度远小于平面尺度的水流（侯精明 等，2021；许仁义 等，2021；张大伟 等，2018）。相较于采用其他控制方程的模型，浅水方程模型在计算效率与计算精度等方面取得了较好的平衡，因此已经成为城市洪涝模拟的主流方法（徐宗学和叶陈雷，2021；Fernández-Pato et al.，2016）。

浅水方程由质量守恒方程与 x、y 方向的动量守恒方程构成，其守恒形式如下：

$$\frac{\partial \boldsymbol{U}}{\partial t} + \frac{\partial \boldsymbol{E}(\boldsymbol{U})}{\partial x} + \frac{\partial \boldsymbol{G}(\boldsymbol{U})}{\partial y} = \boldsymbol{S} \tag{7.1}$$

式中：$\boldsymbol{U}$ 为守恒变量构成的矢量；$\boldsymbol{E}$ 和 $\boldsymbol{G}$ 为 x 和 y 方向的通量；$\boldsymbol{S}$ 为源项，主要包括质量源项 $\boldsymbol{S}_e$ 及底坡源项 $\boldsymbol{S}_b$、摩阻源项 $\boldsymbol{S}_f$ 等动量源项。上述矢量的具体形式为

$$U = \begin{bmatrix} h \\ hu \\ hv \end{bmatrix}, \quad E = \begin{bmatrix} hu \\ hu^2 + \dfrac{1}{2}gh^2 \\ huv \end{bmatrix}, \quad G = \begin{bmatrix} hv \\ huv \\ hv^2 + \dfrac{1}{2}gh^2 \end{bmatrix} \tag{7.2}$$

$$S = S_e + S_b + S_f = \begin{bmatrix} q_e \\ 0 \\ 0 \end{bmatrix} + \begin{bmatrix} 0 \\ ghS_{0x} \\ ghS_{0y} \end{bmatrix} + \begin{bmatrix} 0 \\ -ghS_{fx} \\ -ghS_{fy} \end{bmatrix}$$

式中：h 为水深；u、v 为 x 和 y 方向沿水深平均的流速；q_e 为单位面积上的质量源项，主要包含降雨、下渗、雨水口泄流、溢流等；g 为重力加速度；S_{0x}、S_{0y} 反映了 x 和 y 方向的地形变化，$S_{0x} = -\partial Z_b / \partial x$，$S_{0y} = -\partial Z_b / \partial y$，$Z_b$ 为地面高程；S_{fx}、S_{fy} 为 x 和 y 方向上的摩阻坡度，这里采用曼宁公式计算，即

$$\begin{cases} S_{fx} = \dfrac{n^2 u \sqrt{u^2 + v^2}}{h^{4/3}} \\[3mm] S_{fy} = \dfrac{n^2 v \sqrt{u^2 + v^2}}{h^{4/3}} \end{cases} \tag{7.3}$$

式中：n 为曼宁粗糙系数。

7.2 数值解法

浅水方程属于双曲型偏微分方程，仅针对特定问题存在解析解，因此通常需要采用特定的数值算法进行求解。数值算法的选取不仅取决于控制方程的特性，还取决于计算区域的离散方式即计算网格的类型。目前计算水动力学领域的数值算法基本由计算空气动力学的数值算法发展而来，但由于浅水方程中摩阻源项、底坡源项等源项的存在，对数值算法提出了更高的要求。本节模型中采用非结构三角形网格离散计算区域，非结构网格的划分过程较为复杂，但非结构网格相比于结构网格具有更高的灵活性，能够适用于各种具有实际地形及复杂边界的研究区域（夏军强 等，2010）。

7.2.1 数值离散方法

有限体积法具有守恒特性，对复杂边界具有良好的适应性，因此被广泛用于求解浅水方程（Zangeneh and Ollivier-Gooch，2019；Benkhaldoun et al.，2007；Begnudelli and Sanders，2006）。如图 7.1 所示，基于单元中心的有限体积法，整个计算区域被分割为一个个控制单元（网格），守恒变量存储于网格的中心，其值等于整个网格内变量的平均值。单个网格由若干个节点环绕构成，网格与网格之间通过界面连接。因此，对控制单元 i 进行积分可得

$$\int_{A_i} \frac{\partial \boldsymbol{U}}{\partial t} \mathrm{d}A + \int_{A_i} \nabla \cdot \boldsymbol{F} \mathrm{d}A = \int_{A_i} \boldsymbol{S} \mathrm{d}A \tag{7.4}$$

式中：$\boldsymbol{F} = (\boldsymbol{E}, \boldsymbol{G})$；$A_i$ 为计算网格的面积。

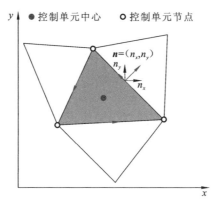

图 7.1　控制单元及计算网格示意图

基于高斯定理，针对计算网格的面积分可以转化为对网格界面的线积分：

$$\frac{\partial \boldsymbol{U}}{\partial t} A_i + \oint_{\Gamma} \boldsymbol{F} \cdot \boldsymbol{n} \mathrm{d}\Gamma = \int_{A_i} (\boldsymbol{S}_{\mathrm{e}} + \boldsymbol{S}_{\mathrm{b}} + \boldsymbol{S}_{\mathrm{f}}) \mathrm{d}A \tag{7.5}$$

式中：Γ 为计算网格的边界；$\boldsymbol{n}$ 为计算网格边界上的外法向单位向量。

式（7.5）可以进一步展开为

$$\boldsymbol{U}_i^{k+1} = \boldsymbol{U}_i^k + \frac{\Delta t}{A_i} \left[\int_{A_i} (\boldsymbol{S}_{\mathrm{e}} + \boldsymbol{S}_{\mathrm{b}} + \boldsymbol{S}_{\mathrm{f}}) \mathrm{d}A_i - \oint_{\Gamma} \boldsymbol{F} \cdot \boldsymbol{n} \mathrm{d}\Gamma \right] \tag{7.6}$$

其中，上标 k 和 $k+1$ 表示时间层，下标 i 表示第 i 个计算网格。

根据浅水方程的旋转不变性，可以引入旋转矩阵 $\boldsymbol{T}$ 将式（7.6）中的通量计算转化为一维问题：

$$\boldsymbol{F} \cdot \boldsymbol{n} = \boldsymbol{T}^{-1} \boldsymbol{E}(\boldsymbol{T}\boldsymbol{U}) \tag{7.7}$$

式中：$\boldsymbol{T}$ 为旋转矩阵，有

$$\boldsymbol{T} = \begin{bmatrix} 1 & 0 & 0 \\ 0 & n_x & n_y \\ 0 & -n_y & n_x \end{bmatrix} \tag{7.8}$$

对于具有 m 条边的非结构网格，通量的积分可以表示为

$$\oint_{\Gamma} \boldsymbol{F} \cdot \boldsymbol{n} \mathrm{d}\Gamma = \sum_{j=1}^{m} \boldsymbol{T}_{ij}^{-1} \boldsymbol{E}(\boldsymbol{T}_{ij}\boldsymbol{U}_{ij}, \boldsymbol{T}_{ij}\boldsymbol{U}_{ji}) \Delta l_{ij} \tag{7.9}$$

式中：$\boldsymbol{T}_{ij}$ 为 i、j 两计算网格公共界面的旋转矩阵；$\boldsymbol{U}_{ij}$ 和 $\boldsymbol{U}_{ji}$ 为界面左右侧的守恒变量；Δl_{ij} 为界面边长。

7.2.2　界面通量的求解方法

目前主流的界面通量求解方法为通量向量分裂格式和戈杜诺夫格式（周浩澜 等，2010；

赵棣华 等，2002）。以近似黎曼解为基础的戈杜诺夫格式能够自动捕捉间断，因而对复杂流态的适用性较强。本节采用 HLLC 近似黎曼算子计算通过单元边界的数值通量：

$$F_{i+1/2}^{HLLC} = \begin{cases} F_L, & 0 \leqslant S_L \\ F_{*L}, & S_L \leqslant 0 \leqslant S_M \\ F_{*R}, & S_M \leqslant 0 \leqslant S_R \\ F_R, & 0 \geqslant S_R \end{cases} \quad (7.10)$$

其中，$F_{*L} = F_L + S_L(U_{*L} - U_L)$，$F_{*R} = F_R + S_R(U_{*R} - U_R)$，$F_L$、$F_R$ 为使用界面左右两侧状态变量计算得到的数值通量，S_L、S_R、S_M 分别为左行波、右行波、中间波的波速，U_{*L}、U_L 和 U_{*R}、U_R 分别为界面左右两侧不同区域的状态变量。

波速计算，可参考 Fraccarollo 和 Toro（1995）提出的方法：

$$\begin{cases} S_L = \min\{u_L - \sqrt{gh_L}, u^* - \sqrt{gh^*}\} \\ S_M = u^* \\ S_R = \max\{u_R + \sqrt{gh_R}, u^* + \sqrt{gh^*}\} \end{cases} \quad (7.11)$$

式中：u_L、u_R 为界面左右两侧流速；h_L、h_R 为界面左右两侧水深。u^*、h^* 的计算采用双稀疏波估计，即

$$\begin{cases} h^* = \frac{1}{g}\left\{\frac{1}{2}\left[\sqrt{gh_L} + \sqrt{gh_R} + \frac{1}{4}(u_L - u_R)\right]\right\}^2 \\ u^* = \frac{1}{2}(u_R + u_L) + \sqrt{gh_L} - \sqrt{gh_R} \end{cases} \quad (7.12)$$

HLLC 近似黎曼算子在应用于干湿交界面时需要进行一定的修正，当交界面右侧为干单元时，

$$\begin{cases} S_L = u_L - \sqrt{gh_L} \\ S_R = u_L + 2\sqrt{gh_R} \\ S_M = S_R \end{cases} \quad (7.13)$$

当交界面左侧为干单元时，

$$\begin{cases} S_L = u_L - 2\sqrt{gh_L} \\ S_R = u_R + \sqrt{gh_R} \\ S_M = S_L \end{cases} \quad (7.14)$$

7.2.3 底坡源项的处理方法

二维浅水方程中的动量源项主要包含底坡源项与摩阻源项。源项的处理一直是浅水方程数值解法的一个难点（Benkhaldoun et al.，2007）。对于底坡变化较大的情况，若底坡源项处理不当，会出现数值振荡问题，甚至会导致模型的崩溃。因此，对底坡源项的离散必须满足和谐性原则，即在静水条件下底坡源项需要与动量通量抵消（魏红艳 等，2019）。本节模型采取 Xia 等（2017）提出的 SRM 重构计算网格边界两侧的状态变量。

SRM 如图 7.2 所示，首先需要对界面两侧的水位进行重构，为了描述具体算法，这里将界面状态变量的重构退化为一维问题，假设界面 $i+1/2$ 左、右侧存在计算网格 i 与 $i+1$：

$$\begin{cases} \eta_L = \eta_i + \max\{0, \min\{b_{i+1} - b_i - \delta b, \eta_{i+1} - \eta_i\}\} \\ \eta_R = \eta_{i+1} + \max\{0, \min\{b_i - b_{i+1} + \delta b, \eta_i - \eta_{i+1}\}\} \end{cases} \quad (7.15)$$

式中：η_L 和 η_R 分别为界面左右两侧水位；η_i 和 η_{i+1} 分别为界面左右侧单元水位平均值；b_i 和 b_{i+1} 分别为界面左右侧单元底床高程。$\delta b = b_{i+1/2R} - b_{i+1/2L}$，$b_{i+1/2L}$ 和 $b_{i+1/2R}$ 分别为界面左、右侧重构后的地面高程。地面高程重构方法采用守恒型的上游中心保单调格式（monotonic upstream-centered scheme for conservation laws，MUSCL）（van Leer，1974）：

$$\begin{cases} b_{i+1/2L} = b_i + r_i \Psi(r_i) \nabla b_i \\ b_{i+1/2R} = b_{i+1} + r_{i+1} \Psi(r_{i+1}) \nabla b_{i+1} \end{cases} \quad (7.16)$$

式中：r_i 为网格中心到界面的距离；$\Psi(r_i)$ 为经过限制函数限制后的坡度，本节中采用 minmod 限制函数，即

$$\begin{cases} \Psi(r_i) = \max\{0, \min\{r_i, 1\}\} \\ r_i = \dfrac{b_{i+1} - b_i}{b_i - b_{i-1}} \end{cases} \quad (7.17)$$

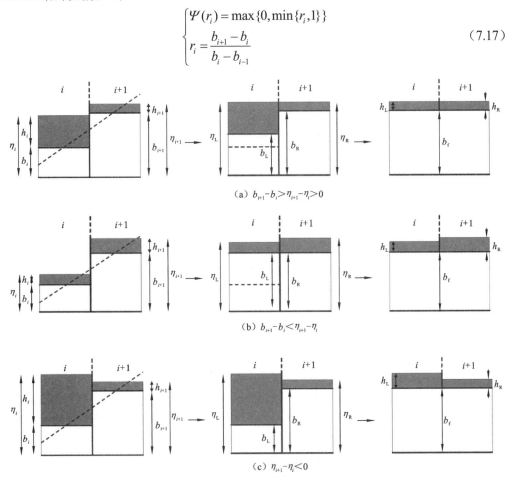

图 7.2　SRM 底坡源项处理方法（Xia et al.，2017）

通过引入限制函数能够避免间断地形给数值模拟带来的不利影响。基于重构后的水位可以重新计算界面两侧的地面高程：

$$\begin{cases} b_{\mathrm{L}} = \eta_{\mathrm{L}} - h_i \\ b_{\mathrm{R}} = \eta_{\mathrm{R}} - h_{i+1} \end{cases} \tag{7.18}$$

式中：h_i 为左侧单元平均水深。

将重新计算后的界面两侧地面高程的最大值作为界面高程，并重新计算界面两侧的水深：

$$b_{\mathrm{f}} = \max\{b_{\mathrm{L}}, b_{\mathrm{R}}\} \tag{7.19}$$

$$\begin{cases} h_{\mathrm{L}} = \max\{0, \eta_{\mathrm{L}} - b_{\mathrm{f}}\} \\ h_{\mathrm{R}} = \max\{0, \eta_{\mathrm{R}} - b_{\mathrm{f}}\} \end{cases} \tag{7.20}$$

假定界面两侧的流速等于网格中心的流速，则有

$$\begin{cases} u_{\mathrm{L}} = u_i \\ u_{\mathrm{R}} = u_{i+1} \end{cases} \tag{7.21}$$

式中：u_i 为左侧单元平均流速。

至此界面左右两侧的黎曼守恒变量重构完毕。

式（7.6）中积分形式的底坡源项，可以改写成如下通量形式（Hou et al.，2013）：

$$\int_{A_i} \boldsymbol{S}_{\mathrm{b}} \mathrm{d}A = \int_{\Gamma} \mathrm{F}_{\mathrm{b}}(\boldsymbol{U}) \cdot \boldsymbol{n} \mathrm{d}\Gamma = \sum_{j=1}^{m} [\boldsymbol{F}_{\mathrm{b}j}(\boldsymbol{U}^k) \boldsymbol{n}_j \Delta l_j] \tag{7.22}$$

其中，Γ 为界面，Δl_j 为界面 j 的长度，各界面上的底坡通量为

$$\boldsymbol{F}_{\mathrm{b}j}(\boldsymbol{U}) \boldsymbol{n}_j = \begin{bmatrix} 0 \\ \dfrac{1}{2} g(h_i + h_{\mathrm{L},j})(b_i - \overline{b}_{\mathrm{f},j}) n_{xj} \\ \dfrac{1}{2} g(h_i + h_{\mathrm{L},j})(b_i - \overline{b}_{\mathrm{f},j}) n_{yj} \end{bmatrix} \tag{7.23}$$

式中：$h_{\mathrm{L},j}$ 为界面 j 左侧重构的水深[式（7.20）]；$\overline{b}_{\mathrm{f},j}$ 为界面 j 修正后的界面高程，对任意内部界面：

$$\overline{b}_{\mathrm{f},i} = b_{\mathrm{f}} - \Delta b$$

$$\Delta b = \begin{cases} \max\{0, b_{\mathrm{f}} - \eta_i\}, & h_{i+1} < h_{\min} \\ \max\{0, \min\{\delta b, b_{\mathrm{f}} - \eta_i\}\}, & h_{i+1} \geqslant h_{\min} \end{cases} \tag{7.24}$$

其中：$h_{\min}$ 为干湿判别的最小水深。

7.2.4　摩阻源项的处理方法

在实际城市暴雨径流模拟过程中，受较大坡度的影响，会出现小水深、大流速的水流流态，继而造成摩阻源项的"刚性"问题（许仁义 等，2021）。常规的显格式摩阻源项处理方法在这种情况下会出现虚假流动，因此一般使用隐式或半隐式方法处理摩阻源项。本节中使用半隐式摩阻源项处理方法（夏军强 等，2010）：

$$h \begin{bmatrix} 0 \\ S_{\mathrm{fx}} \\ S_{\mathrm{fy}} \end{bmatrix} = \begin{bmatrix} 0 \\ (n^2 \sqrt{u^2 + v^2} / h^{4/3})^k (hu)^{k+1} \\ (n^2 \sqrt{u^2 + v^2} / h^{4/3})^k (hv)^{k+1} \end{bmatrix} \tag{7.25}$$

式（7.6）可进一步改写为

$$U_i^{k+1} = \left\{ U_i^k + \frac{\Delta t}{A_i}\left[-\sum_{j=1}^{M} T_{ij}^{-1} E(T_{ij}U_{ij}^k, T_{ij}U_{ji}^k)\Delta l_{ij} + \sum_{j=1}^{M} F_{bj}(U^k)n_j\Delta l_j \right] + S_e \right\} \bigg/ (1 + \Delta t S_{fxy}^k) \quad (7.26)$$

式中：$S_{fxy}^k = [0, gn^2\sqrt{u^2+v^2}/h^{4/3}, gn^2\sqrt{u^2+v^2}/h^{4/3}]^T$。

7.2.5　下渗项的计算方法

降雨在城市地表形成径流的过程中会因植被截留、下渗、蒸发等产生降水损失，其中下渗损失占据主要地位。有研究表明，在全球尺度上，土壤下渗量占据了总降水量的27.0%（Oki and Kanae，2006）。对于短历时城市洪涝过程，下渗的影响同样不可忽略（刘璐 等，2019）。本模型采用霍顿（Horton）下渗公式计算下渗量（Horton，1941）：

$$f_p = f_\infty + (f_0 - f_\infty)e^{-k_d t} \quad (7.27)$$

式中：f_p 为下渗强度；f_∞ 为稳定下渗强度；f_0 为最大下渗强度；k_d 为衰减系数；t 为时间。

霍顿下渗公式计算的下渗速率受到时间和土壤含水量共同控制，因此需要使用迭代法进行求解（程银才 等，2016）。本模型中参考了 SWMM 的水文计算模块，使用牛顿-拉弗森法求解霍顿下渗公式。

7.2.6　边界条件设置

有限体积法中边界条件的给定较为简单，仅需根据界面类型构造界面两侧的黎曼不变量，并通过黎曼求解器求解数值通量。

1）开边界条件

对于开边界条件，指定界面外部（右侧）的物理量等于界面左侧的物理量：

$$\begin{cases} u_R = u_L \\ v_R = v_L \\ h_R = h_L \end{cases} \quad (7.28)$$

式中：u、v 为 x 和 y 方向沿水深平均的流速；h 为水深；下标 L 和 R 分别表示界面左右侧。

2）闭边界条件

固壁边界条件假定界面外部有方向与界面左侧完全相反的流速：

$$\begin{cases} u_R = -u_L \\ v_R = -v_L \\ h_R = h_L \end{cases} \quad (7.29)$$

3）流量/水位条件

对于缓流或临界流态的边界，需要提供边界处的流量或水位过程；对于急流流态的边界，需要同时提供流速及水位过程。

7.3 二维地表径流模型的计算精度验证

7.3.1 降雨径流算例

为研究城市产汇流规律，Cea 等（2010）构建了不锈钢材质的物理模型，通过设置不同的建筑物布局和降雨雨型，开展了降雨径流的物理模型试验研究。该物理模型的平面尺寸为 2.5 m×2 m，由三个坡度为 0.05 的不锈钢板拼接而成。试验中使用 100 个喷头在模型内制造均匀的降雨，并在模型装置的出口处测量流量。试验概化了均匀分布及交错分布两类共八种模型房屋的布置方式，单个模型房屋长 0.3 m、宽 0.2 m、高 0.2 m，模型房屋顶部的坡度为 45°。试验中设置 84 mm/h、180 mm/h、300 mm/h 三种恒定的降雨强度及 20 s、40 s、60 s 三种降雨持续时间共九组降雨工况。

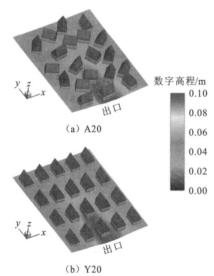

数字高程/m
0.10
0.08
0.06
0.04
0.02
0.00

（a）A20

（b）Y20

扫一扫 看彩图

图 7.3 降雨径流试验中不同的
模型房屋布局（Cea et al.，2010）

本节将模型房屋均匀分布的 Y20 布局及交错分布的 A20 布局作为计算工况，两组工况模型的具体结构如图 7.3 所示。两种布局下均采用降雨强度为 300 mm/h，降雨持续时间 t_r 为 20 s、40 s、60 s 的计算工况，通过对比计算与实测的流量过程来验证模型的计算精度。模型中使用 BH（Building-Hole）方法概化建筑物，即建筑物在计算网格中被概化为具有固壁边界的矩形空洞。BH 方法能够降低网格数量，避免建筑物边界处较大底坡对模型计算稳定性的影响，因此计算效率较高。但由于 BH 方法减小了计算区域的实际面积，所以需要按照实际计算区域面积与模型计算网格面积之比成比例地增加降雨强度。计算网格的空间分辨率为 0.05 m，用于干湿判别的最小水深取 $1×10^{-6}$ m，模型整体的曼宁粗糙系数根据原研究推荐设置为 0.016 s/m$^{1/3}$。两种布局下模型出口处计算与实测的流量随时间的变化，如图 7.4 所示。计算与实测的流量随时间的变化基本一致，证明模型的计算精度较高，能够准确地模拟降雨在城市地表的产汇流过程。除 Y20 布局 t_r=20 s 工况外，计算与实测的洪峰流量的相对误差均小于 5%。Y20 布局 t_r=20 s 工况相对误差较大的原因可能为，该工况降雨历时较短，导致地表径流的水深偏小，因而水流运动时受到的表面张力等因素的影响较大，使数值模拟与模型试验得到的洪峰的相位不一致。

t_r=40 s 时刻不同布局下模型内流场与水深、弗劳德数 Fr 的分布特征，如图 7.5 所示。地表径流呈现出小水深、复杂流场的特征，模型左右两侧水深仅为 1 mm 左右，因此对数学模型捕捉干湿交界面的能力提出了较高的要求。建筑物的存在显著地影响了水流流

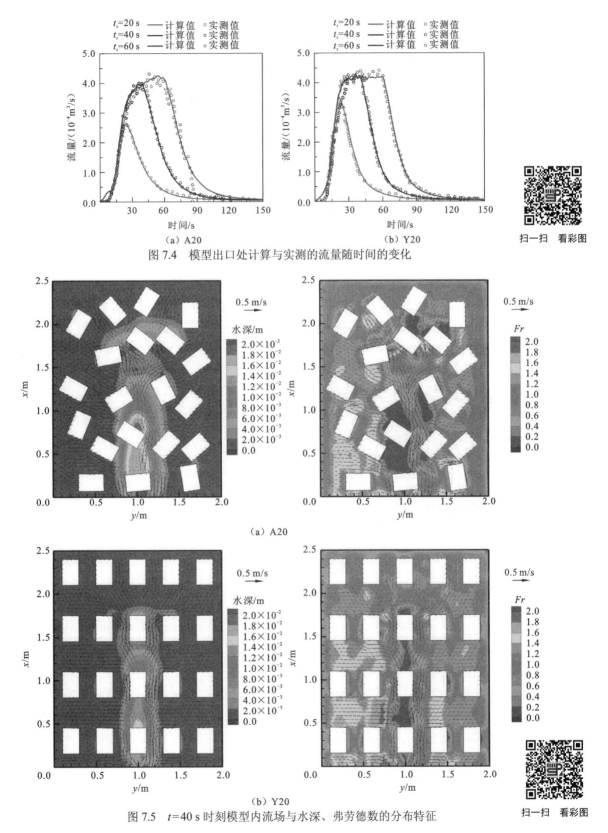

（a）A20　　　　　　　　　　（b）Y20

图 7.4　模型出口处计算与实测的流量随时间的变化

（a）A20

（b）Y20

图 7.5　$t=40$ s 时刻模型内流场与水深、弗劳德数的分布特征

扫一扫　看彩图

场，受房屋阻碍建筑物前水深增加、流速减小，建筑物与建筑物之间的缝隙处流速增加。建筑物交错分布的 A20 布局的水流流态相较于 Y20 布局更为复杂。同时，受局部地形的影响，水流在模型的中部积聚，最大水深达 1.5 cm 以上。模型中部由于地形坡度较小，水流流速较慢，地表径流发生由急流到缓流的流态转变。受复杂地形与建筑物布局的影响，城市降雨径流过程较为复杂，给城市洪涝数学模型的精度和数值稳定性提出了较高的要求。本节建立的二维地表径流模型能够有效捕捉干湿交界面且能准确模拟急流与缓流之间的流态过渡，因此能够准确模拟复杂城市下垫面条件下的径流过程。

7.3.2　城市街区洪水演进算例

Testa 等（2007）在河工模型中开展了城市街区洪水演进的概化模型试验研究。模型的平面布置如图 7.6（a）所示。通过在河工模型中布置边长为 0.15 m 的正方体混凝土块以概化城市的复杂街区结构。模型的进口流量由电磁流量计与阀门共同控制，出口设定为开边界条件，进口处流量随时间的变化过程如图 7.6（b）所示。Testa 等（2007）共开展了建筑物交错分布与均匀分布两种建筑物布局的研究，每种建筑物布局设置大、中、小流量三种试验工况。

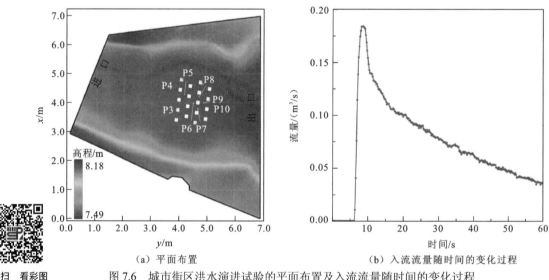

（a）平面布置　　　　　　　　　　（b）入流流量随时间的变化过程

图 7.6　城市街区洪水演进试验的平面布置及入流流量随时间的变化过程

本节选取大流量、建筑物交错分布的工况验证模型的计算精度。模型中建筑物均使用 BH 方法进行概化，建筑物周围网格的分辨率设置为 0.02 m，其余位置网格的分辨率设置为 0.05 m。整个研究区域共被划分为 66 409 个三角形计算单元。初始时刻整个研究区域的水深被设置为 0，根据以往研究，研究区域的曼宁粗糙系数被统一设置为 $0.016\ \mathrm{s/m^{1/3}}$（An and Yu，2012）。计算过程中选用动态时间步长，为保证数值稳定性，柯朗（Courant）数被设置为 0.4。模型中共布置了 10 个测点用于监测城市街区周围水深随时间的变化情况。测点 P1、P2 用于监测模型进口处的水深变化情况，距离城市街区较远，因此没有在图 7.6 中予以展示，各水深测点的采样频率均为 5 Hz。

图 7.7 给出了不同时刻水深与流速的分布情况。在计算的初始时刻，由于入流流量较大，入口处的水流流速在 3 m/s 以上。水流撞击建筑物后在城市街区前侧形成水跃并造成水位壅高，城市街区上游侧最大水深在 0.15 m 以上。受建筑物的阻碍，洪水主要沿城市街区两侧流动，城市街区下游的水深较小。随着进口流量的减小，整个研究区域内的流速不断降低，水跃的位置向上游的模型进口处移动。

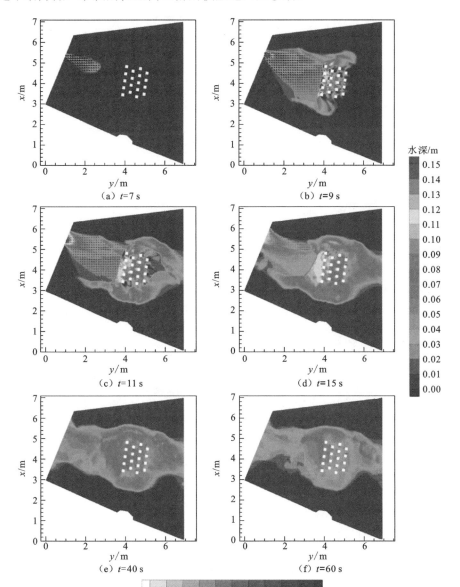

图 7.7　不同时刻模型内水深与流速的分布情况

扫一扫　看彩图

图 7.8 对比了各测点处本模型计算与 Testa 等（2007）实测的水深随时间的变化过程，此外 An 和 Yu（2012）采用的具有静水和谐特性的自适应网格浅水方程模型的模拟结果

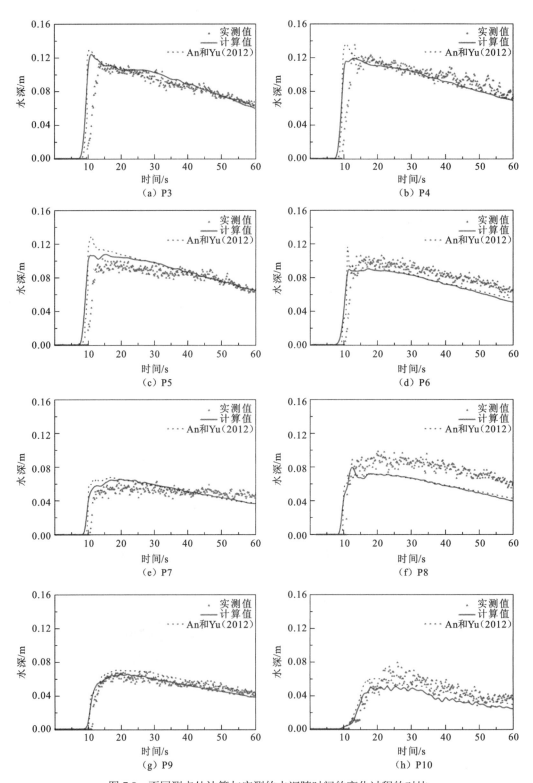

图 7.8　不同测点处计算与实测的水深随时间的变化过程的对比

同样绘制于图 7.8 中，用于对比验证本模型的计算精度。整体而言，本模型的计算精度良好，除测点 P8 外，其余测点计算值与实测值的变化趋势近乎一致。浅水方程模型由于控制方程的限制，无法完全模拟明渠水流自由液面的波动，所以模拟的水深随时间的变化过程相较于实测值更加平滑。此外，本模型模拟的水深随时间的变化过程的相位相较于实测过程略微提前，该现象在 An 和 Yu（2012）的模拟结果中也出现了。其原因可能与模型试验中的进口边界条件有关。本节数学模型中入流边界处的质量与动量通量基于入流流量和模型进口处的过水断面面积计算。在物理模型试验中为了保证进口处水流平顺，入流经由消能池流入模型，数学模型中没有考虑消能池产生的水头损失，导致入口处的水流流速偏快。

7.3.3　极端暴雨下典型城市街区的洪涝过程模拟

2021 年 7 月 20 日河南郑州遭遇历史罕见特大暴雨，发生了严重的城市洪涝灾害，遭受了重大人员伤亡和财产损失，郑州因灾死亡失踪 380 人，其中 6 人在京广快速路北隧道内遇难。为模拟典型城市街区在极端暴雨事件中的产汇流规律，本节以郑州京广快速路北隧道附近某一面积约为 13 km^2 的集水区为研究区域。本次特大暴雨事件的降雨强度如图 7.9 所示，其中小时最大降雨量发生在 20 日 16～17 时（201.9 mm），突破中国大陆 1 h 降雨量历史极值。

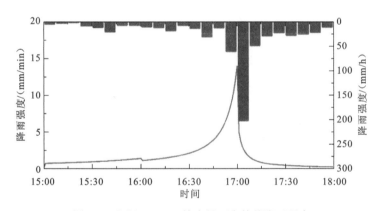

图 7.9　郑州"7·20"特大暴雨事件的降雨强度

本节中整个计算区域被划分为 937 551 个无结构的三角形网格，京广快速路北隧道周围网格的分辨率设置为 2 m，其余位置网格的分辨率设置为 5 m，模型中建筑物均使用 BH 方法进行概化，计算区域的边界被指定为固定边壁边界条件。初始时刻整个研究区域的水深被设置为 0，研究区域内街道的曼宁粗糙系数设置为 0.012 s/m$^{1/3}$，其余位置设置为 0.02 s/m$^{1/3}$。计算过程中选用动态时间步长，为保证数值稳定性，柯朗数被设置为 0.4。图 7.10 对比了研究区域内各测点模型计算与实测的洪痕点水深，以及京广快速路北隧道内计算与实测的水深随时间的变化过程。整体而言，模型的计算精度良好，决定系数 R^2 为 0.868（Dong et al.，2022）。

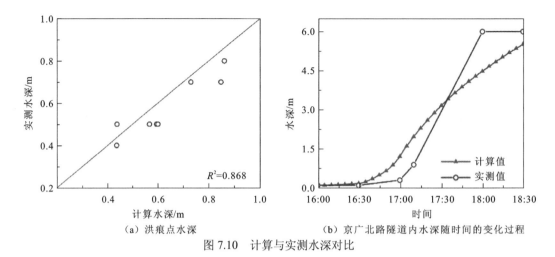

（a）洪痕点水深

（b）京广北路隧道内水深随时间的变化过程

图 7.10　计算与实测水深对比

当地表积水高于建筑物门槛高程时，进入建筑物内的流量 Q_d 可用堰流公式计算：

$$Q_d = \frac{2}{3} C_w \cdot w_d \sqrt{2g} \cdot \mathrm{sgn}(h_s - h_b) \, | \, h_s - h_b |^{3/2} \qquad (7.30)$$

式中：C_w 为堰流系数；w_d 为建筑物的门的宽度；h_s 为地表淹没水深；h_b 为建筑物的门槛高度。已知建筑物的室内面积，即可确定淹没水深。图 7.11 给出了不同时刻研究区域内城市地表淹没水深与建筑物内淹没水深的分布情况。2021 年 7 月 20 日，当强降雨发生后，研究区域的淹没水深迅速增加，局部地区（如京广路、嵩山南路等）在 17:00 淹没

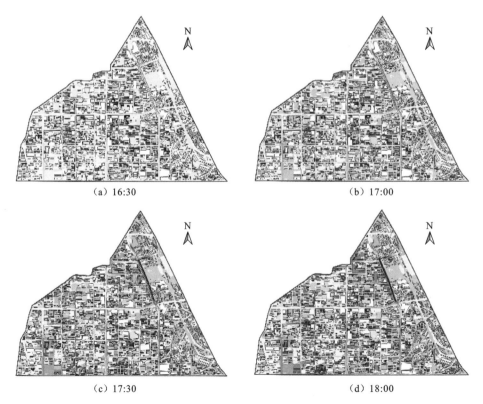

（a）16:30

（b）17:00

（c）17:30

（d）18:00

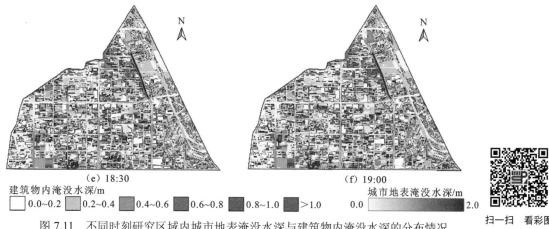

（e）18:30　　　　　　　　　　　　　　　　　　　（f）19:00

建筑物内淹没水深/m　　　　　　　　　　　　　　城市地表淹没水深/m

0.0~0.2　0.2~0.4　0.4~0.6　0.6~0.8　0.8~1.0　>1.0　　　0.0　　　　　　2.0

扫一扫　看彩图

图 7.11　不同时刻研究区域内城市地表淹没水深与建筑物内淹没水深的分布情况

水深达到 1 m 以上；17:30 后，由于降雨强度大幅下降，建筑物内的淹没水深呈现下降趋势，但道路淹没水深缓慢增加。研究区域内建筑物内淹没水深采用基于堰流公式的方法进行计算，在 19:00，研究区域内 28.9%的建筑物内淹没水深超过 0.5 m，大学南路、京广路、嵩山路等道路沿线存在严重受淹的建筑物。研究区域内建筑物的受淹程度与地表渍水的位置密切相关，建筑物内的淹没水深随时间的变化过程相比地表淹没水深随时间的变化过程存在一定的滞后性。

　　图 7.12 给出了不同时刻研究区域内流速及京广快速路北隧道出口处流场的分布情况。17:00 由于强降雨，研究区域内道路的流速较大，平均流速大于 1.2 m/s。强降雨过后，18:00 研究区域的平均流速显著下降，但由于局部地势低洼，坡度较大，道路仍存在严重内涝情况，路中间流速仍较大，存在道路行洪的现象。京广快速路北隧道出口处的最大流速可达 2 m/s，对隧道内被困行人的疏散撤离构成了巨大威胁。

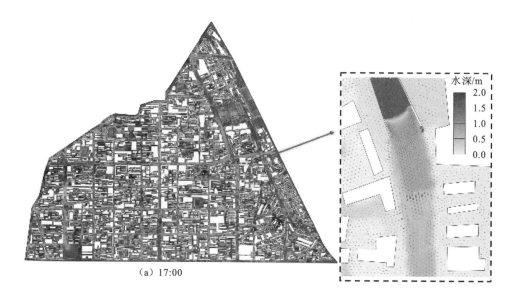

水深/m

2.0
1.5
1.0
0.5
0.0

（a）17:00

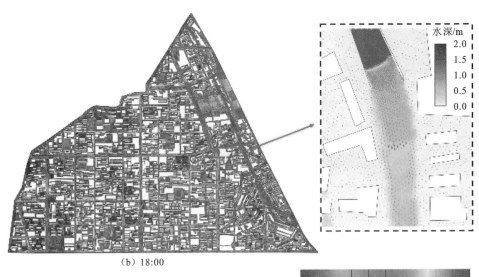

（b）18:00

扫一扫　看彩图

流速/(m/s)　0.0 0.2 0.4 0.6 0.8 1.0 1.2 1.4 1.6 1.8 2.0

图7.12　不同时刻研究区域内流速及京广北路隧道出口处流场的分布情况

7.4　本章小结

本章介绍了城市洪涝二维地表径流水动力学模型的控制方程及其数值求解方法。通过经典算例的实测数据对模型的计算精度进行了验证，模拟了郑州"7·20"特大暴雨下京广快速路北隧道片区的洪涝过程。本章主要结论如下。

（1）建立了基于戈杜诺夫格式有限体积法的模拟城市洪涝地表径流过程的二维水动力学模型。该模型使用 HLLC 近似黎曼算子求解数值通量，采用 SRM 对底坡源项进行离散，适合复杂下垫面条件下洪涝过程的精细模拟。

（2）采用降雨径流及城市街区洪水的物理模型试验结果，验证了二维地表径流水动力学模型的计算精度。这些算例结果表明，本模型能够有效捕捉干湿交界面且能准确模拟急流与缓流之间的流态过渡，因此具有较好的模拟地表复杂流态的能力。

（3）采用二维地表径流水动力学模型，反演了 2021 年郑州"7·20"特大暴雨事件中京广快速路北隧道附近街区的洪涝过程，分析了研究区域内淹没水深和流速的时空变化特点。结果表明，本模型计算精度良好，计算与实测水深的 $R^2 > 0.8$，在强降雨过程中道路上的淹没水深大于其他区域。

第 8 章
城市洪涝全过程水动力学模型的构建与验证

本章建立地表径流与地下管流耦合的城市洪涝全过程水动力学模型，该模型耦合二维地表径流模块、一维地下管流模块、地表径流与地下管流交互模块，使用MPI 与 OpenMP 混合的并行方法提高模型的计算效率。一维地下管流模块使用 TPA与戈杜诺夫格式有限体积法模拟管道内复杂流态的水流运动；二维地表径流模块基于非结构网格有限体积法求解浅水方程；两模块之间使用基于雨水口过流流量计算公式的地表径流与地下管流交互模块进行耦合。本章将重点介绍耦合模型流量交互的计算方法，以及耦合模型的验证、模型参数的敏感性分析和不确定性分析。

8.1 地表径流与地下管流耦合模型的总体结构

城市洪涝灾害极为复杂，涉及多种水文学和水动力学过程（图 8.1）。降雨到达地表后，经过植被截留、土壤下渗、填洼等一系列初雨损失后在城市地表形成径流。地表径流经由雨水口流入地下排水管网，后通过泵站、闸门等流入江河湖泊等天然水系。通常水文学模型采用一定的经验关系和简化方法模拟上述复杂的产汇流过程，虽然效率较高，但是其模拟精细度难以满足要求，因此有必要研发具有明确物理机理的城市洪涝全过程水动力学模型。

城市洪涝全过程水动力学模型的计算流程，如图 8.2 所示。该模型主要包含二维地表径流模块、地表径流与地下管流交互模块、一维地下管流模块。一维地下管流模块计算管网流动和泵站抽排等过程，求解方法详见第 6 章；二维地表径流模块能够模拟降雨在城市地表上的产汇流过程，求解方法详见第 7 章；地表径流与地下管流交互模块计算地表径流通过雨水口下泄至地下排水管网、管道内水流通过雨水口或检查井溢流至地表的流量。

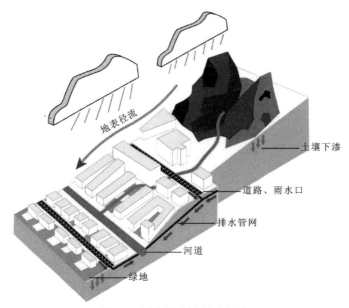

图 8.1　城市洪涝过程示意图

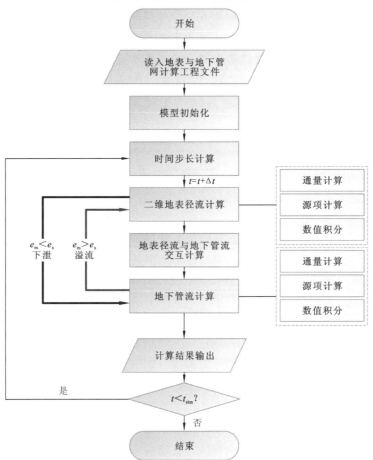

图 8.2　城市洪涝全过程水动力学模型的计算流程

e_m 为检查井内水位；e_s 为地表水位；t_{sim} 为总模拟时间

8.2　地表径流与地下管流的交互模块

雨水口和检查井作为地表径流与地下管流之间交互的关键节点，其过流能力直接影响城市洪涝灾害的程度。雨水口的过流能力不仅取决于雨水口的几何特征，还与地表径流和地下管流之间的水流流态密切相关。本模型引入第 3 章提出的地表径流与地下管流交互流量计算公式，根据实际城市地下排水管网的结构，假定地表径流被雨水口收集后汇入邻近的检查井，进入地下排水管道。当地下排水管道中的水头大于地表水位时，管道水流经由检查井溢流至地表。地表径流与地下管流可能出现的交互流态，如图 8.3 所示。

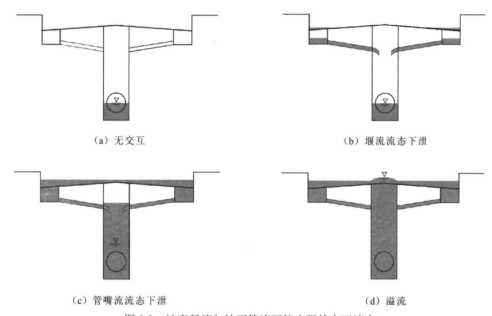

（a）无交互　　　　　　　　　　　　（b）堰流流态下泄

（c）管嘴流流态下泄　　　　　　　　　　（d）溢流

图 8.3　地表径流与地下管流可能出现的交互流态

当雨水井处于堰流流态下泄 [图 8.3（b）] 或管嘴流流态下泄 [图 8.3（c）] 时，雨水口泄流流量的计算可采用第 3 章提出的统一的雨水口下泄流量公式：

$$Q = C_w \times u \times A \times Fr^{-0.816} \tag{8.1}$$

式中：C_w 为雨水口堰流系数；A 为雨水口算子的总面积；u 为来流流速；$Fr = u / \sqrt{gh}$，Fr 为算前 1 m 处水流的弗劳德数，h 为来水水深，g 为重力加速度。

当雨水井或检修井处于溢流状态 [图 8.3（d）] 时，可采用第 3 章提出的管嘴流公式计算溢流流量：

$$Q_o = C_o A_s \sqrt{2gH_d} \tag{8.2}$$

式中：C_o 为管嘴流系数；A_s 为连接管的横截面面积；H_d 为地表径流与地下管流之间的水头差。

为了保证模型的守恒性与稳定性，需要对计算的下泄/溢流流量进行一定的限制，对于正常下泄工况，下泄流量不能大于雨水口所在地表网格内的水量：

$$Q = \min\{Q, A_i h_i / \Delta t\} \tag{8.3}$$

式中：A_i 为雨水口所在计算网格的面积；h_i 为雨水口所在计算网格的水深；Δt 为时间步长。

同样，对于检查井而言，溢流流量不能大于检查井内的水量：

$$Q_\mathrm{o} = \min\{Q_\mathrm{o}, A_j h_j / \Delta t\} \tag{8.4}$$

式中：A_j、h_j 分别为检查井的面积与水深。

8.3 城市洪涝全过程水动力学模型的并行加速方法

8.3.1 MPI-OpenMP 混合并行方法

城市洪涝水动力学模型虽精度较高但计算量较大，较低的计算效率在一定程度上制约了模型的实际应用。并行计算技术是充分使用计算平台的算力，加快程序运行速度的有效手段。近年来，高性能计算技术取得了革命性进展，超级计算机的计算能力已突破每秒百亿亿次，因此开发具有并行计算功能的城市洪涝水动力学模型，在城市洪涝过程模拟、风险评估及灾情预报等方面具有重要价值。根据计算平台的内存类型，并行计算技术可以分为共享内存并行技术与分布式内存并行技术。分布式内存并行技术以 MPI 为典型代表，而共享内存并行技术主要包含 OpenMP 和统一计算设备架构（compute unified device architecture，CUDA）等多核 CPU 或 GPU 并行技术（Farber，2016；Sanders and Kandrot，2010；Gabriel et al.，2004；Chandra et al.，2001）。基于 MPI 的模型不同计算进程相互独立，不同进程之间通过网络传输数据，当计算粒度较小时会带来巨大的通信负担，因此通常使用分布式内存与共享内存相结合的两级并行方式。基于可使用的计算资源与编程的难易程度，本节建立的模型使用 MPI 与 OpenMP 相结合的混合并行方法。模型的并行计算框架如图 8.4 所示。

程序运行后由主进程负责读入计算网格，并建立网格之间的邻域关系。MPI 并行计算模式主要可以分为主进程负责分配任务、从进程负责计算的主从模式和所有进程均参与计算的对等模式两种计算模式。为了充分利用计算平台的算力，本模型使用了对等模式。每个计算单元内的变量相互独立，分别由 MPI 环境开启的多个进程进行计算。为了实现不同计算单元之间的数据交互，需要设置边界虚网格并构造相应的数据结构，便于使用 MPI 的发送和接收函数传输数据。有限体积法的计算瓶颈往往在于求解通过网格界面的数值通量，以及对计算网格进行积分处理，因此在每个进程中使用 OpenMP 指令对相应的计算循环进行展开，以加快计算速度。单个时间步的计算完成后使用 MPI_ISEND 和 MPI_IRECV 函数对边界网格的数据进行同步，为下一时间步的模拟提供边界条件。

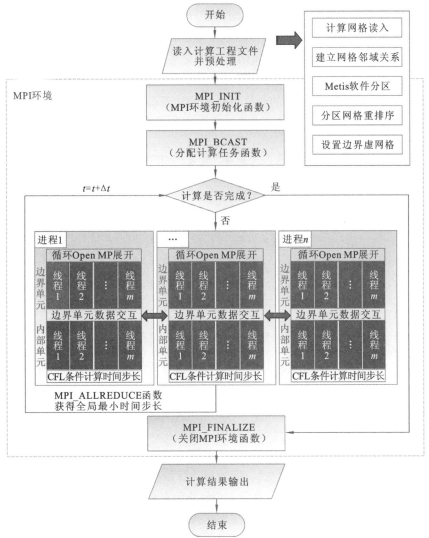

图 8.4　城市洪涝全过程水动力学模型的并行计算框架

CFL 条件指柯朗-弗里德里希斯-列维（Courant-Friedrichs-Lewy）条件

8.3.2　网格分区与并行方法

对计算域进行合理剖分，使不同的计算进程具有基本相同的计算量对提高并行计算的效率至关重要。本节中使用 Karypis Lab 开发的 Metis 软件将整个计算网格均分为多个具有近似相同网格数量的计算单元（LaSalle et al.，2015）。Metis 使用多级 k 路图分区法对整个研究区域进行剖分，能够保证子区域单元数比较接近的同时尽可能减少分区的边切割，该方法稳定、高效，已经被广泛应用于大规模并行计算流体力学模型中。本质上 Metis 是一个针对图分区的软件，在网格分区时需要将计算网格转换为压缩稀疏行（compress sparse row，CSR）格式。图 8.5 给出了并行化网格分区的一个实例，基于 Metis

软件整个计算域被划分为两个相互独立的计算分区。其中，虚网格为不同网格分区之间进行数据交互的计算网格，对于本分区而言，虚网格中的物理量为已知量，由相邻的分区进行计算，并通过 MPI 的发送/接收函数进行交互。基于显格式有限体积法的特性，下一时刻网格内的物理量仅与该网格自身及周边计算网格相关。由于本模型为一阶精度，仅需获得与本网格具有共同边界的计算网格中的物理量即可完成计算，所以本模型中边界网格与虚网格的厚度均为一层。

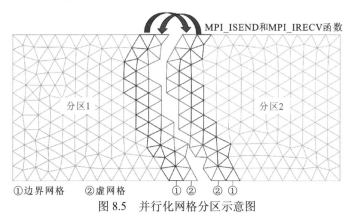

扫一扫　看彩图

图 8.5　并行化网格分区示意图

由于现代 CPU 的计算速度远大于通过 MPI 进行网络通信的速度，所以需要尽可能地实现模型计算和数据通信的重叠以提高模型的计算效率。本模型中使用了该思想，利用 MPI 的非阻塞发送和接收函数实现模型计算与数据通信的重叠。在同一时间步中，不同计算分区首先求解边界网格下一时间步的状态变量，随后使用 MPI 非阻塞发送和接收函数发送边界网格中的数据并接收虚网格的数据，最后对内部网格进行运算。

OpenMP 采用 fork/join 并行方式，即针对计算量较大的关键循环使用 OpenMP 指令将循环展开，由多个 CPU 核心共同执行。OpenMP 是编程实现最简单的并行计算方法，具有实现简单、可拓展、移植性好等特性（雷洪和胡许冰，2016）。仅需在原有串行程序的关键位置添加相应的编译器指令，软件运行时即可自动并行。

8.4　基于概化水槽试验结果的耦合模型验证

8.4.1　街区洪水演进概化水槽试验概况

目前国内外针对能够反映城市洪涝过程中地表径流和地下管流交互的概化模型的试验研究较少。为了验证模型耦合模拟地表洪水演进与地下管网泄流过程的能力，基于城市洪涝大型综合平台开展了街区洪水演进的概化模型试验研究。

本节使用的试验模型在第 3 章所使用的试验平台的基础上进行了一定的调整。模型内设置水库、闸门、房屋、人行道、道路、雨水口等设施，模型具体结构和测点坐标如图 8.6 所示。

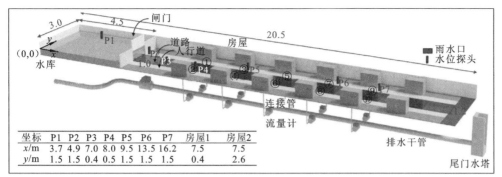

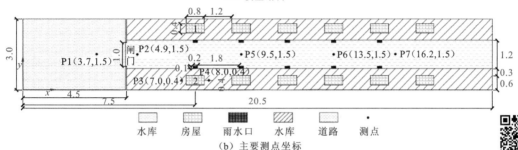

（b）主要测点坐标

图 8.6　街区洪水演进模型的结构与主要测点坐标（单位：m）

①～⑨为雨水口编号

扫一扫　看彩图

水库长为 4.5 m，宽为 3.0 m，通过闸门及挡板与街道隔离，闸门宽为 1.0 m。闸门与水槽底面间设置门槛，高为 0.01 m。街道两侧各铺设宽为 0.9 m、厚为 0.01 m 的瓷砖，用于模拟人行道。人行道上布置 12 座模型房屋，模型房屋长 0.8 m、宽 0.4 m、高 0.5 m，沿模型道路对称分布。试验中共布设 10 个雨水口，其中：雨水口算子长 0.2 m，宽 0.1 m，孔隙率为 35%，紧挨人行道外沿，沿上下游中线对称分布；上下游相邻 2 个雨水口外沿间水平距离为 1.8 m；最上游雨水口距水槽上游边壁 7.5 m；雨水口算子下面是带有连接管的雨水井，连接管与排水管道相连，具体雨水口及管道结构见第 3 章。

本试验共设置 5 组试验工况，初始时刻水库水深为 0.3 m，下游街道无水，通过闸门瞬间开启来模拟溃坝，实现街区洪水演进过程。通过控制模型街区是否与地下排水管网连接和控制管道尾门水塔的高度研究城市排水系统给地表洪水演进带来的影响。各工况下水库内的初始水深均为 0.3 m，闸门下游和地下排水管道内的初始水深为 0，具体试验工况如表 8.1 所示。

表 8.1　模型试验工况

试验工况	房屋个数	是否包含排水系统	水库水深/m	尾门高度/m
EXP-1	12	否	0.3	—
EXP-2	12	是	0.3	0.0
EXP-3	12	是	0.3	0.2
EXP-4	12	是	0.3	0.4
EXP-5	12	是	0.3	0.6

试验开始前使用管道对上游水库进行注水，水深达到 0.3 m 后将闸门拔出，以模拟瞬时溃坝过程。实践证明闸门开启时间对模拟洪水演进过程影响巨大，若闸门开启时间较慢，将会带来巨大的试验误差。本试验使用摄像机对闸门开启过程进行记录，通过对视频的逐帧分析获得闸门开启所用的时间。Lauber 和 Hager（1998）提出，溃坝模型试验中，若闸门开启时间 t_{op} 满足下列公式，可以近似认为闸门瞬时开启：

$$t_{op} \leqslant 1.25\sqrt{h_0/g} \tag{8.5}$$

式中：h_0 为水库内初始水深；g 为重力加速度。von Häfen 等（2019）使用三维数学模型对 Lauber 和 Hager（1998）提出的判别标准进行了数值试验，结果证明若开启时间满足要求，由闸门开启引起的试验误差将控制在 1%之内。本试验所有的闸门开启时间均满足上述判别标准的要求。

8.4.2 模拟与实测结果

洪水演进过程受到多种偶然因素的共同影响，同时由于水位探头采样频率的限制，两次试验所采集的相位可能不一致，所以在多次相同工况的试验中得到完全相同的试验结果较难实现。为排除偶然误差给试验结果带来的影响，更好地揭示典型街区洪水演进的规律，各工况均进行了两次以上的试验。以 EXP-1 工况为例，图 8.7 为两次相同条件试验的结果对比，横坐标轴为第二次试验中各水深测点处的瞬时水深值，纵坐标轴为第一次试验测得的水深结果。如图 8.7（a）所示，本次试验结果可重复性良好，多数测点两次试验结果的决定系数 R^2 均在 0.95 以上。水库内水流受到的影响因素较少，故测量结果可重复性最好，R^2 为 0.999；位于模型末尾的测点 P6 处的水流受到建筑物的多次反射，水位波动较大，故该处两次试验结果的相关性稍差，R^2 为 0.946。图 8.7（b）以相关性最差的测点 P6 的水深数据为例展示了各时刻两组数据的差别，图中黑色线条和红色线条分别为第一次试验与第二次试验测量的水深随时间的变化过程。由图 8.7（b）可知，

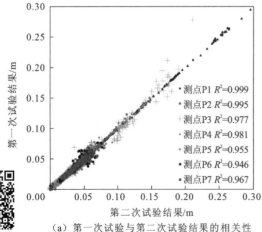

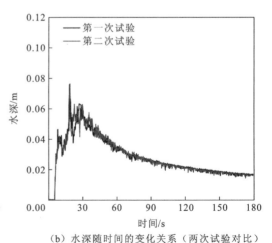

（a）第一次试验与第二次试验结果的相关性 （b）水深随时间的变化关系（两次试验对比）

图 8.7 试验结果的可重复性

多数时刻两组数据一致性良好，误差较大的数据点均匀分布在所有数据中，最大水深误差的绝对值为 0.5 cm。因此，本试验较好地控制了偶然误差，试验结果具有良好的可重复性，可以有效反映典型街区的洪水演进规律。

本章的数学模型设定水库初始水深为 0.3 m，下游边界设定为自由出流，其他边界设定为固壁边界。采用数学模型计算溃坝后 0~40 s 的水深变化过程。计算中取道路、人行道的曼宁粗糙系数分别为 0.009 s/m$^{1/3}$、0.011 s/m$^{1/3}$，计算网格采用 5 cm、10 cm、20 cm 三种分辨率。图 8.8 展示了各测点水深变化的实测和计算结果，总体上看模型计算结果与实测数据基本吻合，计算误差小于 5%。测点 P3 的计算误差较大，为 32%，主要原因是测点 P3 位于房屋上游的迎水面，水流冲击房屋产生水跃并呈现复杂的紊动特征，具有较强的三维性，不符合二维浅水方程要求水平流速沿垂线近似均匀分布中的基本假设——静压假定，因此测点 P3 的计算值与实测值存在一定的误差。

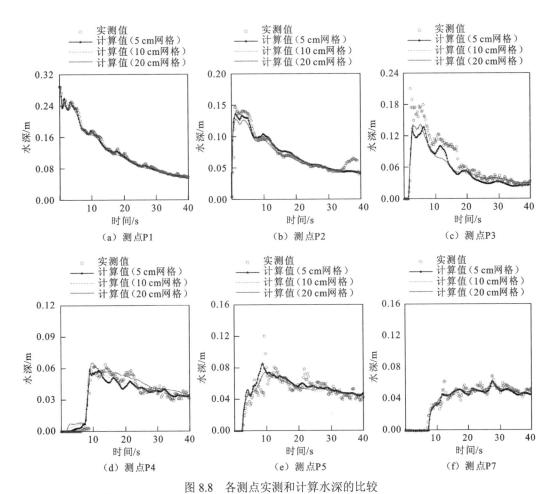

图 8.8　各测点实测和计算水深的比较

8.5 模型参数敏感性分析及不确定性分析

8.5.1 基于扩展傅里叶振幅敏感性检验法的参数全局敏感性分析

敏感性分析可以分为全局敏感性分析与局部敏感性分析两类，全局敏感性分析不仅能够定量识别单个参数的敏感度，还可以识别模型参数之间的相互影响，因此更适用于物理机制复杂的城市洪涝模型。常见的参数敏感性分析方法包含索博尔（Sobol）法、莫里斯（Morris）法、傅里叶振幅敏感性检验（Fourier amplitude sensitivity test，FAST）法、扩展傅里叶振幅敏感性检验（extended Fourier amplitude sensitivity test，E-FAST）法等（Fraga et al.，2016）。E-FAST 法是 Saltelli 等（1999）结合索博尔法与 FAST 法优点提出的定量全局敏感性分析方法，具有稳定性强、计算量小、依赖样本数少等优点，因此适用于城市洪涝水动力学模型这类参数数量多、数值算法复杂、模型计算量大的数学模型的参数敏感性分析。E-FAST 法基于贝叶斯（Bayes）定理，认为参数的敏感性可以用模拟结果的方差来体现（张俊龙 等，2017；王建栋 等，2013），即

$$S_x = \frac{\mathrm{var}_x[E(Y\,|\,X)]}{\mathrm{var}(Y)} \tag{8.6}$$

式中：Y 为模型的计算结果值；x 为模型参数；$E(Y\,|\,X)$ 为 x 为某一取值时计算结果 Y 的期望；var_x 为遍历 x 取值范围的方差。

假定对于某一模型 $y = f[X(x_1, x_2, \cdots, x_n)]$，参数存在于一个 n 维空间中。为了遍历 X 的取值范围，假定 X 为一维随机变量，满足概率分布 $P(X) = P(x_1, x_2, \cdots, x_n)$，那么 Y 的 r 阶矩满足如下关系：

$$\langle y^{(r)} \rangle = \int_{K^n} f^r(x_1, x_2, \cdots, x_n) P(x_1, x_2, \cdots, x_n)\mathrm{d}x \tag{8.7}$$

式中：K^n 为 n 维空间。

使用多维傅里叶变换将 n 维空间的 X 映射到一维空间中：

$$x_i(s) = G_i \sin(\omega_i s), \quad i = 1, 2, \cdots, n \tag{8.8}$$

式中：s 为一标量，$s \in [-\infty, +\infty]$；G_i 为转换函数；ω_i 为 x_i 对应的整数频率，选取合适的值使其能够遍历整个范围。

将式（8.8）代入式（8.7）可得模型 y 的 r 阶矩的平均值：

$$\overline{y}^{(r)} = \lim_{T \to \infty} \frac{1}{2T} \int_{-T}^{T} f^r[x_1(s), x_2(s), \cdots, x_n(s)]\mathrm{d}s \tag{8.9}$$

分别求出 $\overline{y}$ 的一、二阶矩，可得 $\mathrm{var}(Y)$：

$$\mathrm{var}(Y) = \overline{y}^{(2)} - [\overline{y}^{(1)}]^2 \tag{8.10}$$

对 $f(s)$ 进行傅里叶展开可得

$$y = f(s) = \sum_{j=\infty}^{\infty} \{A_j \cos(js) + B_j \sin(js)\} \tag{8.11}$$

式中：

$$A_{\omega_i} = \frac{1}{2\pi} \int_{-\pi}^{\pi} f(s)\cos(\omega_i s)\mathrm{d}s \tag{8.12}$$

$$B_{\omega_i} = \frac{1}{2\pi} \int_{-\pi}^{\pi} f(s)\sin(\omega_i s)s\mathrm{d}s \tag{8.13}$$

由第 i 个参数引起的方差变化为 ω_i 的整数倍的振幅平方和：

$$\mathrm{var}_{x_i}[E(Y\,|\,x_i)] = \sum (A_{p\omega_i}^2 + B_{p\omega_i}^2) \tag{8.14}$$

基于式（8.12）～式（8.14）可以求得参数 i 引起的一阶方差，进而可以求解出忽略与其他参数耦合效应后参数 i 的一阶敏感值：

$$S_i = \frac{\mathrm{var}_{x_i}[E(Y\,|\,x_i)]}{\mathrm{var}(Y)} \tag{8.15}$$

总敏感性可以由 $E(Y\,|\,x_i)$ 的余补集 $E(Y\,|\,x_{-i})$ 求得

$$S_{\mathrm{T}i} = 1 - \frac{\mathrm{var}_{x_i}[E(Y\,|\,x_{-i})]}{\mathrm{var}(Y)} \tag{8.16}$$

参数敏感性分析通过使用 Python 语言编写的 SALib 库实现。SALib 库由 Herman 和 Usher（2017）开发，包含了如索博尔法、莫里斯法、FAST 法及 E-FAST 法等在内的主流敏感性分析方法。SALib 库实现了敏感性分析与模型运算的解耦，即确定用于敏感性分析的参数及其取值范围后，SALib 库可以便捷地制造敏感性分析的参数序列。数学模型读入这些参数序列后输出计算结果，通过 SALib 库读入这些计算结果后即可计算各参数的相对敏感性。

开展参数敏感性分析首先要确定用于敏感性分析的参数类型。根据国内外相关领域的研究及模型参数率定工作的经验，选取地表与地下排水管道的曼宁粗糙系数、雨水口堰流与管嘴流系数、管道进口处的水头损失系数、管道出口处的堰流系数、满管流压力波波速用于参数敏感性分析。参数类型、符号及其取值范围如表 8.2 所示。

表 8.2　敏感性分析的参数及其取值

序号	符号	参数	单位	最小值	最大值
1	n_{s}	地表曼宁粗糙系数	$\mathrm{s/m}^{1/3}$	0.008	0.013
2	C_{o}	雨水口管嘴流系数	—	0.01	0.6
3	C_{w}	雨水口堰流系数	—	0.01	0.6
4	n_{p}	地下排水管道曼宁粗糙系数	$\mathrm{s/m}^{1/3}$	0.008	0.013
5	$h_{\min}$	地表临界水深	m	1×10^{-6}	0.001
6	a	满管流压力波波速	m/s	25	100
7	k_{d}	管道进口处的水头损失系数	—	0	1
8	C_{wb}	管道出口处的堰流系数	—	0.2	1

对于 E-FAST 法，共需要进行 Np×NMC 次模型运算，其中 Np 为进行敏感性分析的

参数数量，NMC 为单个参数进行蒙特卡罗（Monte Carlo）模拟的次数。对于本节而言，NMC 被设置为 200 以尽可能减少样本大小对参数敏感性与不确定性的影响。以样本数量为 200 为例，进行一次参数敏感性分析共需要 1 600 组次计算，因而对模型的计算效率提出了极高的要求。得益于并行计算技术，使用双路 40 核的机架式服务器可以在一天内完成计算。敏感性评价指标用于定量评估模型模拟结果与实测值之间的相对误差，本节选用地表水深与管道水头的纳什效率系数作为评价模型模拟结果的指标。实际的城市洪涝灾害中管道内的水流可能为明渠流流态或发生明渠流到有压流的流态过渡。管道内流态的不同会直接影响雨水口等排水设施的过流效率，继而对地表洪涝过程产生影响。因此，本节选取尾门高度为 0 与 20 cm 的 EXP-2 工况与 EXP-3 工况，分析管道正常工作状态与发生超载情况下的参数敏感性和不确定性。

8.5.2 基于普适似然不确定性分析方法的参数不确定性分析

普适似然不确定性分析（generalized likelihood uncertainty estimation，GLUE）方法认为模型的表现不由单个参数决定而是受不同参数组合的影响。在进行不确定性分析时，通常在某一特定的参数取值范围内，使用蒙特卡罗模拟获取参数值的组合。随后使用模型进行计算，获取在该参数组合下模拟结果和实测数据的似然值。此外，还需要设置某一临界值筛选似然值的计算结果，认为低于该值的参数组合不能够正确体现模型的功能特征，根据筛选后的似然值求出某置信度下模型预报的不确定性范围（黄国如和解河海，2007）。

由于参数全局敏感性分析过程中需要基于蒙特卡罗模拟制造一定的参数序列，该参数序列天然适用于模型的不确定性分析，所以一些学者将参数敏感性分析与不确定性分析相结合，以降低计算量（Fraga et al.，2016）。开展基于 GLUE 方法的参数不确定性分析首先需要确定似然判据，且似然判据的值应随着模型精度的提高线性上升。最常用的似然判据为纳什效率系数：

$$\text{NSE} = 1 - \frac{\sum_{i=1}^{n}(Q_o^i - Q_s^i)^2}{\sum_{i=1}^{n}(Q_o^i - \bar{Q}_o)^2} \tag{8.17}$$

式中：n 为样本数据的大小；Q_o^i 为观测值；Q_s^i 为模拟值；$\bar{Q}_o$ 为样本观测值的平均值。

8.5.3 明渠流条件下的参数敏感性与不确定性分析

对研究区域进行网格划分是开展水动力学模拟的前提，本节采用 Gmsh 软件对整个水槽进行网格划分。为了提高模拟的精度，网格平面分辨率设定为 5 cm，整个研究区域由 52 516 个三角形网格构成，网格划分的结果如图 8.9 所示。模型中的建筑物使用 BH 方法进行处理，模型的下边界指定为开边界条件，其余边界设置为固壁边界条件。本模型中雨水口的尺寸大于计算网格的尺寸，因此在模拟过程中通过扣除位于雨水口内网格的水量来反映雨水口泄流的影响。地下排水管道被划分为一维的均匀网格，网格尺寸为 0.2 m，整个排水系统的下游出口边界处给定堰流边界条件。

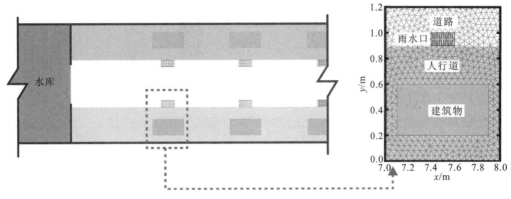

图 8.9　水槽模型二维非结构网格划分结果

1）参数敏感性分析

EXP-2 工况模型关键参数的主要敏感度与组合敏感度如图 8.10 所示。对于地表水深变化过程而言，地表曼宁粗糙系数与雨水口管嘴流系数是最敏感的两个参数，雨水口堰流系数较为敏感。其余参数的主要与组合敏感度均接近于 0，反映出其对地表洪水演进过程的影响较小。雨水口管嘴流系数与堰流系数对于管道内的水深变化来说最为敏感，其组合敏感度接近于 0.8，反映出其与其他参数相互组合会对模拟结果产生影响。此外，管道内水深变化对地表与地下排水管道曼宁粗糙系数、雨水口堰流系数较为敏感，参数组合敏感度接近 0.2。因此，在模型应用过程中，对于降雨强度较小、管道内水流为完全明渠流的工况，应重点率定地表与地下排水管道曼宁粗糙系数、雨水口堰流与管嘴流系数，其余参数对模型模拟结果的影响较小。

由于本模型的不同计算模块和涉及的参数普遍具有明确的物理意义，所以参数敏感性分析的结果本质上与模型试验涉及的物理过程密切相关。对于地表径流过程而言，雨水口是其与地下管道内水流进行交互的关键节点，雨水口的泄流能力直接影响了地表的水量，继而对地表径流的水深与流速随时间的变化情况产生了影响。同时，雨水口的过流能力还直接决定流入地下排水管道的水量，其与管道的粗糙系数、管道下游边界条件等共同对管道内的水头变化过程产生影响。因此，雨水口的过流系数对于模型模拟结果来说是最为敏感的参数。测点 P3 位于水槽上游的建筑物前，其地势高于位于水槽中央的道路。洪水撞击建筑物边壁后建筑物上游水位壅高，随着水库内水位下降，来流强度降低，水流主要沿位于模型中心的道路演进，建筑物前的水深迅速降低并接近于 0。因此，该处的水位变化过程主要受局部地形和曼宁粗糙系数的影响，对雨水口过流系数相对不敏感。

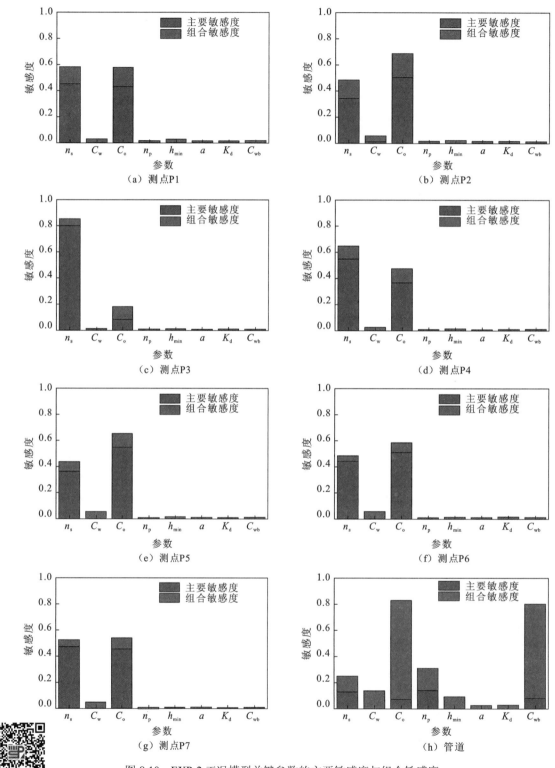

图 8.10 EXP-2 工况模型关键参数的主要敏感度与组合敏感度

扫一扫 看彩图

　　GLUE 方法的散点图能够给出似然值与模型参数取值的相关关系，其散点的分布情况可以反映出参数的敏感性，因此可以作为 E-FAST 法的一种验证（任启伟 等，2010）。测点 P3、P6 处地表水深和管道水深的散点图如图 8.11 所示。图中散点的分布越集中，说明模型计算结果对该参数越敏感。位于模型上游测点处的散点分布更加密集，位于下

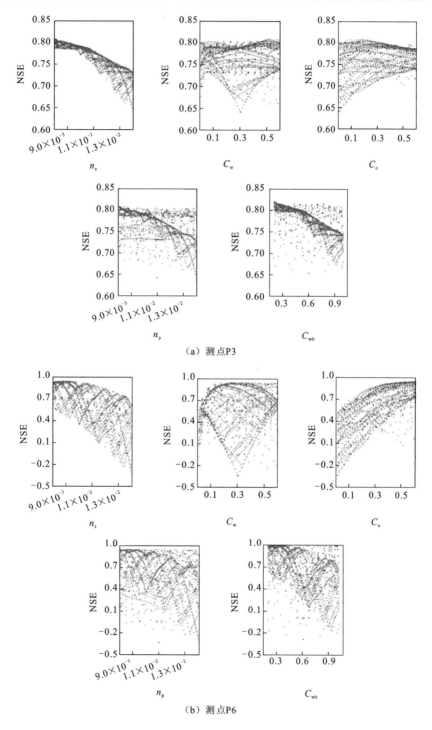

（a）测点 P3

（b）测点 P6

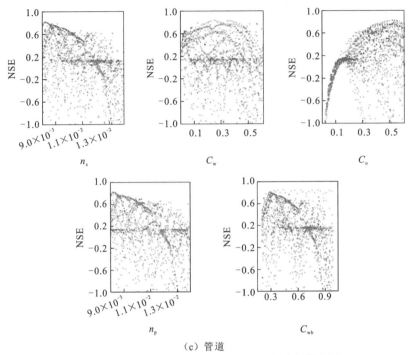

（c）管道

图 8.11　EXP-2 工况模型参数 GLUE 方法的散点图

游的散点分布相对分散，说明模型参数取值对上游水深变化过程影响较小。从图 8.11 中可以看出，地表曼宁粗糙系数、雨水口管嘴流系数等较为敏感的参数存在明显的峰值区域，而不敏感的参数在整个取值范围内都有高似然值分布。重点率定这些对于模拟结果来说更为敏感的计算参数，对提高模拟结果的准确性具有更高的价值。此外，纳什效率系数较高的区域存在多种参数组合，说明虽然本模型的计算参数均具有明确的物理意义，但仍然存在较为明显的"异参同效"现象。

2）参数不确定性分析

各测点的实测值、模拟结果的 90%置信区间和全局最优模拟结果如图 8.12 所示。对于地表水深变化过程而言，在计算刚开始的阶段，90%置信区间范围较小，随着模拟时间的增加，90%置信区间的范围逐渐增加，这表明模型的不确定性会随着计算时间的增加而上升。此外，由于数据测量误差、模型误差、参数样本量与取值范围较小等原因，实测值不能完全包含在模型模拟结果的 90%置信区间内。位于模型上游的测点 P3、P4 的实测值在 90%置信区间的比例在 90%以上，而位于模型中下游的测点 P5、P7 处的实测值在 90%置信区间内的比例仅为 70%左右，因此中下游测点处模型计算结果的准确性较低。除测点 P3 外，所有地表水深测点处全局最优模拟结果与实测值的纳什效率系数均在 0.9 以上，说明本模型的精度较高，能准确模拟排水管道为明渠流条件下的街区洪水演进过程。测点 P3 位于建筑物上游边壁处，水流撞击边壁后产生强烈的紊动与空气掺混现象。本节模型使用的控制方程难以反映此类具有强烈三维特征的水流运动，因此模拟结果较差。管道水深模拟结果的不确定性如图 8.12（f）所示，模型的 90%置信区间范围与管道内的水深呈正相关关系，水深较高的区域其模拟结果的不确定性也较强。实测水深变化过程完全在模型模拟结果的 90% 置信区间内，但相较于地表水深变化，管道模拟结果的 90% 置信区间范围更大，因此地下管道内水深变化的模拟结果的不确定性更高。

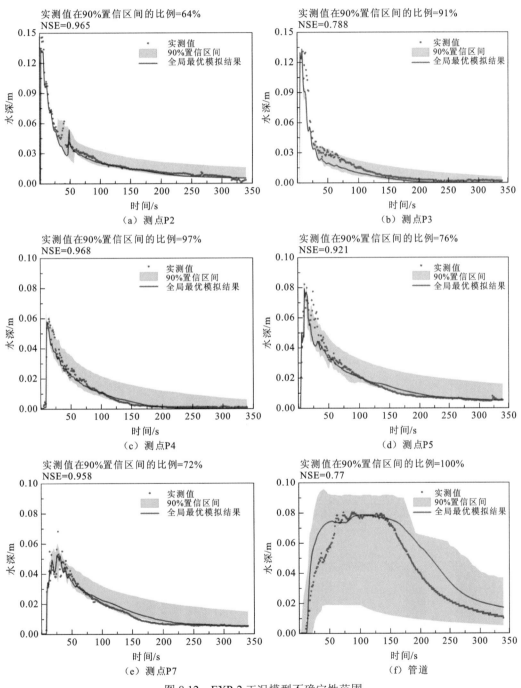

图 8.12 EXP-2 工况模型不确定性范围

8.5.4 管道超载工况下的参数敏感性与不确定性分析

1）参数敏感性分析

管道尾门高度为 20 cm 的 EXP-3 工况，模型参数的主要敏感度和组合敏感度如图 8.13 所示。位于模型上游的测点的参数敏感性与排水管道始终为明渠流的 EXP-2 工况下的参数敏感性规律近似一致，地表曼宁粗糙系数与雨水口管嘴流系数均为最敏感的参数。位于试验装置下游的测点水深随时间的变化过程受排水系统泄流的影响较为显著，因此对与排水系统相关的计算参数同样较为敏感。

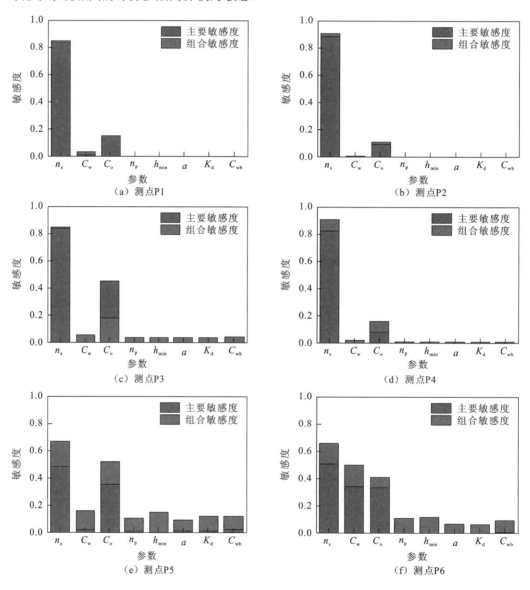

（a）测点P1 　　（b）测点P2
（c）测点P3 　　（d）测点P4
（e）测点P5 　　（f）测点P6

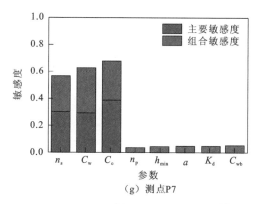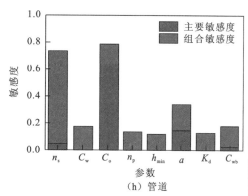

（g）测点P7　　　　　　　　　　　（h）管道

图 8.13　EXP-3 工况模型关键参数的主要敏感度与组合敏感度

扫一扫　看彩图

但相对而言，雨水口作为地表径流与地下管流交互的关键节点，对地表水深变化过程产生直接影响；管道内的水头、流速等水力要素通过影响雨水口的过流能力，给地表的水深变化过程带来间接影响。因此，雨水口过流系数相较于其他与排水系统相关的计算参数对于地表水深的模拟结果来说更加敏感。管道内水头变化模拟结果的参数敏感性与明渠流工况近似，雨水口过流系数直接影响了进入排水系统内的水量，因此是对模拟结果影响最大的参数。此外，当排水管道内水流流态从明渠流转变为有压流时，会产生一定的数值振荡现象，而该数值振荡现象与管道内的水击波波速密切相关，因此排水管道内水击波波速的取值对模拟结果同样具有一定的影响。

2）参数不确定性分析

EXP-3 工况各测点的实测值、模拟结果的 90% 置信区间和全局最优模拟结果如图 8.14所示。本模型的计算精度良好，所有测点实测值在模拟结果的 90% 置信区间内的比例均在80% 以上，除测点 P3 外全局最优模拟结果与实测值的纳什效率系数均在 0.8 以上。地表水深变化模拟结果的不确定性分布情况与排水管道为完全明渠流的 EXP-2 工况近似。

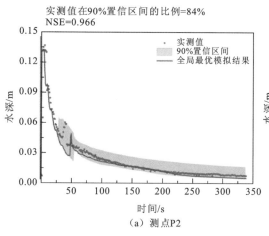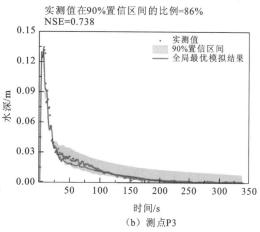

（a）测点P2　　　　　　　　　　　（b）测点P3

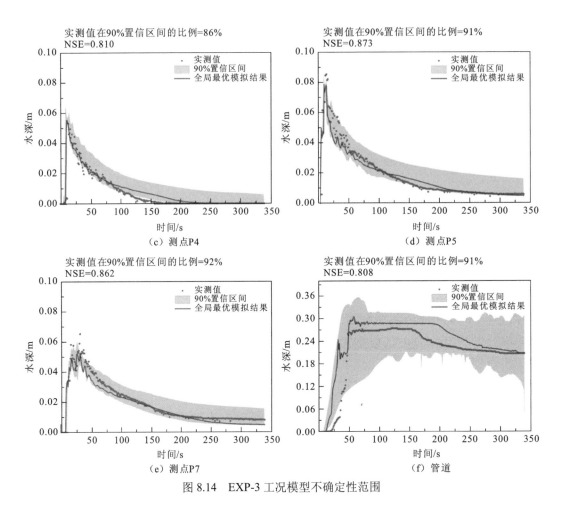

图 8.14　EXP-3 工况模型不确定性范围

由于大水击波波速条件下管道内会出现一定的数值振荡，所以管道模拟结果的不确定性同样较大，且不随时间的增加而降低。通过分析管道为完全明渠流的 EXP-2 工况和发生明渠流到有压流流态过渡的 EXP-3 工况的不确定性分析结果发现，地表水深模拟结果的不确定性较低，管道水流模拟结果的不确定性更高。虽然模拟结果的 90% 置信区间范围无法完全包含实测值，但是模型模拟结果能够准确反映洪峰水深与洪峰时间，且多数测点全局最优模拟结果的纳什效率系数在 0.8 以上，因此模型具有较高的计算精度。在参数正确率定的前提下，模型能够准确模拟地表径流与地下管流交互的城市洪涝全过程。此外，需要指出的是，本节仅考虑了模型参数的不确定性，但不确定性存在于模型的每个方面，包含但不限于初始与边界条件、模型结构、网格分辨率等，未来需要开展进一步研究，更加深入地揭示城市洪涝全过程水动力学模型的不确定性。

8.6　本章小结

本章首先建立地表径流与地下管流耦合的城市洪涝全过程水动力学模型，并基于水槽试验对城市洪涝全过程水动力学模型的计算精度进行了验证；然后基于试验数据评估了模型的参数敏感性与不确定性，讨论了排水管道为完全明渠流与发生明渠流到有压流流态转变两种工况下参数敏感性和不确定性的差异。得到的主要结论如下。

（1）构建了城市洪涝全过程水动力学模型。该模型耦合了二维地表径流模块、一维地下管流模块、地表径流与地下管流交互模块和并行加速方法，通过街区洪水演进的概化水槽试验验证了模型的准确性与可靠性。

（2）识别了模型计算参数的敏感性。采用 E-FAST 法分析了管道处于完全明渠流流态和发生明渠流到有压流流态过渡两种工况下各测点计算结果的参数敏感性。地表曼宁粗糙系数与雨水口管嘴流系数是对于地表水深变化来说最为敏感的两个参数；雨水口管嘴流系数与管道出口处的堰流系数是对于管道内水头变化来说最为敏感的计算参数，在模型应用时需对该类参数进行重点率定。

（3）评估了不同管道水流流态下模型模拟结果的参数不确定性。基于全局敏感性分析提供的模拟结果开展基于 GLUE 方法的模型参数不确定性分析。计算了各测点模拟结果的 90%置信区间和全局最优模拟结果，通过实测值在 90%置信区间内的比例及全局最优模拟结果与实测值的纳什效率系数进一步评估模型的计算精度。参数不确定性分析结果表明，模型计算结果的不确定性随着计算时间的增加而上升，此外下游测点处计算结果的不确定性更高，管流模拟结果的不确定性大于地表径流。

第 9 章
城市洪涝风险评估方法及其应用

开展洪涝风险评估工作，能为城市洪涝风险管理和防灾减灾措施的制定提供技术支撑。近年来，随着城市洪涝风险评估研究的深入，对洪涝风险的内涵有了更加系统的认识。洪涝风险的组成要素包含危险性、暴露度、脆弱性及防灾减灾能力。常见的洪涝风险评估方法包括：历史灾情评估法、遥感影像评估法、指标体系评估法和情景模拟评估法。这四种评估方法的划分是相对的，各方法之间互有联系。一般根据评价的空间尺度、基础数据的完备程度、分析结果的时效性及评估结果的精确性选择相应的评估方法，也可结合多种方法进行综合评估。洪涝风险评估的准确性依赖于翔实的淹没水深、历时及径流流速等致灾水情数据。相较于其他传统方法，基于动力学模拟结果的洪涝风险评估方法，因能够提供准确、可靠的洪涝水力要素，已经成为当前开展洪涝风险评估的主要方法。

9.1 城市洪涝风险评估方法综述

9.1.1 历史灾情评估法

历史灾情评估法一般基于历史暴雨洪涝的灾后调查数据，采用数理统计方法对城市受灾情况进行分析评估，是城市洪涝风险评估方法中应用较早的一种研究方法。例如，Benito 等（2004）通过对古洪水信息、历史洪水数据和雨量站数据进行分析，基于地质学、历史学、水力学和统计学等多种方法对洪水风险进行评估。郝志新等（2018）通过对历史文献、县志和相关期刊中雄县、安新、容城（合称"雄安新区"）洪涝灾害记录的摘录整理，确定了反映雄安新区 1715～2016 年洪涝灾害程度的年表。陈长坤和孙凤琳（2022）采用《洪涝灾情评估标准》（SL 579—2012），结合死亡人口、受灾人口、农作物受灾面积、直接经济损失、倒塌房屋、水利设施经济损失等对全国洪涝灾情进行了评估。该方法建立在洪涝灾害数据库的基础上，不需要精细的地理数据支撑，只需要通过一定的灾害资料进行统计分析，建立起灾害风险模型，因此该方法计算简单、快捷。但是该方法对历史洪涝灾情数据的完整性和准确性要求较高，而长时间序列的历史灾情数据一般不易获取，常常会出现样本数据缺失的情况，从而影响历史灾情分析的准确性。此外，历史灾情数据通常以行政区为单位进行记载，如县、市、省等，难以体现城市洪涝风险的空间差异性，一般用于较大空间尺度上的防灾减灾工程设计和灾后损失评价（徐宗学 等，2020；黄国如 等，2020；张会 等，2019）。

9.1.2　遥感影像评估法

遥感影像评估法一般基于暴雨洪涝期间淹没时的遥感影像数据，通过解译遥感数据获取地面受灾情况。采用遥感解译技术获取洪涝灾害信息的关键在于监测区域内的水体识别，目前可用于识别水体的方法主要为阈值法、谱间分析法和多波段运算法。获取水体分布信息后，利用地理信息系统（geographic information system，GIS）技术分析灾害的空间分布规律并进行风险分析（黄国如 等，2020；李加林 等，2014）。

例如，张文静等（2016）基于 GIS 技术及遥感技术，以专题制图（thematic mapper，TM）影像和数字高程模型（digital elevation model，DEM）为数据源，分析平顶山范围内白龟山水库淹没的范围，并对淹没损失做了初步评估。郭山川等（2021）基于时序 Sentinel-1A 卫星数据提出了针对大尺度范围、连续长期的汛情自动检测及动态监测方法，在 Google Earth Engine 平台上利用该方法,实现了 2020 年 5~10 月长江中下游地区全域洪水淹没范围时空信息的自动、快速、有效监测。Tellman 等（2021）使用 250 m 分辨率的每日卫星图像来估计 2000~2018 年 913 次大洪水事件的洪水范围和受洪水影响人口，确定了总淹没面积为 223 万 km^2，直接受灾人口为 2.55 亿~2.9 亿人。王德运等（2023）使用 SNAP 和 ENVI 软件在武汉 2020 年 4 月、2020 年 7 月的遥感影像中分别提取洪涝灾害前和灾害后的水体数据,对比灾害前后的水体变化获得武汉洪水淹没区和非淹没区。遥感影像评估法可以反映研究区域的洪涝灾害及其风险的空间分布特征，还可以对实时监测数据进行分析，在时效性和评估范围上具有很大优势（徐宗学 等，2018）。然而，该方法对遥感影像数据进行选取、预处理及洪水淹没信息提取时一般获取的是洪涝淹没范围，而不能反映淹没水深及地表流速等关键致灾信息（李加林 等，2014）。因此，采用遥感影像评估法开展洪涝风险评估，一般适用于城市及以上的大尺度区域。

9.1.3　指标体系评估法

指标体系评估法基于洪涝灾害系统理论，从危险性-暴露性-脆弱性、危险性-暴露性-脆弱性-防灾减灾能力或危险性-易损性等灾害风险构成要素出发，构建研究区域洪涝灾害风险评估指标体系。通过计算指标权重，对城市洪涝灾害进行风险评估。该方法的关键在于影响因子的识别和指标权重的划分，指标的选取与洪涝类型、空间尺度、研究区域特征等相关（徐宗学 等，2020）。权重的确定方法有层次分析法、模糊逻辑、主成分分析法、专家打分法等。评估方法有加权综合评价法、模糊数学法、人工神经网络法、灰色系统模型、概率模型和动力学模型等。

例如，Lyu 等（2018）构建地铁淹没风险评估指标，运用层次分析法和区间层次分析法对广州地铁系统中的淹没风险进行了评估。陈军飞等（2019）从致灾因子、孕灾环境和承灾体三个方面构建城市雨洪灾害风险评估的指标体系，将云模型与物元分析方法耦合，建立了城市雨洪灾害风险评估的云物元模型，并对南京 2011～2016 年的雨洪灾害进行了风险评估。黄国如和李碧琦（2021b）以深圳为研究区域，采用模糊综合评价法，综合考虑致灾因子、孕灾环境、承灾体、防灾减灾能力等因素，生成了以 100 m×100 m 为基本评价单元的暴雨洪涝灾害风险分布图。指标体系评估法建模与计算简便，数据易于获取，可宏观反映研究区域的风险分布特性，在国内外应用较为广泛。但是，该方法中指标的选取受限于数据的可取性，若评估指标数据库的可用指标数量较少，较难保证选取指标的代表性及指标体系的系统性。此外，该方法对指标数据的精度要求较高，若评估指标数据精度较低，易出现"以点代面"的现象；且其不适合在尺度较小的区域开展，不能完全反映灾害风险的空间分布特征（徐宗学 等，2020）。因此，采用指标体系评估法开展洪涝风险评估，一般适用于城市及以上的大尺度区域。

9.1.4　情景模拟评估法

情景模拟评估法主要是指利用数学模型模拟不同情景下多种涉及自然和社会变化环境的洪涝过程，评估洪涝灾害风险，计算模型包括水文水动力学模型、水动力学模型等。

例如，Roland 等（2017）基于 MIKE FLOOD 软件对澳大利亚墨尔本（Melbourne）某区域在不同城市发展水平和气候变化情景下进行了洪涝风险评估。朱呈浩等（2018）以 SWMM 为研究基础，建立了西安沣西新城洪涝过程模型，对不同重现期的降雨情景开展了洪涝过程及其风险评估研究。李国一和刘家宏（2022）基于 Telemac-2D 水动力学模型构建了深圳河流域洪涝仿真模型，获取了积水深度、积水面积和流速等致灾因子，考虑不同流速和积水深度的组合情境，开展了深圳河流域的内涝风险评估。刘妍（2023）将"7·20"特大暴雨事件作为最不利于城市安全的计算工况，模拟了武汉青山和平公园地铁站的洪水演进过程，定量评估了地铁站内站厅层、站台层及楼梯处的行人洪水风险等级（图 9.1）。

情景模拟评估法的计算步骤一般包括：①构建模型，根据区域特征建立相应的水文水动力学模型或水动力学模型，并对模型的可靠性和精度进行验证；②情景设计，根据研究需要设定城市洪涝灾害发生的频率和强度、气候变化模式及人口与经济等情景；③情景模拟与分析，对各种情景下的城市洪涝灾害进行模拟并获取洪涝灾害过程，对其风险进行分析与评价（黄国如 等，2020）。情景模拟评估法具有一定的物理机制，且能够直观、高精度地显示灾害事件的影响范围和程度，展示洪涝灾害风险的空间分布特征，

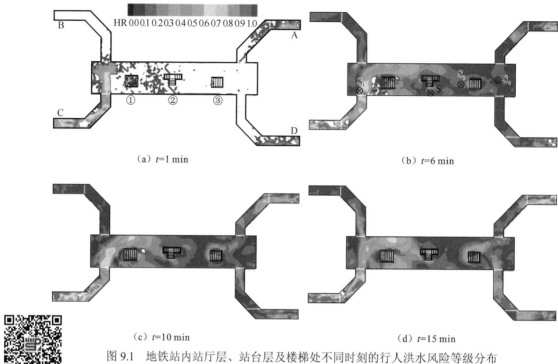

HR 0 0.1 0.2 0.3 0.4 0.5 0.6 0.7 0.8 0.9 1.0

（a）t=1 min   （b）t=6 min

（c）t=10 min   （d）t=15 min

扫一扫　看彩图

图 9.1　地铁站内站厅层、站台层及楼梯处不同时刻的行人洪水风险等级分布
①为靠近 B、C 出入口的楼梯；②为位于中间区域的楼梯；③为靠近 A、D 出入口的楼梯。
将地铁站的四个出入口作为计算区域的入流边界；HR 为风险等级；$S_1 \sim S_4$ 为监测点

是洪涝灾害风险评估研究的主流方法。但是，该方法不仅对研究区域的地理背景资料和土地利用、排水系统等基础资料的要求较高，而且对构建的区域数学模型的计算精度有一定的要求，工作量相对于其他风险评估方法较大。因此，该方法适宜在城市的中、小尺度区域进行灾害评估，在大尺度区域较难开展。

9.2　基于历史灾情数据的洪涝风险评估方法的应用

以暴雨洪涝灾害多发、人口密集、经济发达的长江中下游地区为例，采用《洪涝灾情评估标准》（SL 579—2012），结合死亡人口、受灾人口、农作物受灾面积、直接经济损失、倒塌房屋、水利设施经济损失等不同指标，对长江中下游各省市 1991～2019 年的洪涝风险进行评估。

9.2.1　洪涝灾情评估值的计算方法

根据《洪涝灾情评估标准》（SL 579—2012），洪涝灾情评估值的计算公式为

$$C = (D+L) \times 0.3 + (P_\mathrm{C} + A + F + H_\mathrm{C}) \times 0.1 \tag{9.1}$$

式中：C 为洪涝灾情评估值；D 为死亡人口指标的参数取值；L 为直接经济损失指标的

参数取值；P_C 为受灾人口指标的参数取值；A 为农作物受灾面积指标的参数取值；F 为水利设施经济损失占直接经济损失比例指标的参数取值；H_C 为倒塌房屋指标的参数取值。

根据《洪涝灾情评估标准》（SL 579—2012），年度洪涝灾害等级划分如下：$C \geq 80$ 为特别重大洪涝灾害年（Ⅳ 级）；$60 \leq C < 80$ 为重大洪涝灾害年（Ⅲ 级）；$40 \leq C < 60$ 为较大洪涝灾害年（Ⅱ 级）；$C < 40$ 为一般洪涝灾害年（Ⅰ 级）。

9.2.2　洪涝灾害损失变化特征

分析长江中下游各省市 1991～2019 年洪涝灾害损失变化特征数据发现，从洪涝灾害损失空间分布来看，长江中游洪涝灾害损失相较于长江下游更严重，长江南岸洪涝灾害损失（除受灾面积）相较于长江北岸更严重，且自西向东洪涝灾害损失总体呈减小趋势。其中，湖南和湖北的洪涝灾害损失最大，而面积小、经济发达的上海洪涝灾害损失最小。从时间变化特征来看，长江中下游各省市洪涝受灾人口、死亡人口和受灾面积均呈下降趋势，其中各省市死亡人口均通过了 5%的显著性检验，呈显著性下降趋势。与此同时，洪涝经济损失仅在上海和江苏呈下降趋势，表明经济发达的上海和江苏具有更强的防洪减灾能力。

9.2.3　洪涝灾害等级变化特征

1991～2019 年长江中游洪涝灾害程度较长江下游更严重，长江南岸洪涝灾害程度较长江北岸更严重，且自西南向东北方向，各省洪涝受灾程度越来越弱，其中湖南和江西受灾最重，上海和江苏受灾最轻。在年际尺度上，长江中下游地区 20 世纪 90 年代洪涝灾情最严重，尤其是中游地区 40.7%的年份为特别重大洪涝灾害年；21 世纪第一个十年洪涝灾情最轻，无特别重大洪涝灾害年。此外，在不同年代长江南岸洪涝灾害程度均较长江北岸更严重，且上海和江苏受灾均最轻。20 世纪 90 年代和 21 世纪第一个十年长江中游洪涝灾害程度较长江下游更严重，其中江西受灾最重；21 世纪第一个十年长江下游洪涝灾害程度总体较长江中游更严重，其中浙江受灾最重。1991～2019 年长江中下游地区洪涝灾害等级总体呈下降趋势，特别重大洪涝灾害年由 20 世纪 90 年代的 22.0%下降到 21 世纪第一个十年的 1.4%，到 21 世纪第二个十年再下降到 0.0；与此同时，一般洪涝灾害年由 20 世纪 90 年代的 44.4%增加到 21 世纪第一个十年的 72.9%，到 21 世纪第二个十年再增加到 77.1%。

9.3　基于水动力学模拟结果的洪涝风险评估方法的应用

本节提出基于水动力学模拟结果的洪涝风险评估方法，具体计算流程如图 9.2 所示。该方法通过预设不同的洪涝情景开展水动力学模拟计算，评估相应的洪涝危险程度。根据不同评估对象的致灾机理选取合理的脆弱性计算方法，基于一系列定性和定量标准计算洪涝暴露度，最后科学量化不同评估对象的城市洪涝风险。城市洪涝灾害是高度复杂的自然灾害，其复杂性不仅表现在洪涝过程的复杂性上，还表现在洪涝受灾对象及其受灾机理的复杂性上。洪涝危险性判别依赖于高精度、高时空分辨率的水力要素。第8章建立的地表径流与地下管流耦合的城市洪涝全过程水动力学模型，不仅能够模拟不同降雨情景下复杂城区的洪涝过程，而且能够提供高精度、高时空分辨率的致灾要素分布情况，因此可以为后续洪涝风险等级划分工作奠定坚实基础。城市洪涝灾害不仅影响正常的生产生活秩序，财产等受淹还会造成直接经济损失，当洪涝程度较为严重时，人员可能会被洪水冲走溺亡（夏军强 等，2022）。根据当前城市洪涝灾害的突出威胁，本节选取居民生命、地表财产和地下空间作为风险评估的主要对象。基于评估对象的致灾机理采用基于力学过程的洪水中人体稳定性判别公式和财产灾损曲线等方法，定量计算特定洪涝情景下受灾对象的脆弱性。同时，根据研究区域内的人口密度、产业类型、经济指标等一系列定性或定量标准，划分不同评估对象的洪涝暴露度权重。以特定洪涝情景下的损失率和洪涝暴露度权重为依据，划分相应的洪涝风险等级，定量确定研究区域的洪涝风险。

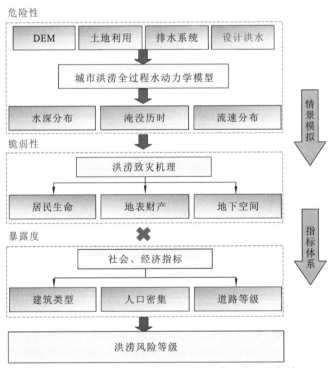

图 9.2　基于水动力学模拟结果的洪涝风险评估方法

9.3.1　评估对象脆弱性的计算方法

本节以居民生命、地表财产和地下空间为研究对象，基于各对象的洪涝致灾物理机理合理选取脆弱性计算方法。城市地下空间的脆弱性计算，需要同时考虑其受淹过程中人员逃生的脆弱性及城市地下空间内部积水造成的财产脆弱性。为了便于后续风险等级划分，在本节中统一将不同受灾对象划分为 5 个脆弱性等级。

1. 地表人员生命脆弱性计算

行人被洪水冲走失稳是城市洪涝灾害造成人员伤亡的一个重要原因。为了评估城市洪涝灾害中行人的洪涝风险，本节使用基于力学过程的洪水中人体稳定性判别公式，计算洪水中行人的相对危险程度，以定量评估居民的洪涝脆弱性。由于滑移失稳仅发生于小水深、极大流速的条件下，在实际城市洪涝灾害中较少发生。因此，Xia 等（2014）推荐使用跌倒失稳情况下的起动流速公式评估城市洪涝灾害中人体的洪涝风险。

在某一特定水深下当实际流速小于起动流速时，人体较为稳定；当实际流速大于起动流速时，人体失稳的可能性更高。因此，可以将实际流速与起动流速的比值作为依据，定量评估行人在洪水中的危险程度：

$$HD = \min\{1.0, u_f/U_c\} \tag{9.2}$$

式中：HD 为危险因子，HD 越接近于 0，代表洪涝脆弱性越低，HD 等于 1 则意味着行人的洪涝脆弱性较高；u_f 为流速；U_c 为洪水中人体失稳的临界起动流速。根据危险因子可以划分相应的脆弱性等级，如表 9.1 所示。

表 9.1　城市洪涝中人体脆弱性等级的划分标准

项目	危险因子				
	[0.05，0.25)	[0.25，0.5)	[0.5，0.75)	[0.75，1.0)	[1.0，+∞)
脆弱性等级	1	2	3	4	5

2. 财产脆弱性计算

因受淹产生的财产损失是城市洪涝损失的重要组成部分，科学、合理、高效地评估洪涝财产损失对洪涝风险管理至关重要（吕鸿 等，2021）。灾损曲线是评估城市洪涝造成的财产损失的重要工具，被广泛应用于城市洪涝风险评估工作中（姜丽 等，2021；McGrath et al.，2019；Freni et al.，2010）。灾损曲线的构建需要综合考虑评估对象的受灾机理以选取水力要素，并以受灾区域的历史灾情资料或实地调查数据为依据，建立致灾要素与损失率或损失金额的函数关系。常见的致灾要素包括淹没水深、淹没历时、水流流速等。对于城市空间内的财产损失而言，淹没水深是最关键的评估指标，而其余指标均可以近似忽略（廖永丰 等，2017）。对于财产损失，灾损曲线的构建普遍基于历史数据分析法或实地调查法（吕鸿 等，2021；Romali et al.，2015）。在实际工程应用中，灾损曲线的构建往往存在较大的困难，洪涝灾害发生频率较低的城市往往缺乏历史灾情资料，而实测数据的不足会导致灾损曲线的失真。

本节采用宁思雨等（2020）建立的洪涝损失率曲线评估财产的洪涝脆弱性。宁思雨等（2020）基于多项式拟合收集的损失数据，构建了湖北农业、工业、商业、服务业、家庭财产、房地产业等 7 种产业类型的水深-损失率曲线。本节选取住宅、商业、服务业和建筑业 4 种产业类型的洪涝损失率曲线评估研究区域内地表财产的洪涝脆弱性。不同产业类型的洪涝损失率曲线，如图 9.3 所示。住宅和商业由于资产价值高、易损性强，同等水深下的损失率在所有产业中具有较高的水平。由于建筑业所使用的设备、资产等的抗灾能力较强，服务业的预警机制健全、救援等级高、防灾减灾能力较强，因此这两种产业类型在同等淹没水深下具有较低的损失率。根据计算得到的损失率将所有评估对象划分为 5 个脆弱性等级，便于开展后续风险等级划分工作。

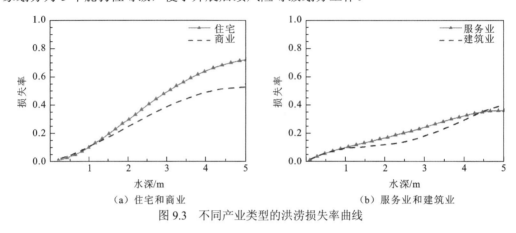

（a）住宅和商业　　　　　　　　（b）服务业和建筑业

图 9.3　不同产业类型的洪涝损失率曲线

3. 城市地下空间脆弱性计算

城市地下空间由于其地势低洼与空间结构的特殊性，抵抗暴雨洪涝等极端自然灾害的能力较弱。此外，我国城市地下空间的开发利用还存在土地集约和风险防范的失衡、商业效益和社会效益的失衡、发展速度与发展质量的失衡等一系列结构化问题（黄永和、佘廉，2021）。城市地表的洪涝灾害很容易扩散至地下，造成更为严重的人员伤亡和经济财产损失。城市地下空间洪涝灾害存在易淹难排、洪水入侵路径多样、水力特性复杂、损失严重等特点（陈峰 等，2018）。本质上城市地下空间洪涝灾害为地表洪涝灾害的延伸，因此评估城市地下空间的洪涝风险首先需要准确模拟地表洪涝的淹没程度及其空间分布。此外，我国城市地下空间类型多样，包含地铁、隧道等交通设施，购物广场与商业街等商业设施，以及停车场、人防工程等其他基础设施。不同的城市地下空间具有不同的受灾特征，进一步增加了城市地下空间洪涝风险评估的难度。本节主要以城市地下空间内行人逃生的难易程度、经济财产损失情况为依据，定量计算受灾对象的脆弱性等级。由于城市地下空间复杂多样，针对不同的城市地下空间还需采用不同的脆弱性判别方法。

1）城市地下空间受淹过程计算

城市地下空间受淹的示意图，如图 9.4 所示，当地表淹没水位大于挡水墙的高程时，水流以宽顶堰流的形式流入城市地下空间。单位时间流入城市地下空间的流量为

$$Q_{uw} = C_{uw} w_u (h_s - h_e - h_d)^{3/2} \tag{9.3}$$

式中：Q_{uw} 为流入城市地下空间的流量；w_u 为城市地下空间入口的宽度；C_{uw} 为堰流系数；h_s 为水深；h_e 为城市地下空间入口处的高度；h_d 为挡水设施的高度。

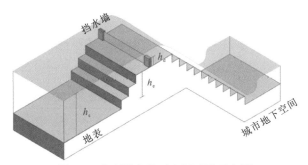

图 9.4　典型城市地下空间受淹示意图

考虑泵站等排涝设施的影响，城市地下空间内的积水量为

$$V_{ud} = \int (Q_{uw} - Q_{up})dt \tag{9.4}$$

式中：Q_{up} 为城市地下空间排涝设施的抽排能力。城市地下空间的淹没深度可以表达为

$$h_{ud} = V_{ud}/A_{ud} \tag{9.5}$$

式中：A_{ud} 为城市地下空间的面积。

2）人员逃生脆弱性判别

城市地下空间相对狭小封闭，一旦进水，淹没水深会快速上涨，若人员在城市地下空间中逃生不及时，则有可能被积水淹没而溺亡。城市地下空间的入口往往既是洪水入侵的通道，又是唯一的逃生出口，阶梯上湍急的水流将给被困人员的逃生带来极大的困难。Ishigaki 等（2006）开展了人体沿过水楼梯行走的物理模型试验研究，结果表明进口处水深达到 0.3 m（对应的单宽流量为 0.28 m²/s）是洪水发生后人员能否逃生的临界条件。此外，还有研究表明，人员在过水楼梯上行走时，所受水流作用力随着单宽流量的增加线性增长（申若竹 等，2012）。因此，本节以城市地下空间发生洪水入侵后楼梯上的最大单宽流量为依据判别人员逃生脆弱性。根据单宽流量不同划分出 5 个洪涝逃生的脆弱性等级，具体判别依据如表 9.2 所示。

表 9.2　城市洪涝中城市地下空间的逃生脆弱性等级及其划分标准

判别依据	脆弱性等级				
	1	2	3	4	5
进口水深/m	[0, 0.12)	[0.12, 0.19)	[0.19, 0.25)	[0.25, 0.3)	[0.3, +∞)
单宽流量/（m²/s）	[0, 0.07)	[0.07, 0.14)	[0.14, 0.21)	[0.21, 0.28)	[0.28, +∞)

3）财产脆弱性判别

目前国内外对城市地下空间受淹带来的经济损失的研究较少，尤其是缺乏能够计算城市地下空间受淹后财产损失率的公式或曲线（Forero-Ortiz et al.，2020a）。因此，本节参考地表财产脆弱性的评估方法，采用宁思雨等（2020）提出的商业用地灾损曲线，定量计算城市地下商场的洪涝损失率，量化脆弱性等级。

4）车辆脆弱性判别

城市洪涝灾害中地下停车场受淹时有发生，会造成严重的财产损失。本节参考保险行业的定损标准，根据淹没水深划分出 5 个脆弱性等级，具体划分标准如表 9.3 所示。

表 9.3　城市洪涝中车辆脆弱性等级及其划分标准

淹没水深/m	说明	脆弱性等级
[0.14, 0.35)	车厢进水超过地毯	1
[0.35, 0.50)	车厢进水淹至座椅	2
[0.50, 0.80)	淹没座椅，低于仪表台	3
[0.80, 1.40)	仪表台被淹没	4
[1.40, +∞)	水淹高度超过车顶	5

5）地铁站脆弱性判别

地铁是城市公共交通的大动脉，中国城市轨道交通协会发布的《城市轨道交通 2022 年度统计和分析报告》显示，2022 年上海、广州、深圳等城市中地铁出行人流量占公共交通总人流量的 50%以上。地铁站人员密集，一旦发生洪涝灾害势必会带来严重的人员伤亡和经济损失。2021 年郑州"7·20"特大暴雨洪涝灾害中，由于地表洪水冲垮地铁 5 号线挡水墙，洪水倒灌地铁隧道，正在运营的列车车厢内的 500 余名乘客被困，其中 14 名乘客不幸遇难。2020 年广州"5·22"特大暴雨使地铁 13 号线发生洪水倒灌，地铁停运约 20 天之久，给市民出行带来了极大的不便（王婷 等，2020）。因此，与其他城市地下空间相比，地铁站的脆弱性更高，需要采用更加保守的脆弱性判别方法评估其洪涝风险。淹没水深是判别地铁站洪涝风险的关键指标，当淹没水深较小时地铁以不停站的形式运行，当淹没水深过大时地铁线路将停运，当淹没水深更大时将发生列车受淹等安全事故。表 9.4 中给出了地铁站洪涝脆弱性等级的划分标准。Forero-Ortiz 等（2020b）分析了地铁的轨道结构，认为当淹没水深超过 0.3 m 时铁轨将被完全淹没。因此，本节以地铁站内的淹没水深为依据，当淹没水深超过 0.3 m 时地铁线路将完全停运，脆弱性等级达到最高值。

表 9.4　地铁站洪涝脆弱性等级及其划分标准

项目	淹没水深/m				
	[0, 0.075)	[0.075, 0.15)	[0.15, 0.215)	[0.215, 0.30)	[0.30, +∞)
脆弱性等级	1	2	3	4	5

9.3.2　评估对象暴露度判别方法

暴露度反映了在洪涝灾害中人员、基础设施、经济资产、社会活动等可能遭受损失的承灾体总量（王豫燕 等，2016）。确定洪涝暴露度时应综合考虑评估对象发生洪涝灾害后可能造成的直接与间接影响，据评估对象发生洪涝灾害带来的后果的严重程度划分洪涝暴露度权重。在国民经济中发挥重要作用、人口与社会经济财富密集、需要重点保护的评估对象具有更高的暴露度权重。此外，还应考虑评估对象的防灾减灾能力，管理水平较高、应急处置能力较强的评估对象有更低的洪涝暴露度权重。目前业界对洪涝暴露度的内涵和计算方法的认识不尽相同，缺乏被广泛认可的能够精确到受灾对象尺度的暴露度计算方法（陈雪 等，2023；Bertsch et al.，2022）。本节参考了国家标准《风险管理　风险评估技术》（GB/T 27921—2023），该国家标准制定了城市洪涝中受灾对象暴露度等级划分的定性和定量标准（表 9.5），与脆弱性计算方法类似，所有评估对象被划分为 5 个暴露度等级。定量方法根据评估对象社会、经济指标的排名或人口密度等数据确定洪涝暴露度等级。定性方法基于评估对象发生灾害后带来的影响如"重大影响""严重影响""轻微影响"等确定洪涝暴露度等级。在实际操作中应优先使用定量的暴露度等级划分方法，若评估对象符合表 9.5 中多条划分依据应取最大值作为评估对象的洪涝暴露度等级。

表 9.5　城市洪涝中受灾对象的暴露度等级及其划分标准

方法分类	划分依据	等级				
		1 （不重要）	2 （一般重要）	3 （重要）	4 （非常重要）	5 （极重要）
定量方法	社会、经济指标排名/%	[0，20)	[20，40)	[40，60)	[60，80)	[80，100]
	人口密度/（万人/km²）	[0，1.5)	[1.5，3.0)	[3.0，4.5)	[4.5，6.0)	[6.0，+∞)
定性方法	受灾后给生产、生活带来的影响	不受影响	轻微影响	中等影响	严重影响	重大影响
	公共设施等级	社区以下级	社区级	街道级	区级	市级
	应急处置能力	极强	强	一般	弱	极弱
	产业类型	第一产业、居民服务业	建筑业、住宿、餐饮	信息服务、邮政	电力、交通运输、教育	公共管理、卫生、金融
	道路等级	四级公路	三级公路	二级公路	一级公路	高速公路

9.3.3　洪涝风险等级计算方法

基于危险性-暴露性-脆弱性风险评估框架，洪涝风险因子可以表示为洪涝危险性、评估对象脆弱性及暴露度的函数：

$$R = f(H,E,V) \tag{9.6}$$

式中：R 为风险因子；H 为危险性因子；E 为暴露度因子；V 为脆弱性因子。

本节使用灾损曲线等方法计算得到的脆弱性等级，能够同时反映出受灾对象在特定洪涝情景下的危险性和本身的脆弱性两方面的特性。因此，洪涝风险因子可以表示为洪涝暴露度等级和特定洪涝情景下的脆弱度等级的函数（Cardona，2006）。脆弱性较高且具有更高暴露度的受灾对象，具有较高的洪涝风险等级。计算不同对象洪涝风险因子的公式如下：

$$R = V(H) \times E \tag{9.7}$$

参考黄国如等（2019）的研究，采用自然间断点法将评估对象划分为低、中、高、极高危险性，并分别赋值 1、2、3、4 作为评价城市洪涝风险的指标。

9.3.4　洪涝风险评估实例：不同频率下的英国博斯卡斯尔洪水过程

在城市洪涝风险评估中主要框架有危险性-易损性与危险性-暴露性-脆弱性（IPCC，2021）。暴露性反映了在洪涝灾害中人员、基础设施、经济资产、社会活动等可能遭受损失的承灾体总量，由研究区域的社会经济数据来表示。本实例基于危险性-易损性风险评估框架，对英国博斯卡斯尔的洪水风险进行评估。

博斯卡斯尔位于英国康沃尔郡（Cornwall）北部威尼斯（Venice）流域，在 2004 年 8 月 16 日发生了 400 年一遇洪水，使得超过 70 所房屋被淹，约 116 辆汽车被冲走，1 000 余居民受灾，造成了数百万英镑的经济损失，受灾面广，影响极大。采用博斯卡斯尔 2004 年洪水过程对二维水动力学模型进行验证后，模拟不同入流流量、不同洪水频率下的洪涝过程，采用基于力学过程的洪水中人体和车辆稳定性判别公式[式（4.19）、式（5.5）]定量评估了洪水中人员和车辆的风险。

图 9.8 给出了不同洪水频率下行人的危险程度分布。红色区域的行人可能处于危险之中，因为这些区域的危险程度估计值接近 1.0。由图 9.5 可以看出：①对于 100 年一遇（$P=1\%$）的洪水事件，由于洪水中水深较大，流速较高，在山洪暴发期间，大部分淹没区域的行人将处于危险之中，极有可能被洪水冲走，而站在瓦伦西（Valency）街道上的行人可能是安全的[图 9.5（a）]；②对于 1 000 年一遇（$P=0.1\%$）的洪水事件，由于洪水中的流速极高，整个淹没区域的行人都会被冲走[图 9.5（b）]。因此，如博斯卡斯尔发生 100 年一遇以上频率的洪水，行人的潜在洪水风险会很高。

不同洪水频率下车辆的危险程度分布，如图 9.6 所示。可以看出：①在 100 年一遇的洪水事件中，在主要街道和停车场的大部分区域车辆是相对安全的；②对于 400 年一遇（$P=0.25\%$）的洪水事件，大部分被淹地区车辆的危险程度估计值为 1.0，特别是在停车场位置和主桥下游区域，因此停放在这些位置的车辆将被洪水冲走。

行人危险程度估计值　0.1 0.2 0.3 0.4 0.5 0.6 0.7 0.8 0.9 1.0

（a）$P=1\%$

行人危险程度估计值　0.1 0.2 0.3 0.4 0.5 0.6 0.7 0.8 0.9 1.0

（b）$P=0.1\%$

图 9.5　不同洪水频率下行人的危险程度分布

扫一扫　看彩图

车辆危险程度估计值　0.1 0.2 0.3 0.4 0.5 0.6 0.7 0.8 0.9 1.0

（a）$P=1\%$

车辆危险程度估计值　0.1 0.2 0.3 0.4 0.5 0.6 0.7 0.8 0.9 1.0

（b）$P=0.25\%$

图 9.6　不同洪水频率下车辆的危险程度分布

扫一扫　看彩图

9.4　本章小结

本章首先对四类洪涝风险评估方法进行了总结；然后基于历史灾情数据，以长江中下游地区为例进行了洪涝风险评估；最后详细介绍了基于水动力学模拟结果的城市洪涝风险评估方法，并应用到英国博斯卡斯尔洪水灾害，开展了不同洪水频率下的洪涝风险评估。

（1）采用《洪涝灾情评估标准》（SL 579—2012）确定了长江中下游各省市 1991～2019 年的洪涝灾害等级，并对洪涝灾情的时空变化特征进行了分析。长江中下游洪涝灾情呈现明显的中游高、下游低，江南高、江北低的分布特征。长江中下游各省市在 20 世纪 90 年代洪涝灾情最严重，尤其是中游三省 40.7%的年份为特别重大洪涝灾害年；在 21 世纪第一个十年洪涝灾情最轻，无特别重大洪涝灾害年。

（2）提出了基于水动力学模拟结果的城市洪涝风险评估方法。该方法基于水动力学模型提供的高精度和高时空分辨率的致灾水力要素，确定研究区域洪涝致灾的危险性；综合考虑受灾对象的脆弱性，以及发生洪涝灾害后反映评估对象内人口、财产等社会经济属性的洪涝暴露度计算风险因子；采用自然间断法划分风险等级，科学量化不同洪涝情景下受灾对象的洪涝风险。以英国博斯卡斯尔洪水为例，评估了不同洪水频率下行人和车辆的洪涝风险等级。

城市洪涝全过程模拟与风险评估耦合模型及其应用

本章建立城市洪涝全过程模拟与风险评估耦合模型。该模型通过预设不同暴雨情景开展城市典型街区洪涝全过程的动力学模拟，精确确定城市洪水水力要素的时空分布特征；基于评估对象的受灾机理，采用基于力学过程的洪水中人体及车辆的稳定性判别公式和财产灾损曲线等方法，定量计算特定洪涝情景下受灾对象的脆弱性；同时，根据评估对象的人口密度、产业类型、经济指标等一系列定性或定量标准，划分评估对象的洪涝暴露度权重；以特定洪涝情景下的脆弱性和洪涝暴露度权重为依据划分相应洪涝风险等级。采用该耦合模型，定量评估 2 个典型街区[英国格拉斯哥（Glasgow）与武汉青山港西排水片区]的洪涝风险。

10.1 城市洪涝全过程模拟与风险评估耦合模型

城市洪涝全过程模拟与风险评估耦合模型的基本框架及结构，如图 10.1 所示。

首先，基于降雨强度、地形资料、土地利用类型、排水管网数据等构建计算工程文件，采用二维地表径流与一维地下管流耦合的城市洪涝全过程的水动力学计算模块，开展不同暴雨重现期下特定研究区域的暴雨洪涝过程模拟。

然后，基于水动力学模拟结果，定量分析研究区域内地表淹没水深、流速等致灾要素的时空变化特征，以及不同降雨强度对排水管网泄流过程的影响。

最后，在水动力学模拟结果提供的高时空分辨率水力要素的基础上，以洪涝中受灾对象的危险性、脆弱性和暴露度要素为依据评估洪涝风险，计算该区域不同设计暴雨情景下洪涝风险的分布情况，并给出不同降雨情景下的洪涝风险图。

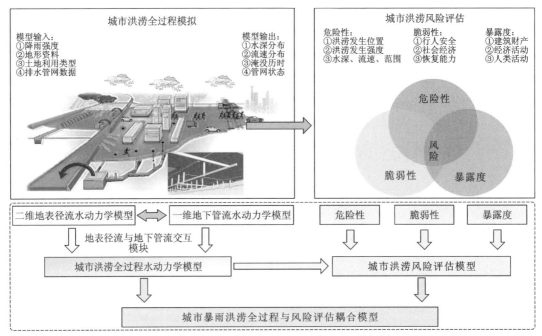

图 10.1　城市洪涝全过程模拟与风险评估耦合模型的结构示意图

10.2　国外典型街区的洪涝过程模拟与风险评估

10.2.1　街区概况

该研究区域位于英国苏格兰（Scotland）格拉斯哥的一个尺寸为 1.0 km×0.4 km 的较小城市集水区，如图 10.2 所示。该区域主要道路两侧均有密集的城市建筑物及拓扑结构复杂的次要道路网，且包含坡度较大的陡峭路段及局部洼地（图 10.2），在发生洪水时会有较明显的积水现象。研究区域东北方向有一条宽度为 1 m 左右的小溪，小溪流经该区域东北角处的涵洞，并由位于图 10.2 中 Q 处的涵洞出口流出。小溪对强降雨的响应非常迅速，典型洪水事件的持续时间通常小于 1 h。在 2002 年 7 月 30 日的一次真实洪水事件中，由于小溪的流量超过涵洞的过流能力，Q 处发生溢流，水流由此处侵入城市街道。图 10.2 右侧给出了 Q 处的洪水流量过程线，即涵洞出口溢出流量随时间的变化情况，最大溢出流量为 10 m³/s，总泄水量约为 8 554 m³（Hunter et al.，2008）。此次洪水事件的持续时间小于 60 min，模拟时间设置为 120 min。本节设置了与 Hunter 等（2008）相同的模拟工况及监测点，如图 10.2 所示。

数值模拟计算使用的地图及地形数据的来源如下：研究区域地图下载于格拉斯哥开放数据中心（Glasgow Open Data Hub）；建筑物位置、道路网和土地利用类型等数字地图数据来源于英国地形测量局开放地图数据中心（Ordnance Survey Open Map）；带有建

（a）英国格拉斯哥市区的某一集水区

扫一扫　看彩图

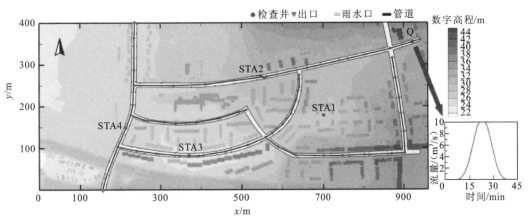

（b）研究区域地形高程、建筑物与街区轮廓、雨水口及监测点位置

图 10.2　典型城市街区洪涝模拟

筑物的高度、分辨率为 2 m 的地形高程数据来源于 Hunter 等（2008）。城市排水系统沿主要道路进行布置，根据实际地物特征分布和雨水口标准图集（16S518），假定其由 146 个平箅式雨水口（尺寸为 0.75 m×0.45 m）、50 个检修井、49 根管道（直径为 1.5 m）构成，如图 10.2 所示。

10.2.2　模型计算工程文件设置

整个计算域呈长方形，长 1.0 km，宽 0.4 km。由于 DEM 数据提供了建筑物的详细高程特征，所有的建筑物采用真实地形法来体现（Schubert and Sanders，2012）。本节整个计算区域被划分为约 898 330 个非结构化的三角形网格，网格的空间分辨率约为 1 m，计算域的西部被设置为开边界条件，其余所有边界被指定为固壁边界条件。地面和排水管网的曼宁粗糙系数分别设定为 0.020 s/m$^{1/3}$ 和 0.012 s/m$^{1/3}$。在实际情况中，管网流动中的压力波波速 a 是一个变量，其与管道的材质密切相关，同时也会受管流中空气掺混情况的影响，因此该压力波波速难以确定（Sanders and Bradford，2011）。管流模拟结果对压力波波速敏感性的数值试验研究表明，不同的波速对整体模拟结果的影响不大（Li et al., 2020）。但是较大的波速将导致数值振荡，并显著影响计算效率。因此，参照 Sanders 和 Bradford（2011）提出的建议，管流的压力波波速被设定为 75 m/s。雨水口泄流能力计算可采用统一的雨水口下泄流量计算公式式（3.10），或者分别采用堰流公式（堰流系数取 0.44）和管嘴流公式（管嘴流系数取 0.45）计算下泄流量；检查井的溢流流量采用管嘴流公式计算，管嘴流系数设置为 0.20。

10.2.3　模拟结果分析

图 10.3 给出了整个研究区域淹没范围的时空变化情况，集水区内两条主要道路地势较低，涵洞溢出的水流主要沿该区域内的主要道路流动，由图 10.3 可知：$t=1\,200\text{ s}$ 时洪水已几乎淹没集水区内的三条主要道路，由于 $0\sim2\,400\text{ s}$ 内洪水流量增幅迅速，涵洞溢流处下游一段距离内的洪水淹没深度也逐渐增加。在 $t=2\,400\text{ s}$ 时刻，整个研究区域达到了最大的淹没程度，最大淹没水深约为 0.8 m。随后淹没范围及淹没水深随着排水系统的泄流作用迅速降低。在 $t=6\,000\sim7\,200\text{ s}$ 雨水口周围的积水基本被排光，因此地表的积水范围几乎不随着时间的增加而变化，仅有少部分积水存在于研究区域内的低洼地区。

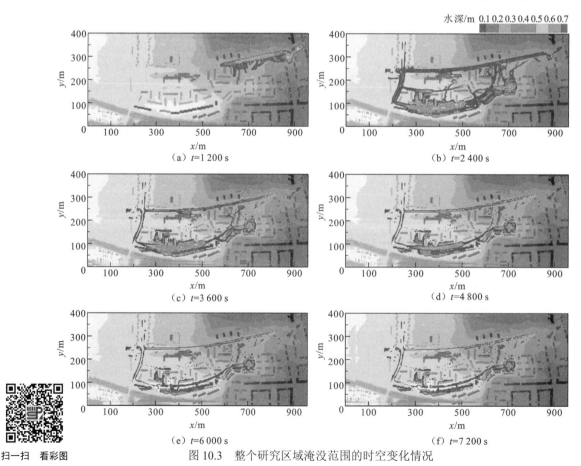

图 10.3　整个研究区域淹没范围的时空变化情况

图 10.4 给出了研究区域内各部分水量随时间的变化情况。初始时刻由于来流流量远大于排水系统的过流能力，因此地表积水量不断增加。因此，排水系统显著地影响了整个洪水演进过程，经由排水系统下泄的水量为 7 635 m³，占据了总水量的 88.7%。最大积水量是直接决定淹没范围和淹没深度的重要参数，在 $t = 1 900$ s 时刻研究区域地表积水量达到了最大值 4 950 m³，相对于无排水系统工况下降了 44%。此外，在 1 420～2 000 s，储存在排水系统内的水量基本不变，意味着排水系统达到了最大的泄流能力。在 $t = 6 000$ s 时，雨水口周围的地表积水已被排干，因此地表积水量不再变化。

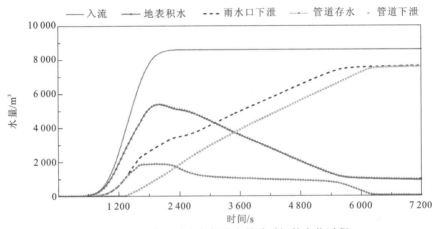

图 10.4　研究区域内各部分水量随时间的变化过程

如果研究区域内暴雨洪涝强度较大，大量水流在短时间内经由雨水口流入地下排水管网，可能会造成排水管道的严重超载（Vasconcelos et al.，2006）。一旦管道内的水头高于地表高程，管道内的水流可能经由检查井溢流至城市地表。为了计算简便，本模型中假设管流仅通过检查井溢流至城市地表。图 10.5 给出了各检查井累计的下泄和溢流水量。从图 10.5 中可以看出，检查井下泄和溢流水量的分布与检查井所在的空间位置密切

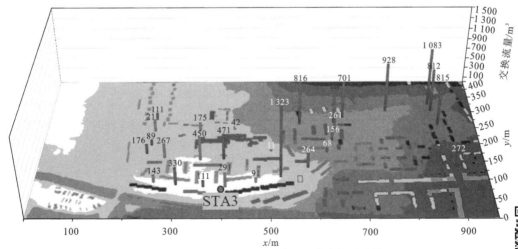

图 10.5　检查井累计下泄与溢流水量的空间分布情况

蓝色为累计下泄水量；红色为累计溢流水量

扫一扫　看彩图

相关，位于研究区域上游侧的雨水口主要发生从地表流入排水管道的下泄。随着管道内流量的逐渐增加，排水管道由明渠流流态转变为有压流流态，并在点 STA3 周边出现溢流现象。地表径流与地下管流之间的水流交互是一个高度复杂的过程，准确地模拟城市洪涝灾害，必须同时模拟地表径流和地下管流的洪水演进过程，仅考虑雨水口或采取等效下渗等简化方法难以充分体现排水系统的泄流作用。

10.2.4　排水系统泄流对地表洪涝过程的影响

地表水深和流速是评估洪涝严重程度的最关键的 2 个水力参数（Xia et al.，2011a；Kreibich et al.，2009）。图 10.6 给出了有、无排水系统两种工况下最大淹没水深和最大流速的分布情况。位于研究区域西南侧的街道受灾情况最为严重，最大淹没水深达到了0.8 m。对于有排水系统的工况，由于大量水流经由排水管网排出，整个研究区域的淹没水深较浅，具有较大水深（$h > 0.7$ m）的区域显著减小。由于本算例入流流量随时间快速涨落的特征，在计算的初始时刻入流流量显著大于排水系统的泄流能力，因而排水系统对洪水演进过程的影响较不明显，两种工况的最大流速分布基本一致。

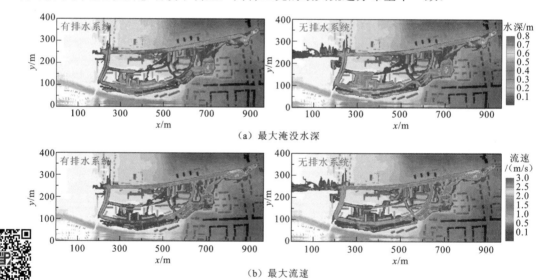

图 10.6　有、无排水系统两种工况下最大淹没水深和最大流速的分布情况

扫一扫　看彩图

图 10.7 给出了有、无排水系统两种工况下四个监测点水深和流速随时间的变化过程。点 STA1 位于入流点附近，代表了在模拟开始时可以快速积水的区域。由于点 STA1 周围没有排水系统，所以在整个洪水淹没过程中，有、无排水系统两种工况下的水深随时间的变化过程几乎相同。点 STA2 位于道路中间，在洪水演进过程中，大量径流被位于街道上的雨水口截留至地下排水管网，因此地表水深略有下降，并在一定程度上减缓了洪水演进的速度。点 STA3 和 STA4 位于研究区域的下游，由于地势较为低洼，所以在模拟结束时呈现为严重积水点。受排水系统的影响，点 STA3 和 STA4 周边的积水分别在 $t = 6\,000$ s 和 $t = 3\,600$ s 时被几乎排干。在点 STA2 和 STA4 处，排水系统降低了流速，

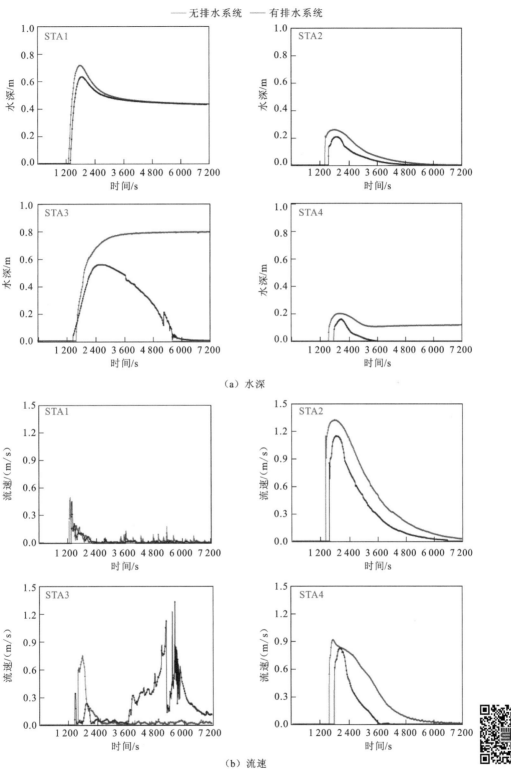

（a）水深

（b）流速

图 10.7　有、无排水系统两种工况下各监测点处水深和流速随时间变化情况的对比

扫一扫　看彩图

而点 STA3 处的水流流速由于排水系统的泄流作用在 $t=3\,600\sim7\,200$ s 显著上升。因此，对于淹没水深较大的淹没区，排水系统的泄流作用可能会增加周边的地表径流流速，导致潜在的洪涝风险。

10.2.5　排水系统泄流对洪涝风险的影响

基于高时空分辨率的水动力模拟结果，结合行人和车辆的洪涝风险评估模块，对研究区域内行人与车辆的洪涝风险进行了评估。本节主要讨论排水系统泄流对城市洪涝风险的影响。图 10.8 给出了有、无排水系统两种工况下，不同人群和不同车辆最大洪涝风险的分布情况。对于研究区域内的主干道及下游的渍水区，儿童行走在这些位置会具有

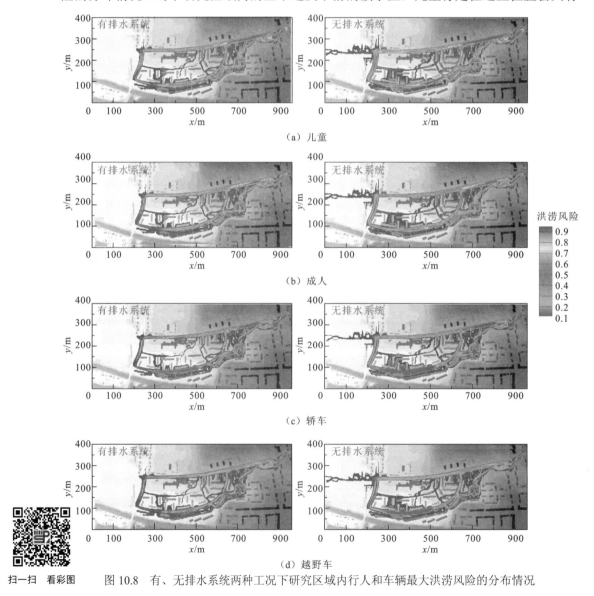

（a）儿童

（b）成人

（c）轿车

（d）越野车

图 10.8　有、无排水系统两种工况下研究区域内行人和车辆最大洪涝风险的分布情况

较大的洪涝风险。成人在洪水中的稳定性相对更高，因此具有较高洪涝风险的范围明显较小，仅在研究区域上游侧的道路上其洪涝风险较高。整体而言，排水系统运行对行人洪涝风险的影响较小，有、无排水系统两种工况下成人与儿童的风险等级分布几乎一致。在本节中，行人与车辆呈现出显著不同的洪涝风险分布特征。车辆的洪涝风险显著高于成人，且洪涝风险等级的分布特征与淹没水深的分布特征近乎一致，表明在城市环境中较大的淹没水深是车辆失稳的最主要的原因。在排水系统的泄流作用下研究区域内淹没水深大大降低，车辆的危险程度显著下降。

图 10.9 对比了有、无排水系统两种工况下，不同观测点行人与车辆危险程度随时间的变化情况。在大多数情况下排水系统能够显著降低行人与车辆的危险程度，特别是表现在具有较高风险（危险程度大于 0.9）的历时显著降低。点 STA1 和点 STA2 位于研究区域的上游，受排水系统泄流的影响较小，有、无排水系统情况下不同受灾对象的危险程度随时间的变化基本相同。在洪水演进过程中，大量地表积水通过雨水口流入地下排水管网。排水系统的泄流过程不仅降低了水深，而且减缓了流速，因此给洪水中行人和车辆的洪涝风险带来了很大影响。在有排水系统的情景下，点 STA3 处轿车的高危时间只持续了约 2 100 s，而在没有排水系统的情景下，高危时间从 $t=1\,850$ s 持续到模拟结束。对于越野车，由于排水系统大大降低了水深，所以点 STA3 处的最大危险程度仅为 0.335。排水系统的泄流过程增加了点 STA3 处行人的洪涝风险：对于有排水系统的工况，

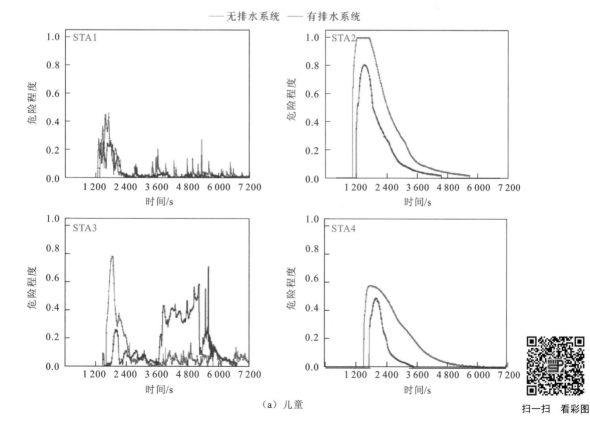

（a）儿童

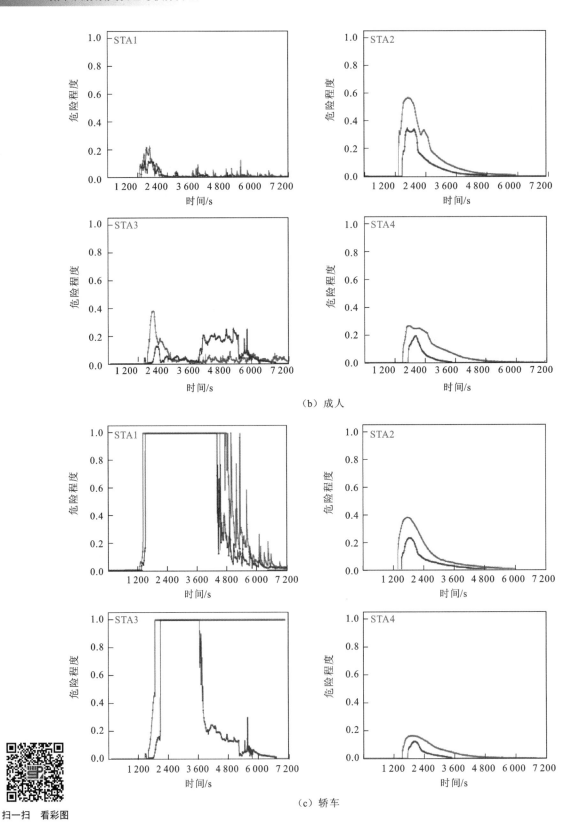

（b）成人

（c）轿车

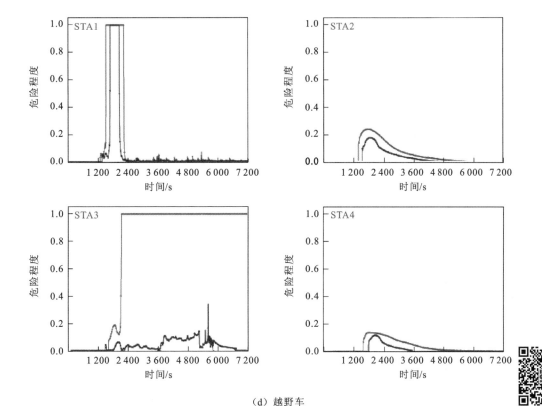

（d）越野车

图 10.9　有、无排水系统两种工况下各监测点周围行人与车辆危险程度随时间的变化情况　扫一扫　看彩图

儿童和成人在 t=3 600 s 后的最大危险程度分别为 0.671 和 0.252；而对于没有排水系统的工况，最大危险程度分别为 0.172 和 0.088。该现象的主要原因为，在水深较大的情况下人体跌倒失稳是行人在洪水中的主要失稳形式。由于排水系统泄流过程增加了点 STA3 周围的水流流速，所以导致了更高的洪涝风险。

10.3　国内典型街区的洪涝过程模拟与风险评估

10.3.1　研究区域概况

武汉青山位于北纬 30°37′、东经 114°26′的长江南岸，地处亚热带季风气候区，降雨充沛，四季分明，年平均降雨量为 1 269 mm。武汉青山是我国重要的重工业城区和国家钢铁、化工生产基地，区内工业生产造成的烟尘、二氧化碳等排放量较大，导致城区的热岛效应较为严重。武汉青山城市化水平较高，城区下垫面中道路、建筑、广场等不透水面的占比较高。本节选择港西排水片区为研究对象，该区域位于武汉青山西北部，北临长江，东临青山港，面积约为 9.5 km²。片区内管网汇水主要通过港西一期、二期泵站抽排至长江，两泵站最大排水能力约为 77.6 m³/s，另有少部分雨水通过管道排入楠姆河及武丰河。

1. 降雨数据

设计暴雨公式来自标准《武汉市暴雨强度公式及设计暴雨雨型》（DB4201/T 641—2020）。短历时设计暴雨采用芝加哥雨型：

$$i = \frac{9.686(1 + 0.887 \lg P)}{(t + 11.23)^{0.658}} \tag{10.1}$$

式中：i 为设计暴雨强度；P 为设计暴雨重现期；t 为降雨历时。本节根据设计暴雨公式计算降雨强度随时间的变化过程，取暴雨历时为 2 h。设计暴雨重现期取 2 年一遇至 200 年一遇，用于定量计算不同设计暴雨重现期情景下研究区域的淹没特征与洪涝风险情况。图 10.10 给出了不同重现期情景下的设计暴雨过程。

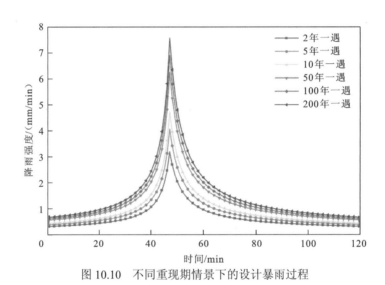

扫一扫 看彩图

图 10.10 不同重现期情景下的设计暴雨过程

2. 下垫面数据

港西排水片区的地形及土地利用类型，如图 10.11 所示。本节采用的地形数据由第三方测绘公司通过无人机三维倾斜摄影获得，DEM 数据的空间分辨率为 1 m，数据测量时间为 2019 年。整个研究区域的地形呈现出北高南低的特征，最大高程为 31.63 m，平均海拔约为 22 m。根据无人机航测的多光谱下垫面成像数据提取了 12 种下垫面类型，研究区域的土地利用类型划分结果如图 10.11 所示。港西排水片区的城市化程度较高，城乡建筑物、人行道、道路等不透水面占该城区总面积的 50.4%，林地、公园、绿化带等透水面的占比为 47.1%，其余为池塘、河流等水体。此外，为了准确反映不同建筑物的受淹特征及其对城市洪涝过程的影响，从高德地图中下载了研究区域内的建筑物外轮廓数据，并利用 GIS 软件对建筑物的外形进行适当简化，以便后续划分计算网格。

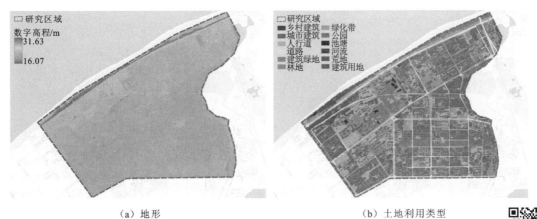

（a）地形　　　　　　　　　　（b）土地利用类型

图 10.11　港西排水片区下垫面情况

扫一扫　看彩图

3. 排水管网数据

本节中的排水管网数据，源自武汉市青山示范区海绵城市建设规划雨水系统图（2015～2030 年）、港西排水片区部分街道排水系统设计图及港西泵站设计图。这些雨水管网设计图提供了较为详细的管道平面布局和尺寸等数据，但缺乏雨水检查井的尺寸及埋深等资料。因此，在本节中需要根据地形、管道流向等信息，依据城市地下排水管网设计规范对管道的埋深和坡度进行估算。尽管已经尽可能地收集排水片区内的管网资料，但由于部分管道的设计、建设时间过早，相关资料已经缺失，街区内部的管网数据难以获取。因此，在本节中仅对排水干管进行模拟，并假定地表径流通过雨水口流入距离雨水口最近的检查井（Chang et al., 2018）。研究区域内的排水系统资料，如图 10.12 所示，区域内共包含 204 个排水干管、203 个雨水检查井。同时，由于难以通过实地调查获取研究区域雨水口的数据，本节假定整个研究区域内雨水口均为平面尺寸为 0.75 m×0.45 m 的 16S518 式平箅式雨水口。整个研究区域内共包含 4 510 个雨水口，雨水口沿道路两侧对称分布，沿道路方向不同雨水口之间的纵向间距为 40 m。

10.3.2　模型计算工程文件构建

对研究对象进行概化、抽象后构建计算模型是开展数学模型计算的前提。城市洪涝过程高度复杂，涉及地表产汇流、雨水口泄流、管网泄流、泵站抽排等多过程，在建模过程中需要考虑不同过程之间的耦合联系。水动力学模拟对建模的精细度要求较高，但是过度精细的模型会带来计算量的显著上升，因此在建模过程中需要妥善处理计算效率与模拟精度之间的矛盾，在两者之间获取一个合理平衡。

为了方便构建计算工程文件，本节基于 Python 语言编写了 InpGen 脚本，通过脚本进行数据处理与计算工程文件构建的具体流程，如图 10.13 所示。确定计算区域的边界后，首先需要对收集的遥感影像、地形、矢量图层数据进行配准、裁剪等预处理。不同

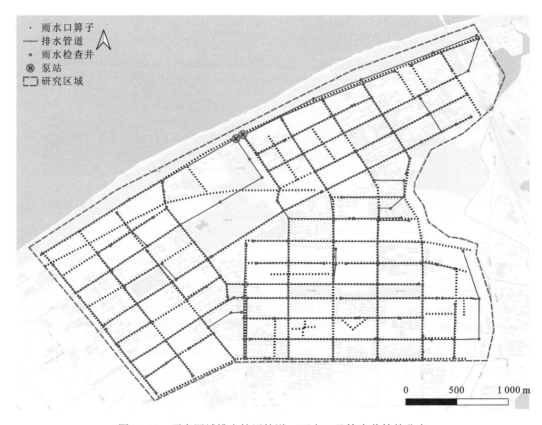

图 10.12　研究区域排水管网管道、雨水口及检查井等的分布

的地理信息数据通常具有不同的坐标系，因此需要在 QGIS 软件中对这些图层进行配准，并统一重投影到 CGCS2000/3-degree Gauss-Kruger zone 38 坐标系中。预处理后的栅格与矢量数据通过 InpGen 脚本读入，矢量边界图层被转换为 Gmsh 软件支持的.geo 格式输入文件。通过调用 pygmsh 开源库将整个研究区域离散为非结构的三角形计算网格并给定相应的边界条件。土地利用类型及地形数据存储于.tif 格式的栅格文件中，通过计算网格的空间位置从栅格文件中提取相应的地形高程及土地利用类型数据，根据土地利用类型数据设置每个计算单元的曼宁粗糙系数及霍顿下渗相关参数。补全埋深、管径、曼宁粗糙系数、管道满管流波速等关键参数后的排水管网信息由雨水口、检查井、排水管道三个.shp 格式的文件分别保存。InpGen 脚本读取管网数据后通过 KDTree 算法构建雨水口与检查井、排水管道与检查井、地表网格与雨水口和检查井之间的拓扑联系，便于后续开展地表径流与地下管流的耦合模拟。二维地表径流模型建模数据通过美国信息交换标准码（American Standard Code for Information Interchange，ASCII）文本格式存储，排水管道数据通过 JSON（Java Script Object Notation）文件格式保存，水动力学模型能够直接读入相关工程文件进行模拟。对城市洪涝过程模拟而言，研究范围和边界条件的确定对模拟结果至关重要，研究区域北侧以长江大堤为界，东侧为楠姆河和武丰河，南侧为友谊大道，西部边界为武汉科技大学和建设一路。由于研究区域内北高南低的地势特征

和堤防、院校等局部地形的影响，研究区域内的积水基本由域内降水导致，极少存在域外径流流入该研究区域内导致的积水。因此，在本节中所有边界均被划分为固壁边界条件，不考虑研究区域内外的水流交互。为了进一步验证研究区域范围和边界条件类型的合理性，本节还开展了更大研究区域的数值试验，结果表明采用更大的模拟范围，不会显著增加研究区域内的积水量和改变水深分布，因此本节所设定的边界条件在定性上是合理的。

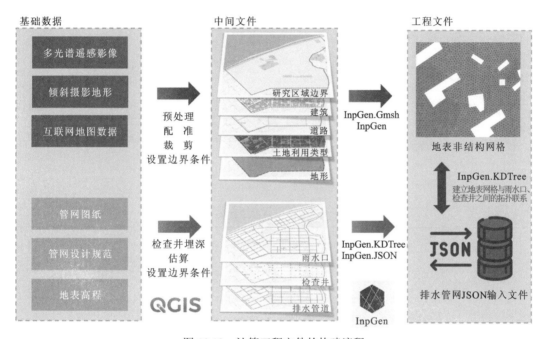

图 10.13　计算工程文件的构建流程

划分的无结构三角形计算网格，如图 10.14 所示。为了更好地体现城市复杂的街区布置及微地形特征，本节中网格的空间分辨率为 5 m，整个研究区域共包含 569 194 个网格节点及 1 055 992 个计算单元。研究区域内共有 3 014 栋建筑物，采用 BH 方法进行表示，即建筑物在划分的网格中被概化为具有固壁边界条件的空洞，以反映建筑物对地表洪水演进过程的影响（Lee et al.，2016；Schubert and Sanders，2012）。此外，本节对传统 BH 方法进行了一定的改进，考虑了地表建筑物和地下空间通过入口与地表积水之间的交互，因此本模型能够模拟建筑物内的受淹过程。为了反映城市下垫面的异质性特征，需要根据不同土地利用类型，参考相关文献及手册，设置不同网格中的曼宁粗糙系数及下渗能力等关键计算参数，具体的参数取值如表 10.1 所示。在计算过程中认为建筑物、硬化地表、道路等为不透水面，下渗能力为零；水体不计算下渗过程，下渗能力假定为正无穷。地下排水管网模拟以管段和检查井节点为基本计算单元，在本节中排水管段被离散为若干个均匀的计算单元，单个计算单元的长度约为 5 m。模型计算过程中采用动态时间步长，即每一步的时间步长均使用 CFL 条件确定，为保证计算稳定，本节中CFL 取 0.4。

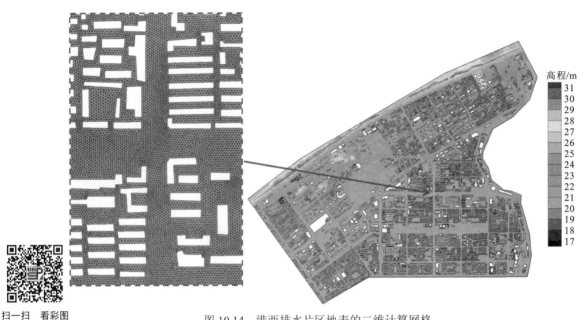

图 10.14　港西排水片区地表的二维计算网格

表 10.1　港西排水片区典型下垫面的参数设置

土地利用类型	曼宁粗糙系数 n	初始下渗率 f_0 /（mm/h）	稳定下渗率 f_{min} /（mm/h）	衰减系数 f_k /h^{-1}
城乡建筑物	0.12	0	0	—
人行道	0.14	0	0	—
道路	0.14	0	0	—
建筑绿地	0.25	150	10	1
林地	0.34	250	10	2
公园	0.35	200	10	1
绿化带	0.25	150	10	1
水体	—	$+\infty$	$+\infty$	—
荒地	0.2	76	5	1

10.3.3　武汉港西排水片区洪涝模型验证

准确、翔实的观测数据对城市洪涝模型的率定与验证至关重要，但城市洪涝灾害普遍具有受灾范围广、持续时间短、难以预报等特征，因此难以获得充足的数据支撑模型的率定与验证（Mignot et al.，2019）。武汉市水务局通过收集排水管网、防汛排涝点的信息，结合大数据技术计算，发布了中心城区 5 年一遇 3 h（88 mm）/24 h（162 mm）

降雨渍水风险图。武汉青山的渍水点和淹没水深分布情况，如图 10.15 所示。研究区域内共存在工人村三街沿线、和平大道与建设四路交叉口、沿港路与红钢四街交叉口等 9 处影响交通的渍水点。本节模拟了 5 年一遇 3 h 降雨情景下的积水分布情况，通过与降雨渍水风险图进行对比以评估本模型的计算精度。

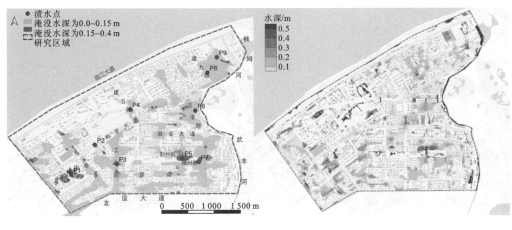

（a）武汉3 h（88 mm）降雨渍水风险图　　　　　（b）计算结果

图 10.15　5 年一遇 3 h 降雨情景下武汉青山的渍水点与淹没水深分布情况

扫一扫　看彩图

模拟的积水分布情况，如图 10.15（b）所示。吉林街、荆州街、随州街、沿港路等区域渍水严重，最大水深达 0.4 m 以上。模拟的淹没范围及其水深分布与武汉青山 5 年一遇降雨渍水风险图基本一致，且完全包含了降雨渍水风险图中的 9 个渍水点。表 10.2 对比了 9 个渍水点官方预测与本模型模拟的结果。除渍水点 P2 外，其余所有渍水点模拟的淹没水深与官方预测值符合程度良好。因此，本模型具有较高的计算精度，能满足港西排水片区暴雨洪涝过程模拟的需求。

表 10.2　武汉市水务局发布的与本模型模拟的渍水点淹没水深的比较

项目	渍水点淹没水深/m								
	P1	P2	P3	P4	P5	P6	P7	P8	P9
官方预测值	0.15～0.4	>0.4	0.15～0.4	>0.4	>0.4	>0.4	>0.4	<0.15	<0.15
模型模拟值	0.31	0.15	0.21	0.70	0.59	1.34	0.44	0.14	0.08

洪涝过程中地表下渗、雨水口下泄、地表积水、管道存水及泵站抽排水量随时间的变化过程，如图 10.16 所示。在计算初始时刻，由于降雨强度较低，初期降雨近乎完全经由地表下渗。雨水口的过流能力随地表淹没水深的增加而增加，在降雨持续 2 000 s 后经由雨水口下泄至地下排水管网的水量显著上升，并在 $t=4\,000$ s 时超过下渗量。地表积水量在 $t=4\,000\sim5\,000$ s 迅速上升，在 $t=7\,800$ s 时达到最大值 522 725 m³，该时刻地表积水量占总降雨量的 63.37%。在 $t=10\,800$ s 时地表积水量、雨水口下泄量、地表下渗量分别占总降雨量的 49.16%、38.87%、11.96%。城市排水系统显著降低了地表积水量，

直接降低了城市的洪涝风险。因此,采用二维地表径流与一维地下管流耦合的计算方法,对城市洪涝过程进行模拟与风险评估非常重要。

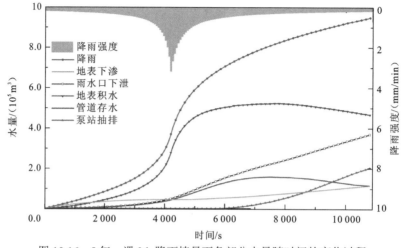

扫一扫 看彩图

图 10.16　5 年一遇 3 h 降雨情景下各部分水量随时间的变化过程

10.3.4　不同降雨情景下港西排水片区的洪涝过程模拟

1. 致灾水力要素的时空变化

地表径流的水深和流速是评估洪涝严重程度的关键水力参数。本节以 100 年一遇 2 h 降雨情景为例,定量分析研究区域中地表径流水深和流速与建筑物内淹没水深的时空变化特征,揭示港西排水片区暴雨洪涝过程的致灾特点。因地表产汇流需要一定的时间,故实际计算中设定模型的计算时间为 4 h。

1)街区地表和建筑物内水深随时间的变化

100 年一遇降雨情景下地表淹没水深随时间的分布情况,如图 10.17 所示。$t = 0.0 \sim 0.5$ h 的降雨强度较小,加之土壤还尚未饱和,研究区域仅有少数位置存在积水,$t = 0.5$ h 时刻淹没水深超过 0.15 m 的面积占比仅为 0.3%。在 $t = 47$ min 时刻降雨强度达到最大值,此时降雨强度远超排水系统的过流能力,研究区域内积水现象逐渐严重。社区内部相较于道路的淹没水深较浅,$t = 1.0$ h 时刻近乎所有街道的淹没深度都在 10 cm 以上,中度积水($0.15\,\mathrm{m} < h \leqslant 0.4\,\mathrm{m}$)、重度积水($h > 0.4\,\mathrm{m}$)的面积分别占了研究区域的 12.52% 和 1.16%。$t = 1.0 \sim 1.5$ h 社区内部的淹没水深和淹没范围均随着降雨强度的降低而下降,但道路上的淹没水深增加。$t = 2.0$ h 后降雨停止,在排水系统的作用下,研究区域内绝大多数位置的淹没范围和淹没水深均显著下降。$t = 3.0$ h 时刻中度积水和重度积水的面积占研究区域的 8.01% 和 1.59%,中度积水的面积占比相较于 $t = 1.0$ h 时刻下降了 36%,而重度积水面积占比上升了 37%。重度积水面积占比上升反映研究区域内地势低洼地区还存在水流汇入现象,进一步加剧了洪涝风险。$t = 4.0$ h 时刻除工业大道、荆州街、随州街、建设六路、建设九路等道路及其周边区域外，整个港西排水片区范围内的积水基本排出，中度积水的面积仅占研究区域面积的 **4.7%**。

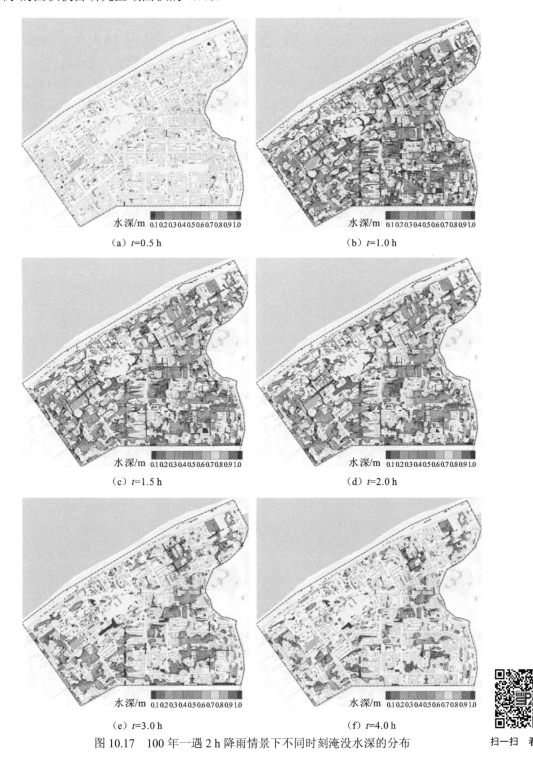

（a）$t=0.5$ h　　　　　　　　　　（b）$t=1.0$ h

（c）$t=1.5$ h　　　　　　　　　　（d）$t=2.0$ h

（e）$t=3.0$ h　　　　　　　　　　（f）$t=4.0$ h

图 10.17　100 年一遇 2 h 降雨情景下不同时刻淹没水深的分布

图 10.18 给出了不同时刻研究区域内建筑物的受淹情况。受淹建筑物的空间分布与地表渍水点的位置密切相关，但建筑物内的淹没水深随时间的变化过程相比于地表淹没水深随时间的变化过程存在一定的滞后性。地表约在 t=2.0 h 时刻达到了最大淹没范围，而研究区域内的建筑物在 t=3.0 h 左右受淹程度最为严重。在 t=1.0 h 时刻发生淹没的房屋仅占房屋总数量的 5.4%，在 t=1.0～2.0 h 由于地表淹没水深较大，受淹的房屋数量所占比例上升为 17.9%。该时刻建筑物内的总积水量为 76 747 m^3，占该时刻总降雨量的 5.5%。因此，在城市洪涝模拟过程中有必要考虑建筑物内部的受淹过程，常规的建筑物表示方法无法考虑建筑物与地表之间的水流交互过程,因此可能高估街道上的淹没水深，继而降低模拟结果的可靠性。t=2.0～4.0 h 由于街道上的积水依旧较为严重，受淹的房屋数量仅略有下降，受淹的房屋数量占比从 t=3.0 h 的 18.5%降低为 16.9%。

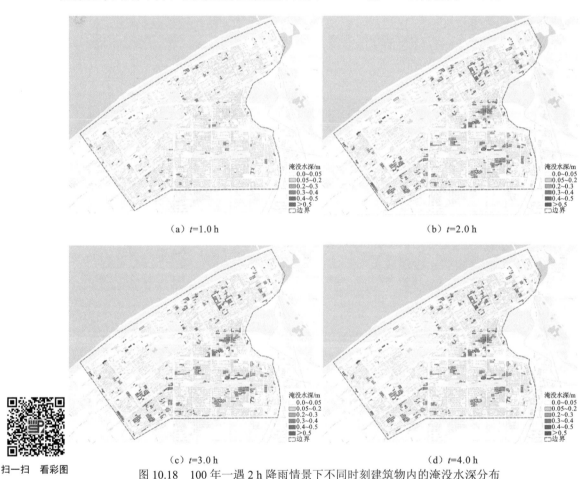

（a）t=1.0 h

（b）t=2.0 h

（c）t=3.0 h

（d）t=4.0 h

图 10.18　100 年一遇 2 h 降雨情景下不同时刻建筑物内的淹没水深分布

2）地表径流流速随时间的变化

地表径流流速受降雨强度的影响同样十分显著。如图 10.19 所示，在计算的前 t=0.5 h 由于降雨强度较小且土壤的下渗能力尚未饱和，没有在研究区域的地表形成大范围、连续的径流，所以地表水流流速整体较小。随着降雨强度的迅速上升，在城市地表上形成薄层水流并按照地形坡度进行运动，在 $t=1.0$ h 时刻地表的水流运动十分明显。相较于社区内部，道路由于其粗糙系数较小而坡度较大，成为实际的行洪通道，道路上的水流流速远大于社区内部，最大流速可达 0.5 m/s 以上。在 $t=2.0$ h 时刻随着降雨强度的降低，社区内部的水流流速降低，道路由于较大的地形坡度仍保持着较高的水流流速。道路的

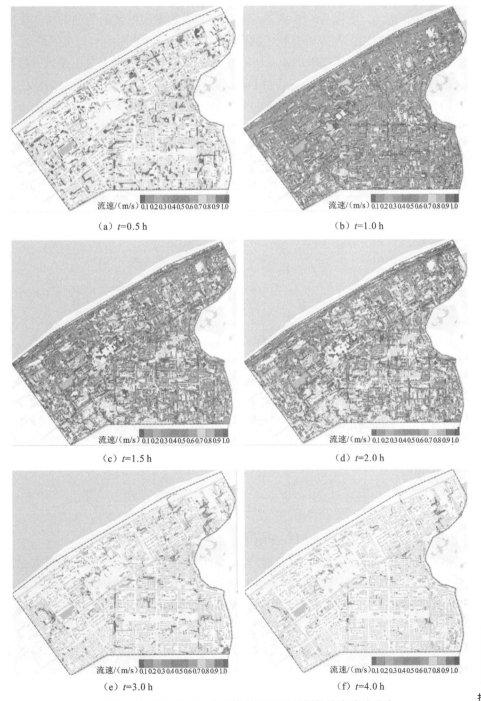

（a）$t=0.5$ h

（b）$t=1.0$ h

（c）$t=1.5$ h

（d）$t=2.0$ h

（e）$t=3.0$ h

（f）$t=4.0$ h

图 10.19　100 年一遇 2 h 降雨情景下不同时刻的地表流速分布

扫一扫　看彩图

地势低于社区内部，因此社区内的积水汇入邻近的路网。降雨结束后的 $t=3.0\,h$ 时刻道路上虽然存在着一定深度的积水，但是此时水流基本静止，整个研究区域的流速极小，道路上的流速最大值仅为 0.2 m/s。

3）排水系统的运行情况

泵站的运行情况，如图 10.20 所示。泵站的开机数量根据泵站前池的水深按照泵站运行调度方案进行控制。在降雨开始后的前 $t=1.5\,h$ 内，前池内的水深持续增加，在 $t=1\,h\,18\,min$ 达到了泵站启动水位，并在 $t=2\,h\,20\,min$ 时刻达到本工况下最大开机数量 7 台，总抽排能力达到 67.9 m³/s。随后由于降雨强度降低，从管网流入泵站前池的流量小于泵站的抽排能力，泵站前池水深降低，运行的机组数量不断下降。降雨开始 $t=2\,h$ 后城市地表积水被排除，通过排水管网流入泵站前池的流量呈缓慢下降趋势，导致泵站的抽排流量随之缓慢下降。$t=3\sim4\,h$ 流入泵站前池的流量与泵站抽排流量基本相同，前池内的水深稳定在 4.7 m 附近。

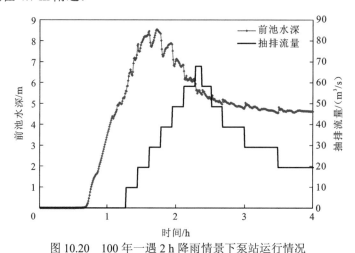

图 10.20　100 年一遇 2 h 降雨情景下泵站运行情况

100 年一遇 2 h 降雨情景下管道超载情况，如图 10.21 所示。这里超载程度 SD 定义为管道的充满度：

$$SD = \frac{H_p}{D} \tag{10.2}$$

式中：H_p 为管流水头，$H_p = h + H$，H 为压力水头；D 为管道直径。

在本节使用的管流计算模块中，当管道处于有压流流态时，管道内水头将大于管道顶部高程，因此当 SD 大于 1 时，说明管道发生了严重的超载。降雨的前 $t=0.5\,h$ 内，由于城市地表上没有形成大范围的积水，通过雨水口流入排水管网的水量很少，整个排水管网处于完全明渠流流态，SD 小于 0.5 的管道占所有管道的 88.4%[图 10.21（a）]。随着降雨强度的增加，雨水口的泄流流量随着地表淹没水深的增加而上升，大量积水经由雨水口下泄至地下排水管网，导致管网发生超载。$t=1.0\,h$ 时刻有 50.0%的管道处于完全超载状态（SD>1），发生超载的管道基本位于排水管网的末端[图 10.21（b）]。在 $t=1.0\sim2.0\,h$ 时刻研究区域地表积水严重,排水系统的泄流压力较大,管道的超载比例在 80%以上。$t=2.0$ h 后降雨停止,导致地表淹没水深下降,经由雨水口流入排水管网的水流减少,管网的泄流压力降低,排水系统的超载情况得到改善[图 10.21（d）]。在 $t=3.0$ h、4.0 h 时刻处于完全超载状态的管道占所有管道的比例下降为 66.5%和 12.1%[图 10.21（e）、（f）]。

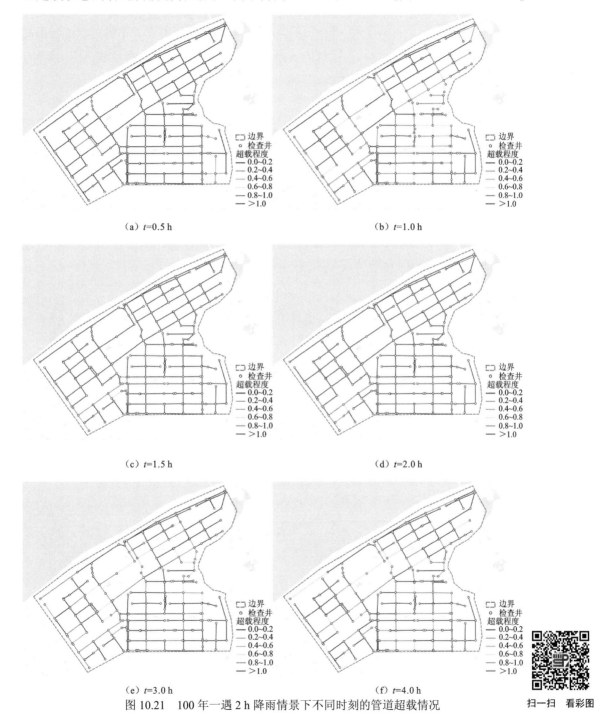

（a）$t=0.5$ h

（b）$t=1.0$ h

（c）$t=1.5$ h

（d）$t=2.0$ h

（e）$t=3.0$ h

（f）$t=4.0$ h

图 10.21　100 年一遇 2 h 降雨情景下不同时刻的管道超载情况

2. 不同降雨强度对城市洪涝过程的影响

降雨强度是影响城市洪涝灾害程度最直接的原因之一。本节分析了 2～200 年一遇降雨情景下港西排水片区的最大淹没范围、典型渍水点的水深和流速随时间的变化情况、地表积水量随时间的变化情况，以揭示洪涝致灾水力要素与降雨强度的响应关系。同时，以管道超载情况、雨水口泄流量、泵站抽排情况为切入点，定量研究了降雨强度对港西排水片区排水系统泄流的影响。为尽可能考虑不同降雨强度对淹没水深及其范围的影响，本节算例中设定模型的计算时间为 5 h。

1）最大淹没范围

不同降雨情景下研究区域内最大淹没水深的分布情况，如图 10.22 所示。这里的最大淹没水深定义为各计算网格在整个模拟过程中的最大水深。随着降雨强度的增加，地表积水的范围和深度均不断上升。2 年一遇降雨情景下地表积水程度较轻，仅有极少部分道路存在超过 0.2 m 的积水，各社区内部基本不存在严重积水现象。200 年一遇降雨情景下的总降雨量为 2 年一遇情景下的 2.4 倍，短时间的强降雨极大程度地增加了排水系统的泄流压力，地表积水难以及时排出。不仅道路上积水严重，社区内部也严重受淹，最大淹没水深也达到 0.4 m 以上。

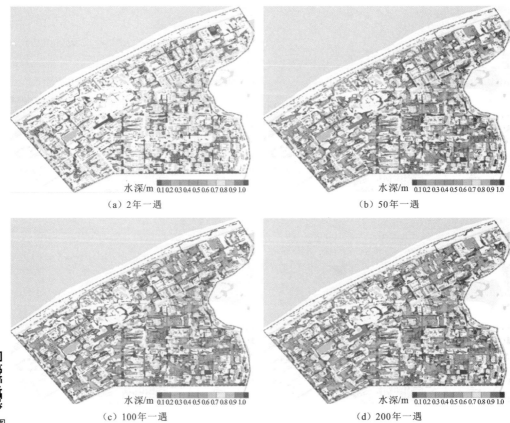

（a）2 年一遇   （b）50 年一遇

（c）100 年一遇   （d）200 年一遇

图 10.22　不同降雨情景下的最大淹没水深分布

表 10.3 给出了不同降雨情景下淹没面积最大时不同积水程度的面积及其所占的比例。随着降雨强度的增加，中度和重度积水的面积与占比增加较为显著。2 年一遇降雨情景下，中度积水的面积为 31.78 万 m²；当重现期为 100 年一遇时，中度积水的面积为 141.94 万 m²，相比 2 年一遇降雨情景增加了 347%。重度积水的面积随降雨强度的增加而增加得更加显著，100 年一遇降雨情景下重度积水的面积相较于 2 年一遇降雨情景下增加了 671%。轻度积水的面积随降雨强度变化较小，重现期从 2 年一遇上升为 200 年一遇时，轻度积水的面积仅上升了 27%。当降雨强度较大时，轻度积水的面积不随降雨强度的增加而增加，50 年、100 年、200 年一遇降雨情景下轻度积水的面积均约为 352 万 m²。城市地表发生轻度积水时的洪涝风险较低，仅在中度和重度积水情况下可能造成较为严重的经济损失和人员伤亡。但是整体而言，中度和重度积水的面积占比较小，在最不利的 200 年一遇降雨情景下中度和重度积水仅占地表面积的 22.04%，因此在 2～200 年一遇降雨情景下，研究区域绝大多数位置的洪涝风险较低。

表 10.3　不同降雨情景下淹没面积最大时不同积水程度的面积与占比

设计暴雨重现期	轻度积水（0.01 m, 0.15 m）		中度积水[0.15 m, 0.4 m]		重度积水[0.4 m, +∞)	
	面积/（万 m²）	占比/%	面积/（万 m²）	占比/%	面积/（万 m²）	占比/%
2 年一遇	278.48	32.94	31.78	3.76	2.76	0.32
5 年一遇	316.19	37.40	52.66	6.23	5.41	0.64
10 年一遇	334.88	39.61	69.54	8.23	8.28	0.98
50 年一遇	352.62	41.71	118.72	14.04	16.46	1.95
100 年一遇	352.10	41.65	141.94	16.79	21.28	2.52
200 年一遇	352.81	41.73	160.37	18.97	25.98	3.07

2）渍水点水深和流速随时间的变化

不同降雨情景下部分渍水点的淹没水深随时间的变化情况，如图 10.23 所示。50 年和 100 年一遇降雨情景下的地表积水严重程度远大于 2 年一遇降雨情景。以渍水点 P3 为例，100 年一遇降雨情景下最大淹没水深为 0.27 m，而 2 年一遇降雨情景地表淹没水深仅为 0.017 m。多数渍水点在 $t=2\,h$ 时刻附近达到了最大淹没水深，渍水点 P6 处由于排水系统的泄流能力较强，在降雨强度较大的 $t=1\,h$ 时刻达到了最大淹没水深。除渍水点 P5 和 P9 外，其余渍水点在 $t=5\,h$ 时刻的淹没水深基本为零，表明排水系统显著降低了地表淹没程度。此外，降雨强度不仅会影响不同渍水点的淹没水深，而且会改变最大淹没水深出现的时间，降雨强度较大的工况达到最大淹没水深的时间相对延后。以渍水点 P1 为例，100 年和 50 年一遇降雨情景下达到最大淹没水深的时间分别为 $t=2\,h\,5\,min$ 和 $t=1\,h\,49\,min$。

不同降雨情景下部分渍水点水流流速随时间的变化情况，如图 10.24 所示。由于港西排水片区的地势较为平坦，各渍水点基本为内涝积水，所以水流流速较小，最大流速普遍在 0.3 m/s 以下，马路行洪现象不甚明显。相较于淹没水深，水流流速受降雨强度的

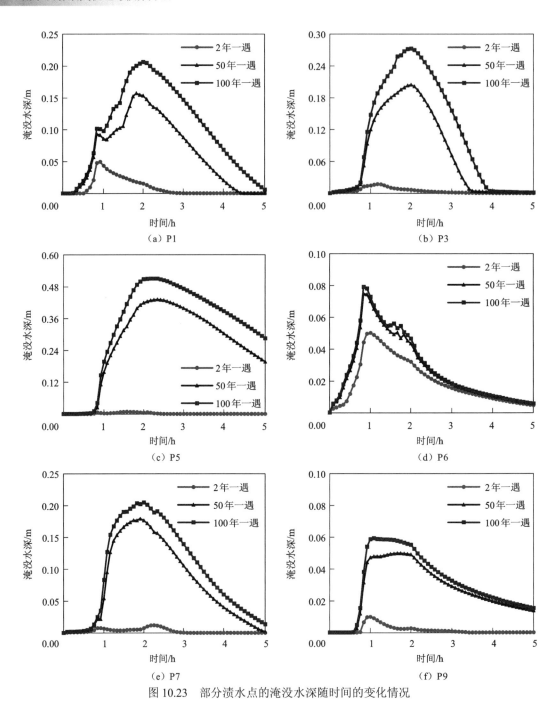

图 10.23 部分渍水点的淹没水深随时间的变化情况

影响较小。在渍水点 P3 处，100 年一遇降雨情景下最大流速为 0.22 m/s，2 年一遇降雨情景下最大流速为 0.196 m/s，仅增加了 12%。渍水点 P1、P5、P7 等处水流流速随时间的变化情况呈现出两个峰值，分别对应降雨强度最大时径流在城市地表快速运动，以及积水达到一定深度后排水系统的泄流能力迅速上升，泄流导致渍水点周边局部流速增加两个过程。

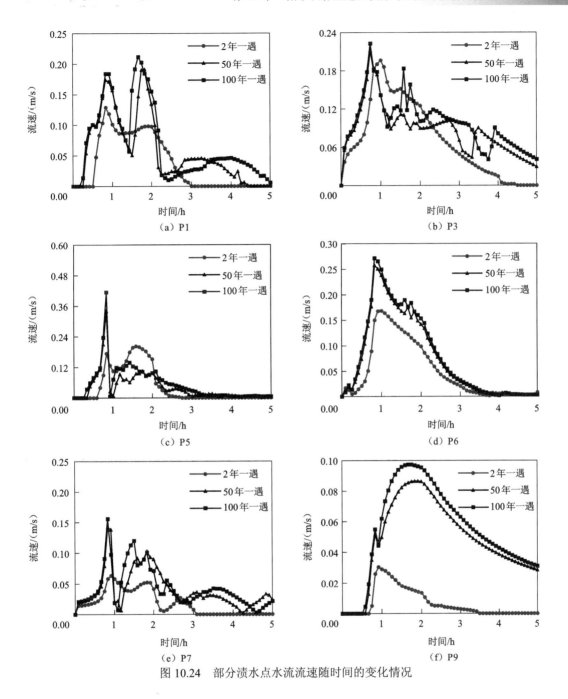

图 10.24　部分溃水点水流流速随时间的变化情况

3）地表积水量随时间的变化

不同降雨情景下地表积水量随时间的变化情况，如图 10.25 所示。地表积水量随时间的变化情况呈现出三个较为显著的阶段：在前 $t=1$ h 地表积水量随着降雨强度的增加而迅速上升；在 $t=1\sim2$ h 降雨强度与排水系统的泄流能力近似相等，地表积水量基本保持不变；在 $t=2\sim5$ h，在排水系统的泄流作用下地表积水量缓慢下降。200 年一遇降雨情景下地表最大积水量为 633 726 m³，为 2 年一遇降雨情景下 185 724 m³ 的 3.41 倍，显著大于 200 年一遇和 2 年一遇降雨情景下的降雨量之比，因此降雨量和地表积水量存在较为明显的非线性关系。降雨强度较高的工况由于积水范围广、深度大，排水系统特别是地表雨水口的泄流效率较高，地表积水量的下降速度更快。$t=5$ h 时刻 200 年一遇降雨情景下地表积水量为 221 156 m³，为地表最大积水量的 34.90%，10 年一遇降雨情景下地表积水量为 112 846 m³，为地表最大积水量的 41.89%，地表积水情况仍较为严重。

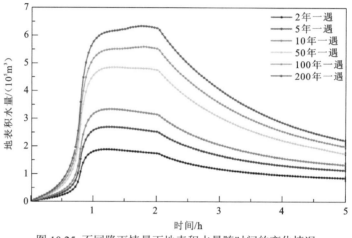

图 10.25 不同降雨情景下地表积水量随时间的变化情况

5 年和 200 年一遇降雨情景下研究区域各部分水量占总降雨量的比例，如图 10.26 所示。本节主要考虑地表积水、建筑物和地下空间内的积水、雨水口下泄量、地表下渗量及流入河流湖泊等天然水体的水量。由于港西排水片区绿地、森林等透水下垫面的占比较高，地表下渗量占总水量的比例较大，在 $t=5$ h 时两种降雨情景的地表下渗量占比分别为 44% 和 26%。下渗主要发生于前 $t=2$ h 的降雨期，200 年一遇降雨情景下 2 h 时刻地表下渗量占该时刻总降雨量的比例为 22%，到 $t=5$ h 时刻占比仅增加了 4 个百分点。该现象主要是由于降雨过后地表径流流入地势较低的街道上，而街道基本为不透水面，

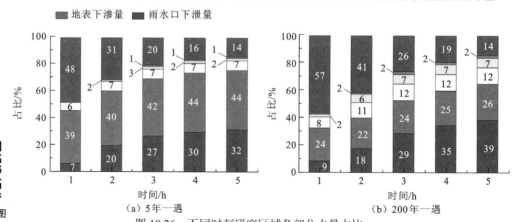

图 10.26 不同时刻研究区域各部分水量占比

因此降雨期过后土壤下渗对地表洪涝过程的影响较小。随着降雨强度的增加,建筑物内的积水占比迅速上升。在 $t=5\ \text{h}$ 时刻,200 年一遇降雨条件下建筑物内积水占总降雨量的 7%,而 5 年一遇降雨情景下建筑物内积水仅占 2%。此外,由于发生淹没的地下空间的数量较少,5 年一遇降雨工况地下空间内的积水为 1% 左右,200 年一遇降雨情景地下空间内的积水占总水量的 2%。两组降水工况 $t=5\ \text{h}$ 时刻地表积水占总水量的比例均约为 14%,相比之下建筑物和地下空间内的积水量不可忽略。常见城市洪涝模型采用的 BH 和 BB(building block)等建筑物概化方法,无法考虑地表和房屋与城市地下空间之间的水流交互过程,特别是在降雨强度较大、地表积水较为严重时有可能会过高地估算出地表积水量。

4)排水系统泄流过程

地表积水量随时间的变化情况与排水系统的泄流流量紧密相关。地表积水经由雨水口流入地下排水管网和泵站泄流的流量过程,如图 10.27 所示。不同降雨情景条件下雨水口泄流能力最大的时间均在 $t=1\ \text{h}$ 左右。200 年一遇降雨情景下雨水口最大泄流量为 76.42 m^3/s,2 年一遇降雨情景下经由雨水口流入地下排水管网的最大流量仅为 29.04 m^3/s。重现期为 2 年、5 年、10 年一遇时雨水口泄流量呈先增加后减小的变化趋势。重现期为 50 年、100 年、200 年一遇时,在 $t=1\sim1.5\ \text{h}$ 雨水口泄流量迅速下降,随后在 $t=1.5\sim2\ \text{h}$ 逐渐恢复,$t=2\ \text{h}$ 后继续下降。$t=1\sim2\ \text{h}$ 雨水口泄流量先下降后上升的变化趋势与管网的超载现象有关。对于降雨强度较大的 50 年、100 年、200 年一遇降雨情景,$t=0\sim1\ \text{h}$ 的强降雨使得大量地表径流经由雨水口流入地下排水管网。根据泵站运行调度规则,当水位大于临界开机水位 $t=8\ \text{min}$ 后才会增加水泵的运行数量,因此在 $t=1\sim2\ \text{h}$ 泵站的泄流能力低于雨水口的泄流能力,管网发生严重的超载。

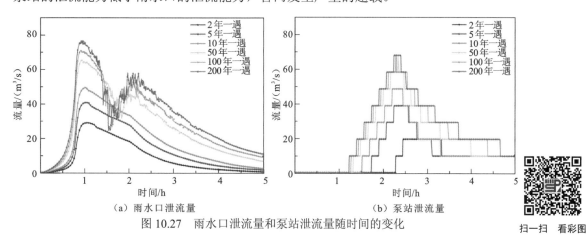

图 10.27　雨水口泄流量和泵站泄流量随时间的变化

图 10.28 给出了不同设计降雨情景下管网超载程度随时间的变化情况。2 年一遇降雨情景下,$t=2\ \text{h}\ 20\ \text{min}$ 时刻排水系统的超载程度达到了最大值,有 36.89% 的管道处于完全充满的有压流流态。随着降雨强度的增加,排水系统的超载程度迅速上升且管网达到最大超载程度的时间提前。在 200 年一遇降雨情景下,排水系统在 $t=1\ \text{h}\ 35\ \text{min}$ 达到最大超载程度,该时刻有超过 96% 的管道完全充满。管道内压力水头的增加降低了雨水口

的有效泄流能力，甚至部分位置发生了管道水流经由雨水检查井溢流至地表的现象。因此，重现期为 50 年、100 年、200 年一遇的降雨情景下，$t=1\sim1.5\ \text{h}$ 雨水口泄流量迅速下降的原因与排水管网的严重超载密切相关。$t=2\ \text{h}$ 后排水泵站机组的运行数量上升，地下排水管网的超载程度得到缓解，雨水口的泄流能力逐渐恢复。

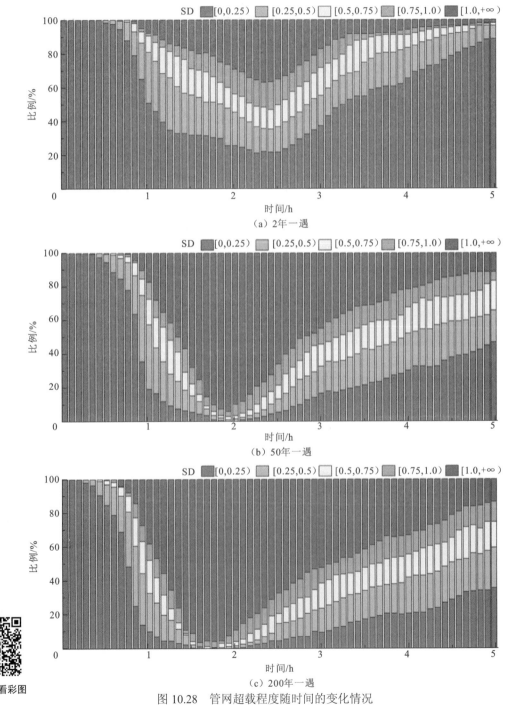

（a）2年一遇

（b）50年一遇

（c）200年一遇

图 10.28　管网超载程度随时间的变化情况

10.3.5　不同降雨情景下港西排水片区的洪涝风险评估

本节将基于水动力学模拟结果的洪涝风险评估技术，在武汉青山港西排水片区进行了应用。基于城市洪涝全过程模拟提供的高时空分辨率水力要素评估洪涝危险性，结合受灾对象的脆弱性和暴露度量化洪涝风险等级。将居民生命、地表财产、地下空间作为风险评估的对象，量化了洪涝风险等级，并编制了不同降雨情景下的洪涝风险图。

1. 洪涝风险评估的基础资料

洪涝风险评估应建立在对基础数据详细调查的基础上，基础数据的全面性和准确性直接影响了洪涝风险评估工作的可靠性。本节主要考虑居民生命的洪涝风险、财产损失风险、地下空间洪涝风险。因此，相应地需要充分收集各评估对象的社会、经济资料，便于针对性地计算评估对象的脆弱性与暴露度。城市是组织结构复杂的人地地域系统，具有格局复杂性、时空演变复杂性、主体行为和相互作用关系复杂性等特征（薛冰 等，2022）。这些复杂性给数据的收集工作带来了巨大的困难，实地调查、数据统计、遥感影像解译等传统方法越来越难以支撑实时、准确、翔实的数据采集工作。在信息技术飞速发展的今天，大数据技术、数字孪生技术、爬虫技术等一系列新技术与新方法为人们获取城市内的基础数据提供了有效工具（佘佐明 等，2022；秦雅琴和马玲玲，2020）。本节以居民生命、地表财产、地下空间为评估对象，相应地需要搜集人口密度、产业类型和城市地下空间分布、房价和商铺租金、城市道路分布等基础数据。

1）人口密度资料

港西排水片区内社区的占地面积和常住人口数量均来源于中国社区网。根据常住人口数量和社区占地面积计算的各社区人口密度分布，如图 10.29 所示，基于人口密度将研究区域内的所有街道划分为 5 个人口密度等级。整体上位于研究区域西北、东南侧的社区人口密度较低，位于研究区域西南侧的社区人口更加密集。其中，蒋家墩社区、康苑社区、楠姆社区等人口密度最低，仅 10 000 人/km² 左右；111 社区人口最为密集，人口密度达 73 550 人/km²。

2）产业类型和城市地下空间分布

兴趣点（point of interest，POI）是一种描述实体信息的网络位置数据，其主要用途是在提高定位精度的基础上对事件进行描述。近年来，随着互联网地图平台的迅速发展，城市 POI 数据具有覆盖全面、更新及时的特点，因而成为地理信息研究的一种可靠数据源（刘欣和章娓娓，2022）。

本节基于爬虫抓取的高德地图内的图层数据和高德地图开放平台提供的 POI 数据，获取城市不同位置建筑物对应的产业类型，并在 GIS 软件中结合无人机航拍图对数据进行校核验证。不同产业类型与医院、派出所、商场等关键基础设施的分布情况，如图 10.30 所示。根据建筑物的具体用途，将其归纳为住宅、商业、公共服务和建筑四种主要产业

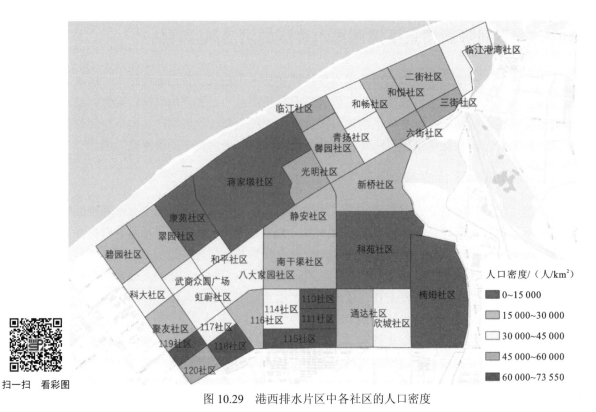

图 10.29 港西排水片区中各社区的人口密度

图 10.30 港西排水片区主要产业类型与关键基础设施的分布情况

类型。对于商住两用的建筑物，由于位于底层的商铺更容易遭受洪灾，所以将其统一划分为商业用地。不同产业类型的空间分布特征存在较大的差异，商业和公共服务用地主要沿道路分布，而住宅往往位于社区的中心位置。港西排水片区中的建筑物以住宅和商铺为主，占比分别为 45% 和 46%，具有公共服务属性的建筑物占比为 8.6%。

港西排水片区内的城市地下空间分布情况，如图 10.31 所示。研究区域内地下的空间主要为地下停车场、地铁站和地下商场，其中地下停车场的数量最多，占所有地下空间的 80%。由于武汉青山为老城区，多数小区停车场位于地表，地下停车场主要位于沿和平大道一线的新建小区、商超和公共设施附近。地下商场主要位于大型综合商超的负一层。沿地铁五号线还分布有建设二路、和平公园、红钢城三个地铁站，此外还有位于地铁十号线上的工业路地铁站。基于现场调研、街景地图估计、电话问询等手段获取了各地下空间的面积、深度、入口宽度、挡水和排涝设施布置等资料，用于支撑后续的洪涝风险评估工作。

图 10.31　城市地下空间的不同类型与所在位置

3）房价和商铺租金

除产业类型数据外，还基于爬虫抓取了贝壳网、安居客、58 同城等网站中武汉青山不同小区、商铺的房价和租金数据（数据截至 2022 年 11 月），为后续划分受灾对象的洪涝暴露度等级提供了依据。收集的数据点和不同建筑物对应的房价、商铺租金情况，如图 10.32 所示。需要指出的是，房价数据仅能反映出对应小区的均价，不同楼层、户型、

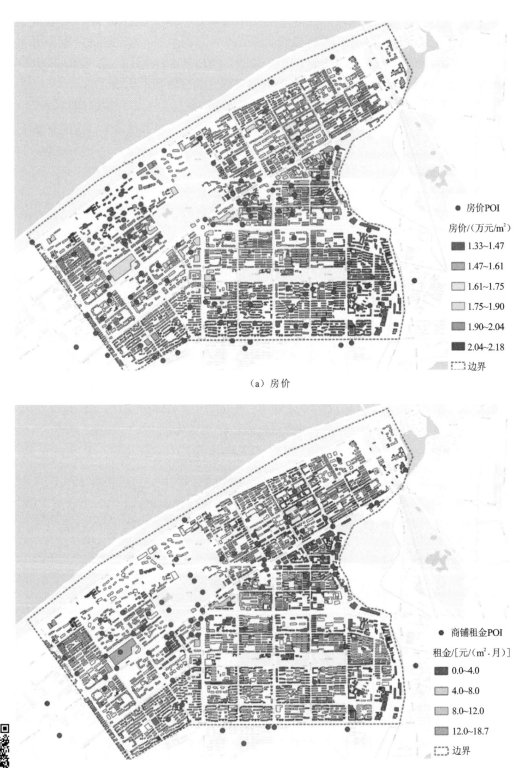

（a）房价

（b）商铺租金

图 10.32　港西排水片区房价与商铺租金的平面分布

朝向带来的房价差异无法体现在本研究中。相较于住宅房价，商铺租金的价格差异更加巨大，位于同一个商圈或建筑物内的不同商铺，由于位置差异，单位面积的租金差异通常较大。本节无法考虑太过详细的租金分布情况，对于包含不同商铺的建筑物，将所有商铺租金的平均值作为整个建筑物的租金。尽管已经尽可能地收集相关数据，由于某些小区、商场不存在房屋出售与商铺租赁等一系列问题，本节中采用的房价数据和商铺租金数据仍不够全面，无法覆盖到研究区域内所有的小区和商圈。因此，在本节中基于收集的数据点，采用克里金（Kriging）法对数据进行插值处理，以便获取更加详细的房价和商铺租金分布情况。基于图 10.32 可以看出，住宅房价的分布和商铺租金的分布具有一定的相似性。住宅房价较高的区域主要集中在临江大道和和平大道两侧，楠姆社区、115 社区等老旧社区的房价最低。商铺租金较高的区域主要位于研究区域的西侧，以武商众圆广场为中心，其余位置的商铺租金价格较低，单位面积月租金在 4 元以下。

4）城市道路分布

港西排水片区内的主要道路分布，如图 10.33 所示。研究区域内交通发达，从北至南分布着临江大道、和平大道、冶金大道、友谊大道四条城市主干道。纵向上工业一至四路、建设一至十路串联起不同社区，横向上由不同街道分割，街道与街道间由小巷连接。

干道
次干道
支道
街道
小巷
边界

图 10.33　港西排水片区道路的平面分布

扫一扫　看彩图

2. 洪涝暴露度等级划分

基于 9.2 节提出的定性和定量的暴露度等级划分标准，将研究区域的居民生命、地表财产、地下空间等评估对象划分为 5 等洪涝暴露度等级，具体结果如图 10.34 所示。本节主要考虑居民生命、地表财产、地下空间三类评估对象的洪涝暴露度。人员洪涝暴露度主要包含社区内部居民的洪涝暴露度和道路上行人的洪涝暴露度两方面。社区内部居民的洪涝暴露度主要根据社区的人口密度进行划分；道路上行人的洪涝暴露度主要根据道路的等级进行划分，假定等级更高的道路具有更高的洪涝暴露度。经济财产和地下空间的洪涝暴露度综合考虑评估对象的类型及房价、商铺租金、建筑物面积等定量参数进行划分。人员洪涝暴露度分布呈西南、东北侧高，东南、西北侧低的分布特征，110 社区、111 社区、三街社区、六街社区等由于人口密度较高，具有最高的洪涝暴露度等级。财产洪涝暴露度较高的建筑物主要位于研究区域的西北部，分布在和平大道和临江大道两侧。城市地下空间的洪涝暴露度分布情况与财产洪涝暴露度的分布较为类似。

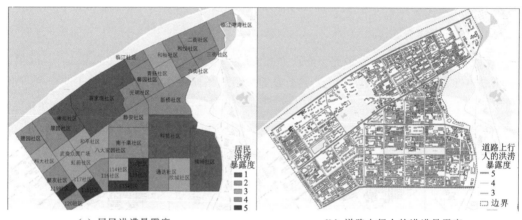

（a）居民洪涝暴露度　　　　　　　　　（b）道路上行人的洪涝暴露度

（c）地表财产洪涝暴露度　　　　　　　　（d）地下空间洪涝暴露度

扫一扫　看彩图

图 10.34　研究区域的洪涝暴露度等级划分结果

3. 洪涝脆弱性等级划分

基于城市洪涝全过程水动力学模型提供的高精度地表水深、流速，以及地表建筑物与地下空间内淹没水深的模拟结果，采用洪涝风险评估模块计算了各评估对象的洪涝脆弱性。

1）洪水中居民生命脆弱性等级

不同设计降雨工况下研究区域内居民生命的最大脆弱性等级分布，如图 10.35 所示。图 10.35 能够反映出在整个洪涝过程中不同位置居民可能遭受的最大危险程度。根据基于力学过程的洪水中人体稳定性判别方法，行人主要有两种失稳方式：大水深、小流速下水流拖曳力矩大于抵抗力矩造成的跌倒失稳；大流速、小水深下水流拖曳力大于地面提供的有效摩擦力造成的滑移失稳。由于本研究区域位于平原区域，地形较为平坦，地表淹没水深和水流流速均较小，所以研究区域内行人的洪涝风险较低。居民生命脆弱性等级较高的区域主要位于街道上，社区内部居民生命的脆弱性等级接近于 0。即使是在 200 年一遇降雨情景下，绝大多数道路上行人的生命脆弱性等级也仅为 1 级，仅有沿港路等少数道路具有较高的生命脆弱性等级。

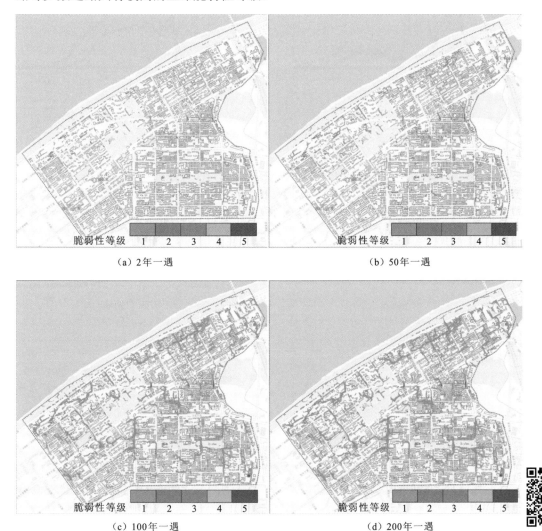

（a）2 年一遇　　　　　　　　　　　　　　　　（b）50 年一遇

（c）100 年一遇　　　　　　　　　　　　　　　（d）200 年一遇

图 10.35　不同设计降雨情景下各位置居民生命的最大脆弱性等级

　　不同渍水点处行人的危险程度随时间的变化情况，如图 10.36 所示。危险程度采用地表水流流速与人体失稳起动流速之比（危险因子）来体现。行人的危险程度与降雨强度密切相关，各渍水点 100 年和 50 年一遇降雨情景下行人的危险程度要远大于 2 年一遇降雨情景。降雨刚开始时，由于地表淹没水深较小，行人的危险性极低，在降雨开始 $t=$ 0.5 h 后行人的危险程度开始上升，并在降雨完全结束后迅速下降。渍水点 P1 处行人的危险因子随时间的变化情况呈现出两个峰值：第一个峰值对应降雨强度较大时地表径流

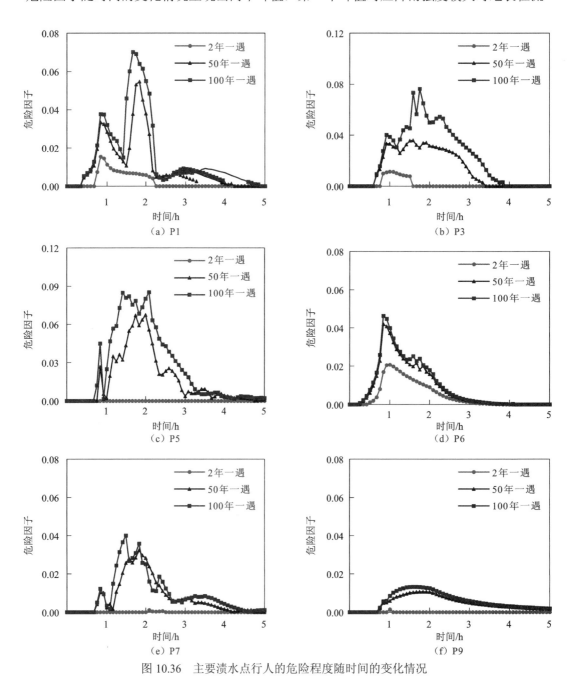

图 10.36　主要渍水点行人的危险程度随时间的变化情况

的快速运动,增加了行人的洪涝风险;第二个峰值对应的是,地表形成一定积水后,排水系统泄流增加了该处的局部流速,继而增加了行人的洪涝风险。因此,为避免人员生命伤亡,应尽可能避免在暴雨期间和暴雨刚结束后出行。但整体而言,港西排水片区内由于地势平坦且淹没水深较浅,行人的危险程度较低,所有渍水点的危险因子均小于 0.1。

2)地表财产和地下空间脆弱性等级

图 10.37 给出了研究区域内地表财产和地下空间的洪涝脆弱性等级分布情况,脆弱性等级与评估对象所在位置的淹没程度密切相关。由于港西排水片区内排水系统的建设较为完善,降雨强度低于 50 年一遇情景时,研究区域内地表财产和地下空间的洪涝脆弱性等级较低。在 50 年一遇降雨情景下仅有 7.97%的地表财产具有 2 等以上的洪涝脆弱性等级。表 10.4 给出了不同降雨情景下各产业类型的洪涝脆弱性等级占比。公共服务的洪涝脆弱性等级大于所有产业的平均值,在 200 年一遇降雨情景下公共服务具有 4 等和 5 等脆弱性等级的占比为 7.09%和 3.94%,而所有产业的平均值仅为 1.42%与 0.86%。学校、医院、派出所等公共服务的洪涝脆弱性等级显著较高可能与其所处的位置有关。为了便于公众享受相关的公共服务,公共服务的建筑物普遍位于街道两侧,道路地势低、粗糙系数小的特性使道路在暴雨洪涝过程中成为行洪通道和积水区。因此,位于道路两侧具有公共服务属性的建筑物更容易受淹,导致其洪涝损失更加严重。城市地下空间一旦发生灾害将造成巨大的生命财产损失,因此地下空间的出入口一般都建设在地势较高的位置,且普遍具有较为完善的防涝设施。研究区域内城市地下空间的洪涝脆弱性较低,即使是在 200 年一遇的极端降雨情景下也仅有位于友谊大道、工业路两侧的少部分地下停车场和地下商场具有较高的洪涝脆弱性等级,脆弱性等级大于 3 等的占比仅为 8.6%。研究区域内的四个地铁站在预设的所有洪涝情景下脆弱性等级均为 1 等,因此地铁站的洪涝风险极低。

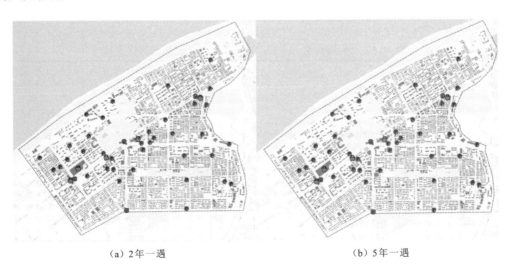

(a)2 年一遇   (b)5 年一遇

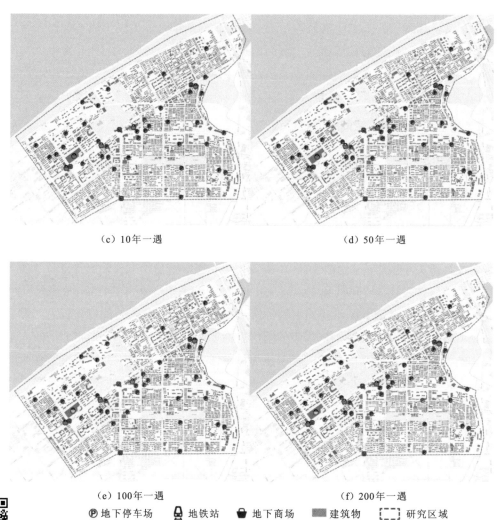

（c）10年一遇　　　　　　　　　　　　　　（d）50年一遇

（e）100年一遇　　　　　　　　　　　　　　（f）200年一遇

Ⓟ 地下停车场　🚇 地铁站　🛍 地下商场　⬛ 建筑物　⌐⌐ 研究区域

脆弱性等级 ⬛1　⬛2　⬛3　⬛4　⬛5

图 10.37　不同设计降雨情景下地表财产和地下空间的洪涝脆弱性等级

表 10.4　不同降雨情景下各产业类型的洪涝脆弱性等级占比

（a）住宅

设计暴雨重现期	脆弱性等级				
	1	2	3	4	5
2 年一遇	99.49%	0.44%	0.07%	0.00%	0.00%
5 年一遇	98.98%	0.88%	0.16%	0.00%	0.00%
10 年一遇	98.25%	1.53%	0.15%	0.07%	0.00%
50 年一遇	96.13%	2.77%	0.58%	0.23%	0.29%
100 年一遇	94.53%	4.01%	0.73%	0.29%	0.44%
200 年一遇	92.56%	5.25%	1.39%	0.22%	0.58%

续表

（b）商业

设计暴雨重现期	脆弱性等级				
	1	2	3	4	5
2 年一遇	98.23%	1.35%	0.35%	0.07%	0.00%
5 年一遇	96.46%	2.62%	0.64%	0.21%	0.07%
10 年一遇	95.18%	3.33%	1.13%	0.29%	0.07%
50 年一遇	89.44%	6.45%	2.76%	1.07%	0.28%
100 年一遇	85.97%	7.87%	4.61%	1.12%	0.43%
200 年一遇	82.92%	8.15%	6.80%	1.56%	0.57%

（c）公共服务

设计暴雨重现期	脆弱性等级				
	1	2	3	4	5
2 年一遇	97.24%	1.18%	0.79%	0.40%	0.39%
5 年一遇	94.49%	1.57%	2.76%	0.79%	0.39%
10 年一遇	93.31%	0.79%	3.54%	1.57%	0.79%
50 年一遇	84.25%	3.94%	7.09%	1.96%	2.76%
100 年一遇	81.50%	2.76%	8.66%	3.93%	3.15%
200 年一遇	78.74%	2.76%	7.48%	7.08%	3.94%

（d）所有产业

设计暴雨重现期	脆弱性等级				
	1	2	3	4	5
2 年一遇	98.72%	0.92%	0.26%	0.07%	0.03%
5 年一遇	97.43%	1.74%	0.59%	0.17%	0.07%
10 年一遇	96.41%	2.30%	0.89%	0.30%	0.10%
50 年一遇	92.03%	4.58%	2.14%	0.76%	0.49%
100 年一遇	89.47%	5.69%	3.19%	0.99%	0.66%
200 年一遇	86.93%	6.39%	4.41%	1.41%	0.86%

4. 洪涝风险等级划分及风险图编制

科学地量化各评估对象的洪涝风险等级是城市洪涝风险评估工作的出发点和落脚点。基于对研究区域内评估对象洪涝暴露度和脆弱性等级的评估结果，可以计算出各评估对象的风险因子并基于自然间断点法划分洪涝风险等级，研究成果可以为城市洪涝的工程治理和应急预案编制工作提供科学依据。洪涝风险图参照《洪水风险图编制导则》（SL 483—2017）进行绘制，力求简洁准确并给出足够多的细节。2 年、50 年、200 年一遇降雨情景下港西排水片区的洪涝风险，如图 10.38 所示。洪涝风险图的主要内容包括：地表财产与地下空间的洪涝风险标识、行人的洪涝风险标识、设计降雨情景等。根据 200 年一遇降雨情景下不同受灾对象的风险因子，基于自然间断点法划分出 4 个风险等级阈值。根据风险等级阈值将地表财产、地下空间在各洪涝情景下的风险从低到高量化为 4 个等级并通过不同颜色的矢量图形表示，蓝色表明该对象的洪涝风险最低，红色表明其洪涝风险最高。行人的洪涝风险通过红色云图表示，颜色越深表明该处的洪涝风险越高。港西排水片区内地表财产的洪涝风险总体上呈西北侧高、东南侧低的分布特征。道路旁的建筑物由于资产价值较高和受淹可能性较大，其洪涝风险大于社区内部的建筑物。地铁站和地下商场由于进出口的地势较高且防汛设施完备，发生洪涝灾害的可能性较低，因此其洪涝风险等级几乎不随降雨强度的增加而变化。

（a）2 年一遇 　　　　　　　　　　　（b）50 年一遇

（c）200 年一遇

图 10.38　港西排水片区洪涝风险图

扫一扫　看彩图

本书提出的城市洪涝全过程模拟与风险评估耦合模型，能够实现单个受灾对象尺度的精细化洪涝风险评估。对单个评估对象按照一定的区域进行统计分析后可以反映出该区域内整体的洪涝风险，因此建立的城市洪涝全过程模拟和风险评估耦合模型可以实现不同空间尺度的城市洪涝风险高精度评估。本节以整个研究区域内的地表建筑物、地下停车场和地表行人的洪涝风险为对象，讨论整个研究区域宏观尺度上的洪涝风险与降雨强度的响应关系。图 10.39 和图 10.40 分别给出了不同降雨情景下整个研究区域内所有地表建筑物和地下停车场的洪涝风险等级占比情况。

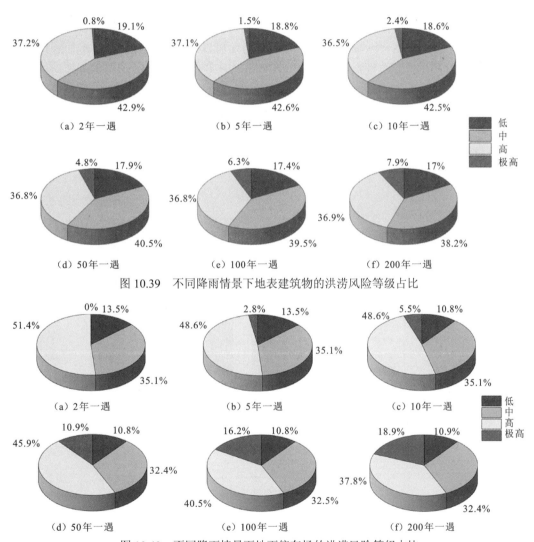

图 10.39　不同降雨情景下地表建筑物的洪涝风险等级占比

图 10.40　不同降雨情景下地下停车场的洪涝风险等级占比

地表建筑物和地下停车场的洪涝风险受降雨强度的影响较大。随降雨强度的增加，极高风险的地表建筑物和地下停车场的占比显著上升，低风险占比逐渐下降。风险等级为极高的地表建筑物和地下停车场占比由 5 年一遇降雨情景的 1.5%和 2.7%上升为 200

年一遇降雨情景的 7.8%和 18.9%，分别增加了 420%和 600%。风险等级为中的地表建筑物占比变幅较小，200 年一遇降雨情景下具有中等风险等级的地表建筑物占比相较于 5 年一遇降雨情景仅下降了 10.3%。风险等级为低的地表建筑物和地下停车场，这两类基础设施在 200 年一遇降雨情景下的占比相较于 5 年一遇降雨情景分别下降了 9.6%和 19.3%。

具有高及以上居民生命洪涝风险等级的范围，随着降雨强度的增加显著上升。2 年一遇降雨情景下仅在工业路和沿港路等少部分路段具有较高的洪涝风险。200 年一遇降雨情景下，除工业四路、工业路、沿港路及其周边区域具有高风险等级外，临江社区内部居民的洪涝风险同样较大。因此，为避免生命安全受到威胁，在发生暴雨洪涝灾害时行人应尽可能避免在这些区域出行。此外，政府还可以采取在该地提高雨水口和排水管网的泄流能力，及时发布预报预警信息等工程和非工程手段降低洪涝灾害可能造成的生命财产威胁（陈文龙和何颖清，2021）。不同降雨情景下具有高及以上居民生命洪涝风险等级的道路长度，如图 10.41 所示。随着降雨强度的增加，具有高及以上洪涝风险等级的道路长度的增长速度呈现先上升后下降的趋势。50 年、100 年和 200 年一遇降雨情景下洪涝风险等级为高及以上的道路长度分别为 6 905 m、9 200 m 和 10 105 m，为 5 年一遇降雨情景的 5.07 倍、6.75 倍和 7.41 倍。

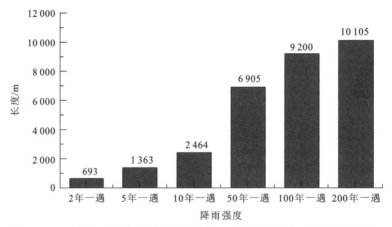

图 10.41 不同降雨情景下居民生命洪涝风险等级为高及以上的道路长度

10.4 本章小结

本章建立了城市洪涝全过程模拟与风险评估耦合模型，以英国格拉斯哥某街区和武汉青山港西排水片区为对象，通过预设不同暴雨情景开展了地表径流与地下管流耦合的城市洪涝全过程模拟与风险评估研究。采用本模型模拟了城市洪涝过程，分析了淹没水深、水流流速、管道超载情况的时空变化特征，以及排水系统泄流对城市洪涝过程的影响。以水动力学模拟结果为依据，开展了面向不同受灾对象的洪涝风险评估，主要结论如下。

（1）地下排水管网能够显著降低城市洪涝灾害中的淹没水深和淹没历时，进而降低洪涝灾害的危险程度。由于行人和车辆在洪涝灾害中的受灾机理不同，排水系统泄流显著地降低了车辆的洪涝风险，但对行人洪涝风险的影响较小。对于积水较大的区域，排水系统的泄流作用会增加雨水口周边的水流流速，继而增加其周边的洪涝风险。

（2）评估了不同降雨强度对致灾水力要素和管网泄流过程的影响。随着降雨强度的增加，港西排水片区轻度积水面积增加较少，中度和重度积水的面积显著增加。200 年一遇降雨情景下轻、中、重度积水的面积相较于 2 年一遇降雨情景分别增加了 26.7%、404.6%、841.3%。管道超载会显著影响排水系统的泄流能力，50 年、100 年、200 年一遇降雨情景下在 1～2 h 有超过 90%的管网处于超载状态，排水管网超载严重导致雨水口的下泄流量显著下降。

（3）将洪涝风险评估技术应用到武汉青山港西排水片区。以居民生命、地表财产、典型地下空间为评估对象，基于洪涝水动力模拟提供的水深、流速等水力要素计算评估对象的洪涝脆弱性等级，根据爬虫技术获取的产业类型、房价、商铺租金等数据划分评估对象的洪涝暴露度等级。以不同洪涝情景下各对象的脆弱性和暴露度为依据量化了其洪涝风险等级。实现了单个计算网格和受灾对象尺度的精细化洪涝风险评估，并编制了不同降雨情景下的洪涝风险图。

参 考 文 献

安智敏, 岑国平, 吴彰春, 1995. 雨水口泄水量的试验研究[J]. 中国给水排水, 11(1): 21-24.

岑国平, 1995. 雨水管网的动力波模拟及试验验证[J]. 给水排水, 21(10): 11-13, 3.

岑国平, 詹道江, 洪嘉年, 1993. 城市雨水管道计算模型[J]. 中国给水排水, 9(1): 37-40.

陈长坤, 孙凤琳, 2022. 基于熵权-灰色关联度分析的暴雨洪涝灾情评估方法[J]. 清华大学学报(自然科学版), 62(6): 1067-1073.

陈峰, 刘曙光, 刘微微, 2018. 城市地下空间地面洪水侵入成因和特征分析[J]. 长江科学院院报, 35(2): 38-43.

陈浩, 徐宗学, 向代峰, 等, 2021. 以深圳河流域为例分析粤港澳大湾区城市洪涝及其成因[J]. 中国防汛抗旱, 31(11): 14-19.

陈军飞, 陈梦晨, 高士佩, 等, 2019. 基于云物元模型的南京市雨洪灾害风险评估[J]. 水利经济, 37(2): 67-72, 88.

陈倩, 夏军强, 董柏良, 2020. 城市洪涝中雨水口泄流能力的试验研究[J]. 水科学进展, 31(1): 10-17.

陈文龙, 何颖清, 2021. 粤港澳大湾区城市洪涝灾害成因及防御策略[J]. 中国防汛抗旱, 31(3): 14-19.

陈雪, 乔梁, 刘艳华, 等, 2023. 基于网格的暴雨洪涝灾害风险评价[J]. 水文, 43(1): 1-6.

陈云霞, 许有鹏, 付维军, 2007. 浙东沿海城镇化对河网水系的影响[J]. 水科学进展, 18(1): 68-73.

程晓陶, 2010. 城市型水灾害及其综合治水方略[J]. 灾害学, 25(S1): 10-15.

程晓陶, 李超超, 2015. 城市洪涝风险的演变趋向、重要特征与应对方略[J]. 中国防汛抗旱, 25(3): 6-9.

程晓陶, 刘昌军, 李昌志, 等, 2022. 变化环境下洪涝风险演变特征与城市韧性提升策略[J]. 水利学报, 53(7): 757-768, 778.

程银才, 王军, 李明华, 2016. 基于霍顿下渗公式超渗产流计算几个问题的探讨[J]. 水文, 36(5): 14-16.

重庆晚报, 2009. 重庆巫溪遭暴雨洪水袭击 5辆车被冲走[EB/OL]. (2009-08-30)[2024-01-21]. https://news.sina.com.cn/c/2009-08-30/012316207281s.shtml.

丛翔宇, 倪广恒, 惠士博, 等, 2006. 城市立交桥暴雨积水数值模拟[J]. 城市道桥与防洪(2): 52-55.

戴慎志, 曹凯, 2012. 我国城市防洪排涝对策研究[J]. 现代城市研究, 27(1): 21-22.

丁心红, 2016. 2016年武汉市城市防洪状况分析及对策[R]. 武汉: "城市洪水过程"学术研讨会.

董柏良, 夏军强, 陈瑾晗, 2020. 典型街区洪水演进的概化水槽试验研究[J]. 水力发电学报, 39(7): 99-108.

樊文才, 张南, 阎卫国, 2011. 车桥撞击动力学分析模型[J]. 长安大学学报(自然科学版), 3(6): 54-59.

方佳毅, 殷杰, 石先武, 等, 2021. 沿海地区复合洪水危险性研究进展[J]. 气候变化研究进展, 17(3): 317-328.

耿艳芬, 2006. 城市雨洪的水动力耦合模型研究[D]. 大连: 大连理工大学.

郭青山, 汪元辉, 1995. 人机工程学[M]. 天津: 天津大学出版社: 177.

郭山川, 杜培军, 蒙亚平, 等, 2021. 时序Sentinel-1A数据支持的长江中下游汛情动态监测[J]. 遥感学报, 25(10): 2127-2141.

郭帅, 曾云辉, 陈国分, 等, 2020. 城市道路雨水口截流效率数值模拟研究[J]. 水利水电技术, 51(10): 28-34.

国务院灾害调查组, 2022. 河南郑州"7·20"特大暴雨灾害调查报告[R]. 河南: 国务院灾害调查组.

贾璇, 谢玮, 2023. 目击: 暴雨侵袭后的京津冀[J]. 中国经济周刊(15): 62-65.

郝晓丽, 穆杰, 喻海军, 等, 2021. 城市洪涝试验研究进展[J]. 水利水电科技进展, 41(1): 80-86, 94.

郝义彬, 张思森, 岳茂兴, 等, 2021. 特大城市突发洪涝灾害急诊急救转运处置与过程管理专家共识(2021版)[J]. 河南外科学杂志, 27(5):1-5.

郝志新, 熊丹阳, 葛全胜, 2018. 过去300年雄安新区涝灾年表重建及特征分析[J]. 科学通报, 63(22): 2302-2310.

侯精明, 张兆安, 马利平, 等, 2021. 基于GPU加速技术的非结构流域雨洪数值模型[J]. 水科学进展, 32(4): 567-576.

胡庆芳, 张建云, 王银堂, 等, 2018. 城市化对降水影响的研究综述[J]. 水科学进展, 29(1): 138-150.

胡伟贤, 何文华, 黄国如, 等, 2010. 城市雨洪模拟技术研究进展[J]. 水科学进展, 21(1): 137-144.

黄国如, 解河海, 2007. 基于GLUE方法的流域水文模型的不确定性分析[J]. 华南理工大学学报(自然科学版)(3): 137-142, 149.

黄国如, 李碧琦, 2021a. 基于InfoWorks ICM的深圳市内涝灾害居民室内财产损失研究[J]. 自然灾害学报, 30(2): 71-79.

黄国如, 李碧琦, 2021b. 基于模糊综合评价的深圳市暴雨洪涝风险评估[J]. 水资源与水工程学报, 32(1): 1-6.

黄国如, 罗海婉, 陈文杰, 等, 2019. 广州东濠涌流域城市洪涝灾害情景模拟与风险评估[J]. 水科学进展, 30(5): 643-652.

黄国如, 罗海婉, 卢鑫祥, 等, 2020. 城市洪涝灾害风险分析与区划方法综述[J]. 水资源保护, 36(6): 1-6, 17.

黄国如, 陈文杰, 喻海军, 2021. 城市洪涝水文水动力耦合模型构建与评估[J]. 水科学进展, 32(3): 334-344.

黄维, 2016. 城市排水管网水力模拟及内涝风险评估[D]. 广州: 华南理工大学.

黄永, 佘廉, 2021. 城市韧性需求下的地下空间开发[J]. 中国应急管理(8): 58-61.

吉林省人民政府防汛抗旱指挥部办公室, 2011. 吉林2010大洪水[M]. 长春: 吉林人民出版社.

姜丽, 於家, 温家洪, 等, 2021. 土地利用变化情景下杭州湾北岸极端洪灾风险评估[J]. 地理科学进展, 40(8): 1355-1370.

雷洪, 胡许冰, 2016. 多核并行高性能计算[M]. 北京: 冶金工业出版社.

雷向东, 2023. 基于LID改造的海绵城市水文水环境效应模拟研究[D]. 广州: 华南理工大学.

李超超, 程晓陶, 申若竹, 等, 2019. 城市化背景下洪涝灾害新特点及其形成机理[J]. 灾害学, 34(2):

57-62.

李国一, 刘家宏, 2022. 基于 TELEMAC-2D 模型的深圳洪涝风险评估[J]. 水资源保护, 38(5): 58-64.

李加林, 曹罗丹, 浦瑞良, 2014. 洪涝灾害遥感监测评估研究综述[J]. 水利学报, 45(3): 253-260.

李鹏, 李曦淳, 宋启元, 等, 2014. 雨水箅子水力特性研究[J]. 城市道桥与防洪(3): 9, 85-86, 94.

李帅杰, 程晓陶, 郑敬伟, 等, 2011. 福州市雨洪模拟[J]. 水利水电科技进展, 31(5): 14-19.

李孝永, 匡文慧, 2020. 北京城市土地利用/覆盖变化及其对雨洪调节服务的影响研究[J]. 生态学报(16): 1-9.

李月明, 郑雄伟, 2012. 浙江省城市防洪排涝问题与对策[J]. 水利规划与设计(3): 1-3, 12.

廖永丰, 赵飞, 邓岚, 等, 2017. 城市内涝灾害居民室内财产损失评价模型研究[J]. 灾害学, 32(2): 7-12.

刘畅, 周玉文, 赵见, 2014. 下凹式立交桥内涝模型构建方法及原因分析[J]. 河北工业科技, 31(5): 389-394.

刘家宏, 梅超, 刘宏伟, 等, 2023a. 特大城市外洪内涝灾害链联防联控关键科学技术问题[J]. 水科学进展, 34(2): 172-181.

刘家宏, 裴羽佳, 梅超, 等, 2023b. 郑州 "7·20" 特大暴雨内涝成因及灾害防控[J]. 郑州大学学报(工学版), 44(2): 38-45.

刘璐, 孙健, 袁冰, 等, 2019. 城市暴雨地表积水过程研究: 以清华大学校园为例[J]. 水力发电学报, 38(8): 98-109.

刘明慧, 颜全胜, 2010. 汽车撞击桥墩作用力的比较分析[J]. 中外公路, 30(6): 146-149.

刘树坤, 宋玉山, 程晓陶, 等, 1999. 黄河滩区及分蓄洪区风险分析及减灾对策[M]. 郑州: 黄河水利出版社.

刘思明, 2013. 车辆与铁路桥墩碰撞的仿真分析[D]. 北京: 北京交通大学.

刘欣, 章娓娓, 2022. 基于 POI 大数据的扬州市房价空间分异及影响因素研究[J]. 项目管理技术, 20(8): 46-50.

刘妍, 2023. 城市典型地下空间洪水过程模拟及风险评估[D]. 武汉: 武汉大学.

刘勇, 张韶月, 柳林, 等, 2015. 智慧城市视角下城市洪涝模拟研究综述[J]. 地理科学进展, 34(4): 494-504.

刘志雨, 夏军, 2016. 气候变化对中国洪涝灾害风险的影响[J]. 自然杂志, 38(3): 177-181.

陆海萍, 2022. 城市洪涝灾害成因分析与对策[J]. 黑龙江水利科技, 50(2): 70-72.

吕鸿, 吴泽宁, 管新建, 等, 2021. 缺资料城市洪灾损失率函数构建方法及应用[J]. 水科学进展, 32(5): 707-716.

梅超, 2019. 城市水文水动力耦合模型及其应用研究[D]. 北京: 中国水利水电科学研究院.

宁思雨, 黄晶, 汪志强, 等, 2020. 基于投入产出法的洪涝灾害间接经济损失评估: 以湖北省为例[J]. 地理科学进展, 39(3): 420-432.

潘安君, 侯爱中, 田富强, 等, 2012. 基于分布式洪水模型的北京城区道路积水数值模拟: 以万泉河桥为例[J]. 水力发电学报, 31(5): 19-22.

庞启秀, 2005. 水流作用下块体受力试验分析[D]. 南京: 河海大学.

秦大河, 2015. 中国极端天气气候事件和灾害风险管理与适应国家评估报告[M]. 北京: 科学出版社.

秦雅琴, 马玲玲, 2020. 网络爬虫技术在交通信息获取中的应用综述[J]. 武汉理工大学学报(交通科学与工程版), 44(3): 456-461.

仇劲卫, 李娜, 程晓陶, 等, 2000. 天津市城区暴雨沥涝仿真模拟系统[J]. 水利学报(11): 34-42.

任启伟, 陈洋波, 舒晓娟, 2010. 基于 Extend FAST 方法的新安江模型参数全局敏感性分析[J]. 中山大学学报(自然科学版), 49(3): 127-134.

尚志海, 丘世钧, 2009. 当代全球变化下城市洪涝灾害的动力机制[J]. 自然灾害学报, 18(1): 100-105.

佘佐明, 申勇智, 钟宝, 等, 2022. 基于网络爬虫、移动应用 App 等技术的城市建筑物调查与在线应用: 以贵阳市建筑物普查项目为例[J]. 城市勘测(6): 57-61.

申若竹, 杨敏, 刘鹏, 2012. 地下空间出入楼梯洪水动力特性试验研究[J]. 水资源与水工程学报, 23(6): 124-127, 131.

史宏达, 刘臻, 2006. 溃坝水流数值模拟研究进展[J]. 水科学进展, 17(1): 129-135.

舒彩文, 夏军强, 林斌良, 等, 2012. 洪水作用下汽车的起动流速研究[J]. 灾害学, 27(1): 28-33.

宋晓猛, 张建云, 占车生, 等, 2013. 气候变化和人类活动对水文循环影响研究进展[J]. 水利学报, 44(7): 779-790.

宋晓猛, 张建云, 王国庆, 等, 2014. 变化环境下城市水文学的发展与挑战: II. 城市雨洪模拟与管理[J]. 水科学进展, 25(5): 752-764.

苏鑫, 邵薇薇, 刘家宏, 等, 2022. 基于情景模拟的洪涝灾害经济损失动态评估[J]. 清华大学学报(自然科学版), 62(10): 1606-1617.

苏爱芳, 吕晓娜, 崔丽曼, 等, 2021. 郑州"7.20"极端暴雨天气的基本观测分析[J]. 暴雨灾害, 40(5): 445-454.

谭维炎, 1998. 计算浅水动力学: 有限体积法的应用[M]. 北京: 清华大学出版社.

唐川, 朱静, 2005. 基于 GIS 的山洪灾害风险区划[J]. 地理学报, 60(1): 87-94.

王德运, 吴祈, 张露丹, 等, 2023. 城市强降雨致涝风险评估与区划研究: 以武汉市为例[J]. 灾害学, 38(4): 1-11.

王金平, 吴秀平, 曲建升, 等, 2021. 国际海洋科技领域研究热点及未来布局[J]. 海洋科学, 45(2): 152-160.

王建栋, 郭维栋, 李红祺, 2013. 拓展傅里叶幅度敏感性检验(EFAST)在陆面过程模式中参数敏感性分析的应用探索[J]. 物理学报, 62(5): 35-41.

王静, 李娜, 程晓陶, 2010. 城市洪涝仿真模型的改进与应用[J]. 水利学报, 41(12): 1393-1400.

王婷, 胡琳, 谌志刚, 2020. 2020 年"5·22"暴雨致广州地铁被淹的原因及解决对策[J]. 广东气象, 42(4): 52-55.

王炜, 余荣华, 2011. 城市如何不再"逢雨必涝"(政策解读)[N]. 人民日报, 2011-07-23(2).

王燕, 2022. 超大城市水灾害防控体系对策探讨: 以深圳市为例[J]. 中国水利(5): 43-46.

王银堂, 胡庆芳, 苏鑫, 等, 2022. 变化环境下流域防洪韧性提升对策[J]. 中国水利(22): 21-24.

王豫燕, 王艳君, 姜彤, 2016. 江苏省暴雨洪涝灾害的暴露度和脆弱性时空演变特征[J]. 长江科学院院报, 33(4): 27-32, 45.

魏红艳, 梁艳洁, 陈萌, 等, 2019. 基于 Roe 格式的不规则地形上浅水模拟[J]. 武汉大学学报(工学版), 52(1): 7-12, 82.

吴鹏, 杨敏, 何京莲, 等, 2014. 雨水口箅子的孔口流量系数试验研究[J]. 水利与建筑工程学报, 12(6): 65-68, 106.

夏军, 石卫, 张利平, 等, 2016. 气候变化对防洪安全影响研究面临的机遇与挑战[J]. 四川大学学报(工程科学版), 48(2): 7-13.

夏军强, 张晓雷, 2021. 近期黄河下游河床演变特点及滩区洪水风险评估[M]. 北京: 科学出版社.

夏军强, 王光谦, 谈广鸣, 2010. 复杂边界及实际地形上溃坝洪水流动过程模拟[J]. 水科学进展, 21(3): 289-298.

夏军强, 陈倩, 董柏良, 等, 2020. 雨水口堵塞程度对其泄流能力影响的试验研究[J]. 水科学进展, 31(6): 843-851.

夏军强, 董柏良, 李启杰, 等, 2022. 近年城市洪涝致灾的水动力学机理分析与减灾对策研究[J]. 中国防汛抗旱, 32(4): 66-71.

向立云, 2017. 洪水风险图编制与应用概述[J]. 中国水利(5): 9-13.

肖宣炜, 夏军强, 舒彩文, 等, 2013. 洪水中汽车稳定性的理论分析及试验研究[J]. 泥沙研究(1): 53-59.

谢鉴衡, 1990. 河流模拟[M]. 北京: 中国水利水电出版社.

解以扬, 李大鸣, 李培彦, 等, 2005. 城市暴雨内涝数学模型的研究与应用[J]. 水科学进展, 16(3): 384-390.

新华社, 2010. 印度中央邦一辆公共汽车被洪水冲走[EB/OL]. (2010-09-10)[2024-01-21]. http://sznews. zjol. com. cn/sznews/system/2010/09/10/012626688.shtml.

新华网, 2019. 印度中央邦一辆公共汽车被洪水冲走[EB/OL]. (2019-09-10)[2024-01-21]. https: //news. sina. com.cn/o/2010-09-10/104518095070s.shtml.

新华网, 2023. 香港遭百年一遇大暴雨 139 人受伤 77 人已出院[EB/OL]. (2023-09-08)[2024-01-21]. http: // www. news. cn/gangao/2023-09/08/c_1129853233. htm.

许仁义, 汪凌翔, 王远见, 等, 2021. 浅水方程源项处理的研究进展[J]. 人民黄河, 43(7): 35-40, 83.

许炜宏, 蔡榕硕, 2021. 海平面上升、强台风和风暴潮对厦门海域极值水位的影响及危险性预估[J]. 海洋学报, 43(5): 14-26.

徐锡伟, 王中根, 许冲, 等, 2021. 我国主要城市群自然灾害风险分析与防范对策[J]. 城市与减灾(6): 1-6.

徐向阳, 1998. 平原城市雨洪过程模拟[J]. 水利学报(8): 35-38.

徐宗学, 叶陈雷, 2021. 城市暴雨洪涝模拟: 原理、模型与展望[J]. 水利学报, 52(4): 381-392.

徐宗学, 李鹏, 2022. 城市化水文效应研究进展: 机理、方法与应对措施[J]. 水资源保护, 38(1): 7-17.

徐宗学, 程涛, 洪思扬, 等, 2018. 遥感技术在城市洪涝模拟中的应用进展[J]. 科学通报, 63(21): 2156-2166.

徐宗学, 陈浩, 任梅芳, 等, 2020. 中国城市洪涝致灾机理与风险评估研究进展[J]. 水科学进展, 31(5): 713-724.

薛冰, 赵冰玉, 李京忠, 2022. 地理学视角下城市复杂性研究综述: 基于近 20 年文献回顾[J]. 地理科学进展, 41(1): 157-172.

台海网, 2010. 福建福鼎严重内涝 城内洪水漫灌冲走汽车[EB/OL]. (2015-08-14)[2024-01-21]. http: //news. cnr. cn/native/gd/20150814/t20150814_519537679. shtml.

杨巧, 汪志荣, 潘声远, 等, 2022. 天津城市下垫面降雨损失特性试验研究[J]. 长江科学院院报, 39(2): 21-27.

杨威, 2007. 济南 "7·18" 暴雨洪涝灾害及其启示[J]. 中国防汛抗旱(6): 19-20, 32.

姚飞骏, 2013. 雨水口的流量计算方法探讨[J]. 中国给水排水, 29(14): 45-48.

喻海军, 2015. 城市洪涝数值模拟技术研究[D]. 广州: 华南理工大学.

喻海军, 范玉燕, 穆杰, 等, 2020. 城市排水管网混合流数值模拟研究进展[J]. 水电能源科学, 38(4): 95-99, 180.

张楚汉, 王光谦, 李铁键, 2022. 变化环境下城市暴雨致灾防御对策与建议[J]. 中国科学院院刊, 37(8): 1126-1131.

张大伟, 权锦, 马建明, 等, 2018. 基于 Godunov 格式的流域地表径流二维数值模拟[J]. 水利学报, 49(7): 787-794, 802.

张大伟, 向立云, 姜晓明, 等, 2021. 基于 Godunov 格式的排水管网水流数值模拟[J]. 水科学进展, 32(6): 911-921.

张会, 李铖, 程炯, 等, 2019. 基于 "H-E-V" 框架的城市洪涝风险评估研究进展[J]. 地理科学进展, 38(2): 175-190.

张建云, 2016. 城市洪涝成因与防治[R]. 武汉: "城市洪水过程" 学术研讨会.

张建云, 宋晓猛, 王国庆, 等, 2014. 变化环境下城市水文学的发展与挑战: I. 城市水文效应[J]. 水科学进展, 25(4): 594-605.

张建云, 王银堂, 贺瑞敏, 等, 2016. 中国城市洪涝问题集成因分析[J]. 水科学进展, 27(4): 485-491.

张俊龙, 李永平, 曾雪婷, 等, 2017. 基于 EFAST 方法的寒旱区流域水文过程参数敏感性分析[J]. 南水北调与水利科技, 15(3): 43-48.

张亮, 俞露, 任心欣, 等, 2015. 基于历史内涝调查的深圳市海绵城市建设策略[J]. 中国给水排水, 31(23): 120-124.

张文静, 高雅萍, 缪志伟, 2016. 基于 GIS 和 RS 的白龟山水库洪水淹没分析及其损失评估[J]. 测绘与空间地理信息, 39(7): 134-137.

张之琳, 邱静, 程涛, 等, 2022. 粤港澳大湾区城市洪涝问题及其分析[J]. 水利学报, 53(7): 823-832.

章梓雄, 董曾南, 1988. 粘性流体力学[M]. 北京: 清华大学出版社.

赵棣华, 姚琪, 蒋艳, 等, 2002. 通量向量分裂格式的二维水流-水质模拟[J]. 水科学进展(6): 701-706.

赵江, 张林洪, 吴培关, 等, 2004. 公路雨水口算子泄水量试验研究[J]. 城市道桥与防洪(4): 67-70, 153.

赵昕, 张晓元, 赵明登, 等, 2009. 水力学[M]. 北京: 中国电力出版社.

赵越, 张白石, 2017. 我国沿海城市极端天气洪涝灾害的防灾对策调查与思考[J]. 建筑与文化(11): 175-177.

中国新闻网, 2011. 韩国遭遇 104 年一遇特岛洪灾 已造成 60 死 10 失踪[EB/OL]. (2011-07-29)[2024-01-21]. http: //www. chinanews. com/gi/2011/07-29/3219472. shtml.

中国经济周刊, 2023. 目击: 暴雨侵袭后的京津冀[EB/OL]. (2023-08-15)[2024-01-21]. http: //paper. people. com. cn/zgjjzk/html/2023-08/15/nw. zgjjzk_20230815_2-02. htm.

周浩澜, 陈洋波, 任启伟, 2010. 不规则地形浅水模拟[J]. 水动力学研究与进展(A 辑), 25(5): 594-600.

周俊华, 史培军, 范一大, 等, 2004. 西北太平洋热带气旋风险分析[J]. 自然灾害学报(3): 146-151.

周妍, 魏晓雯, 2022. 科学应对气候变化 全面增强水系统韧性[N]. 中国水利报, 2022-08-25(5).

朱呈浩, 夏军强, 陈倩, 等, 2018. 基于 SWMM 模型的城市洪涝过程模拟及风险评估[J]. 灾害学, 33(2): 224-230.

朱亚迪, 卢文良, 2013. 小车墩柱撞击力模型试验研究[J]. 振动与冲击, 32(21): 182-185.

ABDULLAH A F, VOJINOVIC Z, PRICE R K, et al., 2012. Improved methodology for processing raw LiDAR data to support urban flood modelling: Accounting for elevated roads and Bridges[J]. Journal of hydroinformatics, 14(2): 253-269.

ABT S R, WITTIER R J, TAYLOR A, et al., 1989. Human stability in a high flood hazard zone[1][J]. Journal of the American Water Resources Association, 25(4): 881-890.

AKAN A O, HOUGHTALEN R J, 2003. Urban hydrology, hydraulics, and stormwater quality: Engineering applications and computer modeling[M]. New York: John Wiley and Sons.

AN H, YU S, 2012. Well-balanced shallow water flow simulation on quadtree cut cell grids[J]. Advances in water resources, 39: 60-70.

AN H, LEE S, NOH S, et al., 2018. Hybrid numerical scheme of Preissmann Slot Model for transient mixed flows[J]. Water, 10(7): 899.

ARONICA G T, LANZA L G, 2005. Drainage efficiency in urban areas: A case study[J]. Hydrological processes: An international journal, 19(5): 1105-1119.

ARRIGHI C, OUMERACI H, CASTELLI F, 2017. Hydrodynamics of pedestrians' instability in floodwaters[J]. Hydrology and earth system sciences, 21(1): 515-531.

ARTINA S, BOLOGNESI A, LISERRA T, et al., 2007. Simulation of a storm sewer network in industrial area: Comparison between models calibrated through experimental Data[J]. Environmental modelling & software, 22(8): 1221-1228.

AURELI F, MARANZONI A, MIGNOSA P, et al., 2008. Dam-break flows: Acquisition of experimental data through an imaging technique and 2D numerical modeling[J]. Journal of hydraulic engineering, 134(8):

1089-1101.

AURELI F, DAZZI S, MARANZONI A, et al., 2015. Experimental and numerical evaluation of the force due to the impact of a dam-break wave on a structure[J]. Advances in water resources, 76: 29-42.

BARTOS M, KERKEZ B, 2021. Pipedream: An interactive digital twin model for natural and urban drainage systems[J]. Environmental modelling and software, 144: 105120.

BATES P D, DE ROO A P J, 2000. A simple raster-based model for flood inundation simulation[J]. Journal of hydrology, 236(1/2): 54-77.

BAZIN P H, NAKAGAWA H, KAWAIKE K, et al., 2014. Modeling flow exchanges between a street and an underground drainage pipe during urban floods[J]. Journal of hydraulic engineering, 140(10): 04014051.

BC Hydro, 2005. BC Hydro life safety model formal description[R]. Columbia: BC Hydro.

BEGNUDELLI L, SANDERS B F, 2006. Unstructured grid finite-volume algorithm for shallow-water flow and scalar transport with wetting and drying[J]. Journal of hydraulic engineering, 132(4): 371-384.

BENKHALDOUN F, ELMAHI I, SEAI D M, 2007. Well-balanced finite volume schemes for pollutant transport by shallow water equations on unstructured meshes[J]. Journal of computational physics, 226(1): 180-203.

BENITO G, LANG M, BARRIENDOS M, et al., 2004. Use of systematic, palaeoflood and historical data for the improvement of flood risk estimation review of scientific methods[J]. Natural hazards, 31(3): 623-643.

BERTSCH R, GLENIS V, KILSBY C, 2022. Building level flood exposure analysis using a hydrodynamic model[J]. Environmental modelling and software, 156: 105490.

BONHAM A J, HATTERSLEY R T, 1967. Low level causeways[R]. Sydney: University of New South Wales, Water Research Laboratory.

CAPART H, SILLEN X, ZECH Y, 1997. Numerical and experimental water transients in sewer pipes[J]. Journal of hydraulic research, 35(5): 659-672.

CARDONA O D, 2006. A system of indicators for disaster risk management in the Americas[M]// BIRKMANN J. Measuring vulnerability to natural hazards: Towards disaster resilient societies. Tokyo: United Nations University Press: 189-209.

CEA L, GARRIDO M, PUERTAS J, 2010. Experimental validation of two-dimensional depth-averaged models for forecasting rainfall-runoff from precipitation data in urban areas[J]. Journal of hydrology, 382(1/2/3/4): 88-102.

CHANDRA R, DAGUM L, KOHR D, et al., 2001. Parallel programming in OpenMP[M]. San Francisco: Morgan Kaufmann.

CHANG T J, WANG C H, CHEN A S, et al., 2018. The effect of inclusion of inlets in dual drainage modelling[J]. Journal of hydrology, 559: 541-555.

CHANSON H, 2004. The hydraulics of open channel flow: An introduction[M]. 2nd ed. Oxford: Elsevier Butterworth-Heinemann: 650.

CHANSON H, BROWN R, 2018. Stability of individuals during urban inundations: What should we learn from field observations?[J]. Geosciences, 8(9): 341.

CHANSON H, AOKI S I, MARUYAMA M, 2002. Unsteady two-dimensional orifice flow: A large-size experimental investigation[J]. Journal of hydraulic research, 40(1): 63-71.

CHANSON H, BROWN R, MCINTOSH D, 2014. Human body stability in floodwaters: The 2011 flood in Brisbane CBD[C]// Hydraulic Structures and Society-Engineering Challenges and Extremes: Proceedings of the 5th IAHR International Symposium on Hydraulic Structures. Brisbane: The University of Queensland: 1-9.

CLARK J W, VIESSMAN W J, HAMMER M J, 1985. Water supply and pollution control[M]. New York: Harper and Row Publishers.

COSCO C, GÓMEZ M, RUSSO B, et al., 2020. Discharge coefficients for specific grated inlets. Influence of the Froude number[J]. Urban water journal, 17: 656-668.

COX R J, SHAND T D, BLACKA M J, 2010. Australian rainfall and runoff revision project 10: Appropriate safety criteria for people[J]. Water research, 978: 085825-9454.

DAZZI S, VACONDIO R, MIGNOSA P, 2019. Integration of a levee breach erosion model in a GPU-accelerated 2D shallow water equations code[J]. Water resources research, 55(1): 682-702.

DE ALMEIDA G A M, BATES P, FREER J E, et al., 2012. Improving the stability of a simple formulation of the shallow water equations for 2-D flood modeling[J]. Water resources research, 48(5):1-14.

Defra, Environment Agency, 2006. Flood and coastal defence R&D programme, R&D outputs: Flood risks to people(phase 2)[R]. Bristol: Defra.

DESPOTOVIC J, PLAVSIC J, STEFANOVIC N, et al., 2005. Inefficiency of storm water inlets as a source of urban floods[J]. Water science and technology, 51(2): 139-145.

DEVARAKONDA R, HUMPHREY J A C, 1996. Experimental study of turbulent flow in the near wakes of single and tandem prisms[J]. International journal of heat and fluid flow, 17(3): 219-227.

DJORDJEVIĆ S, PRODANOVIĆ D, MAKSIMOVIĆ Č, 1999. An approach to simulation of dual drainage[J]. Water science and technology, 39(9): 95-103.

DJORDJEVIĆ S, PRODANOVIĆ D, MAKSIMOVIĆ Č, et al., 2005. SIPSON-simulation of interaction between pipe flow and surface overland flow in networks[J]. Water science and technology, 52(5): 275-283.

DOTTORI F, TODINI E, 2013. Testing a simple 2D hydraulic model in an urban flood experiment[J]. Hydrological processes, 27(9): 1301-1320.

DONG B L, XIA J Q, LI Q J, et al., 2022. Risk assessment for people and vehicles in an extreme urban flood: Case study of the "7·20" flood event in Zhengzhou, China[J]. International journal of disaster risk reduction, 80: 103205.

DRILLIS R, CONTINI R, BLUESTEIN M, 1964. Body segment parameters: A survey of measurement techniques[J]. Artifical limbs, 25: 44-66.

DUTTA D, HERATH S, MUSIAKE K, 2003. A mathematical model for flood loss estimation[J]. Journal of hydrology, 277(1/2): 24-49.

Environment Agency, 2004. Living with the risk: The floods in Boscastle and North Cornwall on 16 August 2004[R]. Bristol: Environment Agency.

EVETT J B, LIU C, 1987. Fundamentals of fluid mechanics[M]. New York: McGraw Hill: 381-390.

FARBER R, 2016. Parallel programming with OpenACC[M]. San Francisco: Morgan Kaufmann.

FERREIRA C S S, MORUZZI R, ISIDORO J M G P, et al., 2019. Impacts of distinct spatial arrangements of impervious surfaces on runoff and sediment fluxes from laboratory experiments[J]. Anthropocene, 28: 100219.

FERNÁNDEZ-PATO J, CAVIEDES-VOULLIÈME D, GARCÍA-NAVARRO P, 2016. Rainfall/runoff simulation with 2D full shallow water equations: Sensitivity analysis and calibration of infiltration Parameters[J]. Journal of Hydrology, 536: 496-513.

FORERO-ORTIZ E, MARTÍNEZ-GOMARIZ E, PORCUNA M C, 2020a. A review of flood impact assessment approaches for underground infrastructures in urban areas: A focus on transport systems[J]. Hydrological sciences journal, 65(11): 1943-1955.

FORERO-ORTIZ E, MARTÍNEZ-GOMARIZ E, PORCUNA M C, et al., 2020b. Flood risk assessment in an underground railway system under the impact of climate change: A case study of the Barcelona Metro[J]. Sustainability, 12(13): 1-26.

FOSTER D N, COX R J, 1973. Stability of children on roads used as floodways[R]. Sydney: University of New South Wales, Water Research Laboratory.

FRACCAROLLO L, TORO E F, 1995. Experimental and numerical assessment of the shallow water model for two-dimensional dam-break type problems[J]. Journal of hydraulic research, 33(6): 843-864.

FRAGA I, CEA L, PUERTAS J, et al., 2016. Global sensitivity and GLUE-based uncertainty analysis of a 2D-1D dual urban drainage model[J]. Journal of hydrologic engineering, 21(5): 04016004.

FRAGA I, CEA L, PUERTAS J, 2017. Validation of a 1D-2D dual drainage model under unsteady part-full and surcharged sewer Conditions[J]. Urban Water Journal, 14(1): 74-84.

FRENI G, LA LOGGIA G, NOTARO V, 2010. Uncertainty in urban flood damage assessment due to urban drainage modelling and depth-damage curve estimation[J]. Water science and technology, 61(12): 2979-2993.

FUAMBA M, 2002. Contribution on transient flow modelling in storm sewers[J]. Journal of hydraulic research, 40(6): 685-693.

GABRIEL E, FAGG G E, BOSILCA G, et al., 2004. Open MPI: Goals, concept, and design of a next generation MPI implementation[C]// European Parallel Virtual Machine/Message Passing Interface Users' Group Meeting. Berlin: Springer: 97-104.

GERARD M, 2006. Tyre-road friction estimation using slip-based observers[D]. Lund: Lund University.

GIRONÁS J, ROESNER L A, ROSSMAN L A, et al., 2010. A new applications manual for the Storm Water Management Model (SWMM)[J]. Environmental modelling & software, 25(6), 813-814.

GORDON A D, STONE P B, 1973. Car stability on road floodways[R]. Sydney: University of New South Wales, Water Research Laboratory.

GÓMEZ M, RABASSEDA G H, RUSSO B, 2013. Experimental campaign to determine grated inlet clogging factors in an urban catchment of Barcelona[J]. Urban water journal, 10(1): 50-61.

GÓMEZ M, RUSSO B, TELLEZ-ALVAREZ J, 2019. Experimental investigation to estimate the discharge coefficient of a grate inlet under surcharge conditions[J]. Urban water journal, 16(2): 85-91.

GUO J C Y, 2000. Street storm water conveyance capacity[J]. Journal of irrigation and drainage engineering, 126(2): 119-123.

GUO J C Y, MACKENZIE K A, MOMMANDI A, 2009. Design of street sump inlet[J]. Journal of hydraulic engineering, 135(11): 1000-1004.

HAN J, HE S, 2021. Urban flooding events pose risks of virus spread during the novel coronavirus(COVID-19) pandemic[J]. Science of the total environment, 755: 142491.

HAMMOND M J, CHEN A S, DJORDJEVIĆ S, et al., 2015. Urban flood impact assessment: A state-of-the-art review[J]. Urban water journal, 12(1): 14-29.

HAO X, MU J, SHI H, 2021. Experimental study on the inlet discharge capacity under different clogging conditions[J]. Water, 13(6): 826.

HERMAN J, USHER W, 2017. SALib: An open-source Python library for sensitivity analysis[J]. Journal of open source software, 2(9): 97.

HORTON R E, 1941. An approach toward a physical interpretation of infiltration-capacity[J]. Soil science society of America proceedings, 5(399/417): 399-417.

HOU J, LIANG Q, SIMONS F, et al., 2013. A 2D well-balanced shallow flow model for unstructured grids with novel slope source term treatment[J]. Advances in water resources, 52: 107-131.

HUNTER N M, BATES P D, NEELZ S, et al., 2008. Benchmarking 2D hydraulic models for urban flooding[J]. Proceedings of the institution of civil engineers: Water management, 161(1): 13-30.

IPCC, 2021. Climate change 2021: The physical science basis[M]. Cambridge: Cambridge University Press.

ISHIGAKI T, TODA K, BABA Y, 2005. Experimental study on evacuation from underground space by using real size models[J]. Annuals of Disaster Prevention Research Institute, 48: 639-646.

ISHIGAKI T, TODA K, BABA Y, et al., 2006. Experimental study on evacuation from underground space by using real size models [J]. Proceedings of hydraulic engineering, 50: 583-588.

ISHIGAKI T, ASAI Y, NAKAHATA Y, et al., 2010. Evacuation of aged persons from inundated underground space[J]. Water science and technology, 62(8): 1807-1812.

JANG J H, CHANG T H, CHEN W B, 2018. Effect of inlet modelling on surface drainage in coupled urban flood Simulation[J]. Journal of hydrology, 562: 168-180.

JI Z, 1998. General hydrodynamic model for sewer/channel network systems[J]. Journal of hydraulic engineering, 124(3): 307-315.

JONKMAN S N, PENNING-ROWSELL E, 2008. Human instability in flood flows[J]. Journal of the American Water Resources Association, 44(5): 1208-1218.

KANDILIOTI G, MAKROPOULOS C, 2012. Preliminary flood risk assessment: The case of Athens[J]. Natural hazards, 61：441-468.

KARVONEN R A, HEPOJOKI A, HUHTA H K, et al., 2000. The use of physical models in dam-break analysis[R]. Helsinki: Helsinki University of Technology.

KAZEZYıLMAZ-ALHAN C M, MEDINA M A, 2007. Kinematic and diffusion waves: Analytical and numerical solutions to overland and channel flow[J]. Journal of hydraulic engineering, 133(2): 217-228.

KELLER R J, MITSCH B, 1993. Safety aspects of design roadways as floodways[R]. Melbourne: Urban Water Research Association of Australia.

KERGER F, ERPICUM S, DEWALS B J,et al., 2011. 1D unified mathematical model for environmental flow applied to steady aerated mixed flows[J]. Advances in engineering software, 42(9): 660-670.

KOTANI K, ISHIGAKI T, SUZUKI S, et al., 2012. Evaluation for emergency escape during stair climbing in a simulated flood evacuation[C]//2012 Southeast Asian Network of Ergonomics Societies Conference. Langkawi: IEEE: 1-5.

KREIBICH H, PIROTH K, SEIFERT I, et al., 2009. Is flow velocity a significant parameter in flood damage modelling?[J]. Natural hazards and earth system sciences, 9(5): 1679-1692.

KVOCKA D, FALCONER R A, BRAY M, 2016. Flood hazard assessment for extreme flood events[J]. Natural hazards, 84(3): 1569-1599.

LAROCQUE L A, ELKHOLY M, CHAUDHRY M H, et al., 2013. Experiments on urban flooding caused by a levee breach[J]. Journal of hydraulic engineering, 139(9): 960-973.

LASALLE D, PATWARY M M A, SATISH N, et al., 2015. Improving graph partitioning for modern graphs and architectures[C]//Proceedings of the 5th Workshop on Irregular Applications: Architectures and Algorithms. New York: Association for Computing Machinery: 1-4.

LAUBER G, HAGER W H, 1998. Experiments to dambreak wave: Sloping channel[J]. Journal of hydraulic research, 36(5): 761-773.

LEANDRO J, CHEN A S, DJORDJEVIĆ S, et al., 2009. Comparison of 1D/1D and 1D/2D coupled (sewer/surface) hydraulic models for urban flood simulation[J]. Journal of hydraulic engineering, 135(6): 495-504.

LEE S, NAKAGAWA H, KAWAIKE K, et al., 2012. Study on inlet discharge coefficient through the different shapes of storm drains for urban inundation analysis[J]. Journal of Japan Society of Civil Engineers, ser. b1(hydraulic engineering), 68(4): 31-36.

LEE S, NAKAGAWA H, KAWAIKE K, et al., 2016. Urban inundation simulation considering road network and building configurations[J]. Journal of flood risk management, 9(3): 224-233.

LEÓN A S, GHIDAOUI M S, SCHMIDT A R, et al., 2009. Application of Godunov-type schemes to transient mixed flows[J]. Journal of hydraulic research, 47(2): 147-156.

LEÓN A S, LIU X, GHIDAOUI M S, et al., 2010. Junction and drop-shaft boundary conditions for modeling free-surface, pressurized, and mixed free-surface pressurized transient Flows[J]. Journal of hydraulic engineering, 136(10): 705-715.

LI Q, LIANG Q, XIA X, 2020. A novel 1D-2D coupled model for hydrodynamic simulation of flows in drainage networks[J]. Advances in water resources, 137: 103519.

LIND N, HARTFORD D, ASSAF H, 2004. Hydrodynamic models of human stability in a flood[J]. Journal of the American Water Resources Association, 40(1): 89-96.

LIU W, FENG Q, DEO R C, et al., 2020. Experimental study on the rainfall-runoff responses of typical urban surfaces and two green infrastructures using scale-based models[J]. Environmental management, 66(4): 683-693.

LYU H M, SUN W J, SHEN S L, et al., 2018. Flood risk assessment in metro systems of mega-cities using a GIS-based modeling approach[J]. Science of the total environment, 626: 1012-1025.

MALEKPOUR A, KARNEY B W, 2016. Spurious numerical oscillations in the preissmann slot method: Origin and suppression[J]. Journal of hydraulic engineering, 142(3): 04015060.

MARANZONI A, DAZZI S, AURELI F, et al., 2015. Extension and application of the Preissmann Slot Model to 2D transient mixed flows[J]. Advances in water resources, 82: 70-82.

MARTÍNEZ-ARANDA S, FERNÁNDEZ-PATO J, CAVIEDES-VOULLIÈME D, et al., 2018. Towards transient experimental water surfaces: A new benchmark dataset for 2D shallow water solvers[J]. Advances in water resources, 121: 130-149.

MARTÍNEZ-GOMARIZ E, GÓMEZ M, RUSSO B, 2016. Experimental study of the stability of pedestrians exposed to urban pluvial flooding[J]. Natural hazards, 82(2): 1259-1278.

MAZUMDER S, 2015. Numerical methods for partial differential equations: finite difference and finite volume methods[M]. New York: Academic Press.

MCGRATH H, EZZ A A E, NASTEV M, 2019. Probabilistic depth-damage curves for assessment of flood-induced building losses[J]. Natural hazards, 97(1): 1-14.

MIGNOT E, PAQUIER A, HAIDER S, 2006. Modeling floods in a dense urban area using 2D shallow water equations[J]. Journal of hydrology, 327(1/2): 186-199.

MIGNOT E, ZENG C, DOMINGUEZ G, et al., 2013. Impact of topographic obstacles on the discharge distribution in open-channel bifurcations[J]. Journal of hydrology, 494: 10-19.

MIGNOT E, LI X, DEWALS B, 2019. Experimental modelling of urban flooding: A review[J]. Journal of hydrology, 568: 334-342.

MILANESI L, PILOTTI M, RANZI R, 2015. A conceptual model of people's vulnerability to floods[J]. Water resources research, 51(1): 182-197.

MOORE B J, NEIMAN P J, RALPH F M, et al., 2012. Physical processes associated with heavy flooding rainfall in Nashville, Tennessee, and vicinity during 1-2 May 2010: The role of an atmospheric river and mesoscale convective systems[J]. Monthly weather review, 140(2): 358-378.

MUNSON B R, OKIISHI T H, HUEBSCH W W, et al., 2013. Fluid mechanics[M]. Hoboken: Wiley.

MUSTAFFA Z, RAJARATNAM N, ZHU D Z, 2006. An experimental study of flow into orifices and grating inlets on streets[J]. Canadian journal of civil engineering, 33(7): 837-845.

NANÍA L S, GÓMEZ M, DOLZ J, 2004. Experimental study of the dividing flow in steep street crossings[J]. Journal of hydraulic research, 42(4): 406-412.

NANÍA L S, GÓMEZ M, DOLZ J, et al., 2011. Experimental study of subcritical dividing flow in an equal-width, four-branch junction[J]. Journal of hydraulic engineering, 137(10): 1298-1305.

NANÍA L S, LEÓN A S, GARCÍA M H, 2015. Hydrologic-Hydraulic Model for simulating dual drainage and flooding in urban areas: Application to a catchment in the Metropolitan Area of Chicago[J]. Journal of hydrologic engineering, 20(5): 04014071.

NASELLO C, TUCCIARELLI T, 2005. Dual multilevel urban drainage model[J]. Journal of hydraulic engineering, 131(9): 748-754.

NOH S J, LEE S, AN H, et al., 2016. Ensemble urban flood simulation in comparison with Laboratory-scale experiments: Impact of interaction models for manhole, sewer pipe, and surface flow[J]. Advances in water resources, 97: 25-37.

NOH S J, LEE J H, LEE S, et al., 2018. Hyper-resolution 1D-2D urban flood modelling using LiDAR data and hybrid Parallelization[J]. Environmental modelling & software, 103: 131-145.

OKI T, KANAE S, 2006. Global Hydrological cycles and world water resources[J]. Science, 313(5790): 1068-1072.

PACHECO P, MALENSEK M, 2021. An introduction to parallel programming[M]. San Francisco: Morgan Kaufmann.

PÖRTNER H O, ROBERTS D C, TIGNOR M B, et al., 2022. Climate change 2022: Impacts, adaptation and vulnerability[R]. Gevena: IPCC.

RIVIÈRE N, TRAVIN G, PERKINS R J, 2011. Subcritical open channel flows in four branch intersections[J]. Water resources research, 47(10): W10517.

ROLAND L, CHRISTIAN U, NINA S D, et al., 2017. Assessment of urban pluvial flood risk and efficiency of adaptation options through simulations: A new generation of urban planning tools[J]. Journal of hydrology, 550: 355-367.

ROMALI N S, SULAIMAN S A K, YUSOP Z, et al., 2015. Flood damage assessment: A review of flood stage-damage function curve[C]// Proceedings of the International Symposium on Flood Research and

Management. Berlin: Springer: 147-159.

ROSSMAN L A, 2015. Storm water management model user's manual version 5.1[M]. Washington D.C.: The United States Environmental Protection Agency: 75-77.

ROSSMAN L A, 2017. Storm water management model reference manual: Volume II- hydraulics[M]. Cincinnati: Environmental Protection Agency.

RUBINATO M, MARTINS R, KESSERWANI G, et al., 2017. Experimental calibration and validation of sewer/surface flow exchange equations in steady and unsteady flow conditions[J]. Journal of hydrology, 552: 421-432.

RUSSO B, 2010. Design of surface drainage systems according to hazard criteria related to flooding of urban areas[D]. Barcelona: Universitat Politècnica de Catalunya.

RUSSO B, GÓMEZ M, MACCHIONE F, 2013. Pedestrian hazard criteria for flooded urban areas[J]. Natural hazards, 69(1): 251-265.

SALTELLI A, TARANTOLA S, CHAN K P S, 1999. A quantitative model-independent method for global sensitivity analysis of model output[J]. Technometrics, 41(1): 39-56.

SANDERS J, KANDROT E, 2010. CUDA by example: An introduction to general-purpose GPU programming[M]. Boston: Addison-Wesley Professional.

SANDERS B F, BRADFORD S F, 2011. Network implementation of the two-component pressure approach for transient flow in storm sewers[J]. Journal of hydraulic engineering, 137(2): 158-172.

SANDERS B F, SCHUBERT J E, DETWILER R L, 2010. ParBreZo: A parallel, unstructured grid, Godunov-type, shallow-water code for high-resolution flood inundation modeling at the regional scale[J]. Advances in water resources, 33(12): 1456-1467.

SANDROY J, COLLISON H A, 1966. Determination of human body volume from height and weight[J]. Journal of applied physiology, 21(1): 167-172.

SCARM, 2000. Floodplain management in Australia: Best practice principles and guidelines[M]. Clayton South:CSIRO Publishing.

SCHMITT T G, THOMAS M, ETTRICH N, 2004. Analysis and modeling of flooding in urban drainage systems[J]. Journal of hydrology, 299(3/4): 300-311.

SCHUBERT J E, SANDERS B F, 2012. Building treatments for urban flood inundation models and implications for predictive skill and modeling efficiency[J]. Advances in water resources, 41：49-64.

SHAND T D, COX R J, BLACKA M J, et al., 2011. Appropriate safety criteria for vehicles: Literature review(stage 2)[R]. Sydney: The University of New Southwales.

SHEN D, WANG J, CHENG X, et al., 2015. Integration of 2-D hydraulic model and high-resolution lidar-derived DEM for floodplain flow modeling[J]. Hydrology and earth system sciences, 19(8): 3605-3616.

SHU C W, XIA J Q, FALCONER R A, et al., 2011. Incipient velocity for partially submerged vehicles in floodwaters[J]. Journal of hydraulic research, 49(6): 709-717.

SLATER T, LAWRENCE I R, OTOSAKA I N, et al. 2021. Earth's ice imbalance[J]. The cryosphere, 15(1), 233-246.

SOARES-FRAZÃO S, ZECH Y, 2008. Dam-break flow through an idealised city[J]. Journal of hydraulic research, 46(5): 648-658.

SOARES-FRAZÃO S, LHOMME J, GUINOT V, et al., 2008. Two-dimensional shallow-water model with porosity for urban flood modelling[J]. Journal of hydraulic research, 46(1): 45-64.

SOJOBI A O, ZAYED T, 2022. Impact of sewer overflow on public health: A comprehensive scientometric analysis and systematic review[J]. Environmental research, 203: 111609.

TAKAHASHI S, ENDOH K, MURO Z I, 1992. Experimental study on people's safety against overtopping waves on breakwaters[J]. Report on the port and harbour institute, 34(4): 4-31.

TELLMAN B, SULLIVAN J A, KUHN C, et al., 2021. Satellite imaging reveals increased proportion of population exposed to floods[J]. Nature, 596: 80-86.

TEN VELDHUIS J A E, CLEMENS F H L R, VAN GELDER P H, 2011. Quantitative fault tree analysis for urban water infrastructure flooding[J]. Structure and infrastructure engineering, 7(11): 809-821.

TESTA G, ZUCCALÀ D, ALCRUDO F, et al., 2007. Flash flood flow experiment in a simplified urban district[J]. Journal of hydraulic research, 45(S1): 37-44.

TODA K, ISHIGAKI T, OZAKI T, 2013. Experiment study on floating car in flooding[R]. Exeter: University of Exeter, The International Centre for Financial Regulation.

UN-HABITAT, 2022. World cities report 2022: Envisaging the future of cities[R]. New York: UN-HABITAT.

VACONDIO R, DAL PALÙ A, MIGNOSA P, 2014. GPU-enhanced finite volume shallow water solver for fast flood simulations[J]. Environmental modelling and software, 57: 60-75.

VAN LEER B, 1974. Towards the ultimate conservative difference scheme. II. Monotonicity and conservation combined in a second-order scheme[J]. Journal of computational physics, 14(4): 361-370.

VASCONCELOS J G, WRIGHT S J, ROE P L, 2006. Improved simulation of flow regime transition in sewers: Two-component pressure approach[J]. Journal of hydraulic engineering, 132(6): 553-562.

VON HÄFEN H, GOSEBERG N, STOLLE J, et al., 2019. Gate-opening criteria for generating dam-break waves[J]. Journal of hydraulic engineering, 145(3): 04019002.

WALDER J S, WATTS P, WAYTHOMAS C F, 2006. Case study: Mapping tsunami hazards associated with debris flow into a reservoir[J]. Journal of hydraulic engineering, 132(1): 1-11.

WANG K, WANG L, WEI Y M, et al., 2013. Beijing storm of July 21, 2012: Observations and reflections[J]. Natural hazards, 67: 969-974.

WANG Y, ZHANG C, LI Z, et al., 2019. Applicability of Preissmann box scheme for calculation of transcritical flow in pipes[J]. Water supply, 19(5): 1429-1437.

WANG N, HOU J, DU Y, et al., 2021. A dynamic, convenient and accurate method for assessing the flood risk of people and vehicle[J]. Science of the total environment, 797: 149036.

XIA J Q, FALCONER R A, LIN B L, et al., 2011a. Numerical assessment of flood hazard risk to people and vehicles in flash floods[J]. Environmental modelling and software, 26(8): 987-998.

XIA J Q, FALCONER R A, LIN B, et al., 2011b. Modelling flash flood risk in urban areas[J]. Proceedings of the institution of civil engineers-water management, 164(6): 267-282.

XIA J Q, TEO F Y, LIN B, et al., 2011c. Formula of incipient velocity for flooded vehicles[J]. Natural hazards, 58: 1-14.

XIA J Q, FALCONER R A, WANG Y J, et al., 2014. New criterion for the stability of a human body in floodwaters[J]. Journal of hydraulic research, 52(1): 93-104.

XIA J Q, CHEN Q, FALCONER R A, et al., 2016. Stability criterion for people in floods for various slopes[J]. Proceedings of the institution of civil engineers-water management, 169(4): 180-189.

XIA X, LIANG Q, MING X, et al., 2017. An efficient and stable hydrodynamic model with novel source term discretization schemes for overland flow and flood simulations[J]. Water resources research, 53(5): 3730-3759.

XIA X, LIANG Q, MING X, 2019. A full-scale fluvial flood modelling framework based on a high-performance integrated hydrodynamic modelling system (HiPIMS)[J]. Advances in water resources, 132: 103392.

XIA J Q, DONG B L, ZHOU M R, et al., 2022. A unified formula for discharge capacity of street inlets for urban flood management[J]. Journal of hydrology, 609: 127667.

XIA J Q, DONG B L, ZHOU M R, et al., 2023. A unified discharge capacity formula of clogged grate inlets[J]. Urban water journal, 20(5): 564-574.

YEE M, 2004. Human stability in floodways[D]. Sydney: University of New South Wales.

YIN J, YU D, YIN Z, et al., 2016. Evaluating the impact and risk of pluvial flash flood on Intra-urban road network: A case study in the city center of Shanghai, China[J]. Journal of hydrology, 537: 138-145.

ZANGENEH R, OLLIVIER-GOOCH C F, 2019. Stability analysis and improvement of the solution reconstruction for Cell-centered finite volume methods on unstructured meshes[J]. Journal of computational physics, 393: 375-405.

ZHANG R, XIE J, 1993. Sedimentation research in China: Systematic selections[M]. Beijing: China and Power Press.

ZHANG Y, NAJAFI M R, 2020. Probabilistic numerical modeling of compound flooding caused by tropical storm matthew over a data‐scarce coastal environment[J]. Water resources research, 56(10).

ZHANG T, XIAO Y, LIANG D, et al., 2020. Rainfall runoff and dissolved pollutant transport processes over idealized urban catchments[J]. Frontiers in earth science, 8: 305.

ZHOU J G, CAUSON D M, MINGHAM C G, et al., 2001. The surface gradient method for the treatment of source terms in the shallow-water equations[J]. Journal of computational physics, 168(1): 1-25.